AF245891

M. NICOLLE

DIRECTEUR DE L'INSTITUT IMPÉRIAL DE BACTÉRIOLOGIE DE CONSTANTINOPLE

ÉLÉMENTS

DE

MICROBIOLOGIE GÉNÉRALE

PARIS

OCTAVE DOIN, ÉDITEUR

8, PLACE DE L'ODÉON, 8

1901

ÉLÉMENTS

DE

MICROBIOLOGIE GÉNÉRALE

ÉLÉMENTS

DE

MICROBIOLOGIE GÉNÉRALE

PAR

LE DOCTEUR M. NICOLLE

DIRECTEUR DE L'INSTITUT IMPÉRIAL DE BACTÉRIOLOGIE

DE CONSTANTINOPLE

AVEC FIGURES DANS LE TEXTE

PARIS

OCTAVE DOIN, ÉDITEUR

8, PLACE DE L'ODÉON, 8

1901

AVANT-PROPOS

L'enseignement, que nous donnons depuis plusieurs années aux médecins et aux vétérinaires, comprend trois parties : technique, — organismes pathogènes — microbiologie générale.

N'ayant pas le loisir de publier cet enseignement dans sa totalité, nous avons choisi la dernière partie et nous nous sommes efforcé de la présenter d'une façon à la fois concise et suffisamment complète.

Nous espérons que cet opuscule pourra servir d'introduction aux traités plus étendus, tels que celui de M. Duclaux.

Le plan suivi est fort simple : anatomie et physiologie des microbes — anatomie et physiologie des phagocytes — lutte des microbes et des phagocytes.

Nous prions notre maître, M. le Dr Roux, membre de l'Institut et sous-directeur de l'Institut Pasteur, d'agréer l'hommage de ce travail, en reconnaissance de ses bonnes leçons et de l'affectueuse amitié qu'il nous a toujours témoignée.

Nichan Tach, février 1900.

ÉLÉMENTS DE MICROBIOLOGIE GÉNÉRALE

PREMIÈRE PARTIE

ANATOMIE ET PHYSIOLOGIE DES MICROBES

CHAPITRE PREMIER

ANATOMIE

On désigne sous le nom de microbes tous les organismes inférieurs qui ne sauraient être étudiés sans le secours du microscope. Cette définition n'a donc rien de scientifique ; elle englobe dans un même groupe artificiel les ultimes représentants du règne végétal et du règne animal.

Parmi les microbes végétaux, nous citerons : les moisissures, les levures et les bactéries ; parmi les microbes animaux : les rhizopodes, les sporozoaires et les infusoires. De tous ces êtres, ce sont les bactéries qui nous intéressent au plus haut point.

I. — *Moisissures* (Hyphomycètes).

On nomme hyphomycètes les champignons inférieurs qui se reproduisent à l'aide de spores externes, ou conidies. Ce groupe est artificiel et tout à fait provisoire. On en a déjà distrait de nombreux représentants, et cette élimination se poursuivra au fur et

à mesure que d'autres formes, plus parfaites, de multiplication seront découvertes. Aussi passerons-nous
très brièvement sur le sujet, qui d'ailleurs appartient
à la botanique proprement dite.

Dans leur vie ordinaire, au contact de l'air, les
moisissures constituent de véritables plantes en minia-
ture, avec racines, tiges et fruits (ici fleur, fruit et
graine se confondent).

Les racines sont représentées par le mycélium, feu-
trage de filaments enchevêtrés. Ces filaments revêtent
l'aspect de tubes, cloisonnés à des distances variées.
Chacun des éléments, compris entre deux cloisons
successives, possède la valeur d'une cellule.

Du mycélium s'élèvent les filaments sporifères : ce
sont les tiges. Elles se terminent de façon fort diverse
selon les espèces. Ces différences servent de base à la
classification. Indiquons sommairement trois exemples
classiques de fructification (fig. 1).

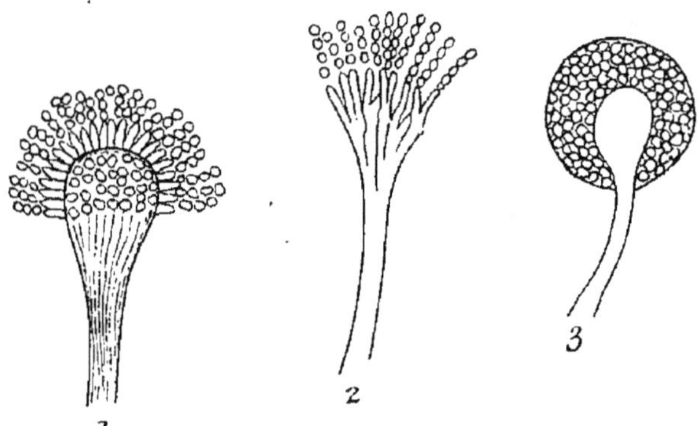

Fig. 1. — 1. Aspergillus glaucus. — 2. Penicillium glaucum.
3. Mucor corymbifer.

Chez les aspergillus, les filaments aériens se ren-
flent à leur sommet. Le globe terminal est recouvert

de petites saillies, nommées stérigmates, dont l'extrémité s'étrangle pour engendrer les conidies. Lorsque
les fruits sont mûrs, leur ensemble rappelle l'apparence
d'une tête d'oignon en fleurs (ou d'un goupillon. —
Aspergillus).

Chez les penicilliums, les tubes fructifères se divisent à plusieurs reprises. Les dernières digitations,
ou basides, donnent, encore ici, naissance aux spores
par étranglement. Le végétal, entièrement développé,
paraît hérissé de petits pinceaux (Penicillium).

Chez les mucors, les filaments fertiles se terminent
en sphères. C'est à l'intérieur de ces sphères (ou sporanges) qu'apparaissent les conidies. Elles ne deviennent libres que par rupture du sac qui les contient,
tandis que, dans les deux autres cas, elles s'envolaient
aisément au moindre souffle.

Nous n'aborderons point l'étude des spores mycéliennes, des spores oïdiennes, des chlamydospores, etc.,
toutes questions qui nous entraîneraient inutilement
trop loin. Nous dirons simplement que, dans les
circonstances habituelles, les moisissures se développent par allongement du mycélium, et peuvent se
reproduire soit par ensemencement des cellules mycéliennes, soit par ensemencement des conidies. Ces
dernières ne représentent pas, à proprement parler,
des formes de résistance.

La structure des cellules mycéliennes est simple ;
elles comprennent : une paroi, un protoplasma, un
noyau peu développé et diverses formations inconstantes (vacuoles, granulations, etc.). Les spores,
souvent colorées, possèdent une membrane épaisse
et un contenu constitué par du plasma très condensé.

Quand on immerge certaines moisissures au sein des liquides sucrés, elles croissent suivant des types réduits, dans lesquels il devient impossible de reconnaître les petits végétaux décrits plus haut. On voit uniquement des chaînettes de cellules allongées, ovoïdes ou arrondies (les trois formes coexistent ordinairement) tout à fait comparables aux globules de levure, dont elles acquièrent, du reste, le mode de reproduction par bourgeonnement (fig. 2).

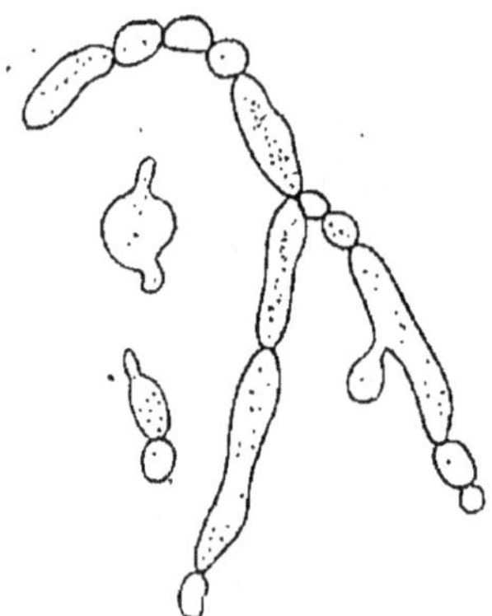

Fig. 2. — Mucor immergé dans un liquide sucré.

Les hyphomycètes peuvent donc se transformer momentanément en levures. Mais, jusqu'à présent, on n'a pas réussi à fixer cette modification transitoire. Les pseudo-levures, reportées au contact de l'air, donnent constamment naissance à des plantes complètes. Il n'en est pas moins vrai qu'on doit admettre, avec Pasteur, que les levures se sont formées, dans le cours des âges, par adaptation répétée des moisissures aux conditions de la vie fermentative.

II. — *Levures* (Blastomycètes).

Elles sont constituées par des cellules rondes, ovales ou elliptiques, tantôt isolées ou groupées deux par deux (levures basses), tantôt réunies en chapelet (levures hautes). Elles se multiplient par gemmation. Sur un point du globule on voit naître un petit mamelon, qui s'accroît peu à peu et devient finalement aussi volumineux que l'élément qui l'a produit. Il se sépare alors de celui-ci, et lui reste ou non accolé (fig. 3).

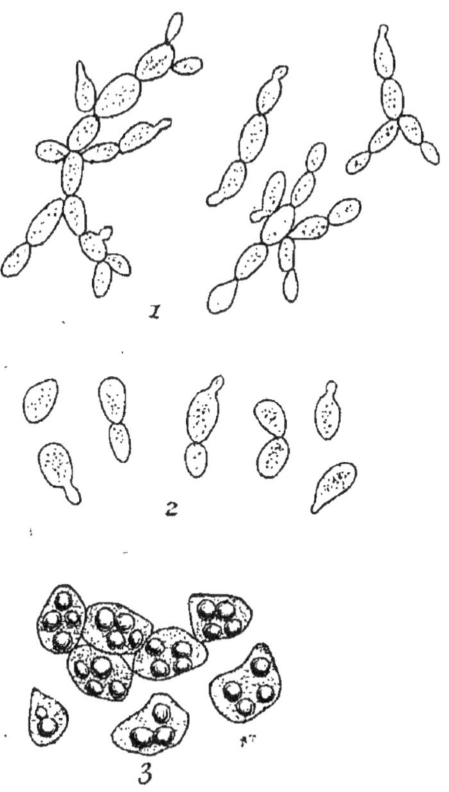

Fig. 3. — 1. Levure haute. — 2. Levure basse. — 3. Ascospores.

Cultivées dans des conditions anormales, les levures peuvent affecter des formes allongées (pseudomycelium) ou monstrueuses (formes d'involution).

Les blastomycètes sont susceptibles d'engendrer des spores internes (ascospores de Rees), médiocrement résistantes d'ailleurs (fig. 3). Nous étudierons plus tard les causes qui président à cette production. Les ascospores, dont le nombre varie suivant les espèces de 2 à 10, représentent des corpuscules habituellement sphériques, mais parfois irréguliers, voire même absolument bizarres (spores en « chapeau rond » du saccharomyces anomalus). Elles restent contenues dans la cellule-mère jusqu'au moment de la germination. Alors, la paroi de cette cellule se déchire ou se résorbe (selon les variétés) et les spores augmentent de volume. Dans certains cas, elles se transforment directement en globules de levures ; dans d'autres, il y a confusion préalable de deux spores. Nous ne pouvons insister davantage sur tous ces détails trop spéciaux.

Quelques levures se divisent par scissiparité, à la manière des bactéries (Schizosaccharomyces).

Les blastomycètes se composent d'une paroi, d'un protoplasma et d'un noyau. Durant la fermentation, protoplasma et noyau se vacuolisent. Dans les vieilles cultures, la cellule se remplit de gouttes graisseuses. Sous l'influence d'une nutrition favorable, elle emmagasine du glycogène. On a beaucoup discuté sur le noyau des blastomycètes. Voici, brièvement résumée, l'opinion de MM. Janssens et Leblanc. Le noyau comprend une membrane, un karyoplasma et un nucléole. Pendant le bourgeonnement, le nucléole se

divise, et l'une des moitiés émigre dans le bourgeon,
où elle devient un noyau complet. Lors de la formation d'ascospores, on voit apparaître deux noyaux
qui se fusionnent. Il naît, de cette coalescence un
nombre variable de nucléoles; chacun d'eux, doublé
du protoplasma voisin, s'entoure d'une membrane.
Au moment de la germination des spores, ces nucléoles passent à l'état de noyaux vrais.

III. — *Bactéries.*

A. Morphologie générale. — Variétés

Nous distinguerons : les bactéries types — les streptothrix — les bactéries volumineuses (formant transition avec les algues cyanophycées) — les bactéries
pourprées — les bactéries vertes — et les pasteuria.

1° **Bactéries types.** — Ce sont des organismes très
petits, se reproduisant par division transversale, toujours unicellulaires, et dépourvus de pigment, comme
les moisissures et les levures. Étant dépourvus de
pigment ils ne peuvent utiliser le rayonnement
solaire pour créer de la matière organique; ils ont
besoin d'aliments tout faits, dont ils ramènent une
partie à l'état d'H_2O et de CO_2, afin de se procurer
ainsi l'énergie nécessaire à leurs fonctions vitales
(Duclaux).

Certaines bactéries, dites invisibles, ont des dimensions de même ordre que les longueurs d'ondes lumineuses et, par conséquent, échappent à toute espèce
d'examen microscopique. La connaissance de ces

organismes est due à MM. Nocard et Roux (microbe
de la péripneumonie des bêtes à cornes) et à M. Löffler
(microbe de la fièvre aphteuse).

Les bactéries affectent trois formes principales :
ronde (microcoques), longue (bacilles), courbe
(vibrions). Les microcoques, généralement sphériques,
peuvent offrir quelquefois un aspect lancéolé (pneumocoque — voir fig. 5); les bacilles, plus longs que
larges d'ordinaire, peuvent se raccourcir au point de
simuler des microcoques (type bactérium) ou s'allonger en filaments. Les vibrions, enfin, sont constitués tantôt par des organismes en virgule, tantôt par
des formes en tire-bouchon (spirilles) (fig. 4).

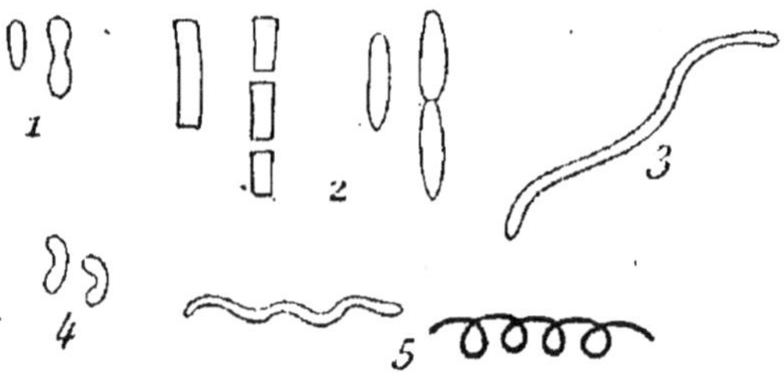

Fig. 4. — 1. Bacterium. — 2. Deux types de bacilles. — 3. Filament.
4. Vibrions. — 5. Deux types de spirilles.

Les bacilles et les vibrions se multiplient par division transversale, suivant une seule des directions de
l'espace (fig. 4). Chaque cellule produit donc deux
individus. Ordinairement ceux-ci deviennent rapidement libres. Mais, parfois, ils restent accolés ; le fait
n'est pas commun chez les vibrions, mais il est assez
fréquent chez les bacilles. On peut même, notamment
dans le type bactérium, rencontrer des files de cellules
réunies en chaînettes (streptobacilles ou streptobac-

tériums). Dans ce cas, les chaînettes sont généralement constituées par des séries d'individus en voie
de division, qui présentent chacun une forme en 8
due à l'étranglement médian de scissiparité. Ce sont,
comme on dit, des chaînes de diplobacilles (ou de
diplobactériums).

Les microcoques se divisent le plus souvent, eux
aussi, suivant une seule direction. Il en résulte habituellement des cellules isolées, mais parfois des géminations (diplocoques) ou des chaînettes (streptocoques, constitués d'ordinaire par des files de diplocoques).
Les individus peuvent s'accoler en amas irréguliers
(staphylocoques). Tel est le mode de scission le plus
commun chez les microcoques. Mais, dans certains
cas, la division se produit suivant deux directions de
l'espace (type mérista), et, dans d'autres, suivant les
trois directions (type sarcine). Un mérista (le gonocoque, par exemple) se présente donc sous la forme de
4 coques réunis, et une sarcine sous celle d'un petit
ballot cuboïde, comprenant 8 individus intimement
soudés (fig. 5).

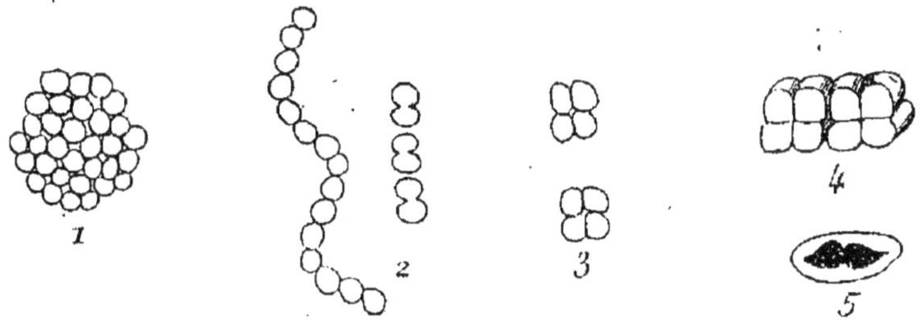

Fig. 5. — 1. Staphylocoque. — 2. Streptocoque. — 3. Merista.
4. Sarcine. — 5. Pneumocoque.

Certaines bactéries sécrètent autour d'elles une

capsule, sorte d'atmosphère ordinairement muqueuse
(fig. 5). Cette capsule peut être propre à un ou deux
individus (pneumobacille, pneumocoque) ou commune à un plus grand nombre (par exemple, les
capsules géantes du leuconostoc, qui entourent une
ou plusieurs chaînettes — fig. 10). Elle peut, enfin,
englober une masse énorme de microbes, à la manière
d'une vraie substance intercellulaire de consistance
variée. On a alors affaire à ce qu'on nomme une
zooglée, formation qui se traduit par un voile à la
surface des liquides, par un flocon dans leur pro-
fondeur. Il y a des zooglées de microcoques, de
bacilles et de vibrions.

Nombre de bactéries sont mobiles. Elles appartiennent principalement aux formes longues et courbes.
Leur mobilité est due à la présence de cils ou flagella,
dont la quantité et le mode d'insertion sont très divers.

Enfin, il est des bactéries qui donnent naissance,
dans leur intérieur, à des formes de résistance ou
endospores. A part de rares exceptions (non encore
confirmées), on peut dire que les endospores sont
propres à certains représentants du seul type bacille.
Elles apparaissent comme de petits points brillants,
qui s'accroissent peu à peu en prenant un aspect
arrondi ou ovalaire. Elles finissent par remplir la
presque totalité de la cellule-mère qui peut conserver
ses dimensions (bactéridie charbonneuse) ou se tuméfier. Dans ce dernier cas, on observe une défor-
mation portant soit sur le corps du microbe (vibrion
septique), soit sur l'une de ses extrémités (bacille tétanique). Un bacille, ainsi distendu par la spore qu'il
contient, se nomme clostridium (fig. 11).

Placées dans des conditions favorables, les spores germent en donnant naissance à de nouveaux bacilles. Une bactérie endosporée est donc comparable à une plante susceptible de se reproduire à la fois par graine et par bouture.

La forme des bactéries n'a rien d'immuable. Lorsque les conditions extérieures changent, l'aspect, lui aussi, peut changer. Tantôt les variations sont légères et le microbe peut passer pour monomorphe, tantôt elles sont considérables et l'on a affaire au pléomorphisme. Entre ces extrêmes on observe tous les intermédiaires. Le microbe du hog-choléra, le vibrion de Finkler et Prior offrent de beaux types de polymorphisme.

Lorsque les bactéries croissent dans des conditions défavorables, ou qu'elles sont voisines du terme de leur développement, on les voit présenter des formes anormales, dites formes d'involution. Ce seront, par exemple, pour les microcoques, des boules géantes ; pour les bacilles, des apparences de poires, de massues, d'outres, etc. La proportion des individus monstrueux se montre fort variable selon les cas.

Il est difficile de tracer une limite précise entre l'involution et le pléomorphisme. Certaines formes, d'aspect anormal, représentent en réalité des stigmates d'atavisme. Telles, les cellules rameuses que l'on rencontre dans les cultures du bacille de la tuberculose et de plusieurs autres microbes. Ces cellules rameuses sont caractéristiques de la famille des streptothrix.

Les bactéries appartiennent incontestablement aux protophytes et se relient, par certains caractères, aux moisissures et aux levures, et par d'autres, aux

algues. Le groupe des streptothrix sert de trait d'u-
nion entre les hyphomycètes et les bacilles à formes
d'involution ramifiées (fig. 6). Le passage se fait si
insensiblement qu'on ne saurait plus considérer
aujourd'hui le bacille de la tuberculose autrement que
comme un vrai streptothrix (M. Metchnikoff lui a
donné, pour ce motif, le nom caractéristique de sclé-
rothrix Kochii). Certaines bactéries volumineuses,

Fig. 6. — 1. Streptothrix. — 2. Forme rameuse du bacille
tuberculeux (d'après Coppen Jones).

dont il va être question, constituent des types intermédiaires aux algues cyanophycées et aux bactéries proprement dites. Ici encore la transition est graduelle.

Un mot seulement sur les algues cyanophycées. Ce
sont des végétaux inférieurs qui se reproduisent par
division transversale (le plus souvent suivant une direction de l'espace, parfois suivant deux ou trois)
comme les bactéries. Elles présentent comme elles
des formes rondes, longues, courbes ; des méristas,

des sarcines, des zooglées, etc. Mais il existe des différences importantes. Tout d'abord la présence d'un pigment dissous dans l'intérieur de la cellule, le phycochrome, mélange de chlorophylle et de diverses couleurs comprises sous le nom de phycocyanine. D'ordinaire les cyanophycées, conformément à leur appellation, offrent un ton bleu verdâtre ; mais, parfois aussi, la teinte est jaune, rouge, violette, etc.

Contrairement aux bactéries, les cyanophycées ne forment jamais d'endospores. On voit simplement certaines cellules se tuméfier et s'entourer d'une membrane plus épaisse et brunâtre. Cette transformation constitue l'arthrospore, élément de résistance bien imparfait. Quelques auteurs ont décrit des arthrospores chez les bactéries (non endosporées) mais rien n'est moins démontré que cette manière de voir. Enfin, les cyanophycées sont presque toujours plus volumineuses que les bactéries ; et leurs types mobiles (par exemple les oscillaires) ne possèdent point de cils (fig. 7).

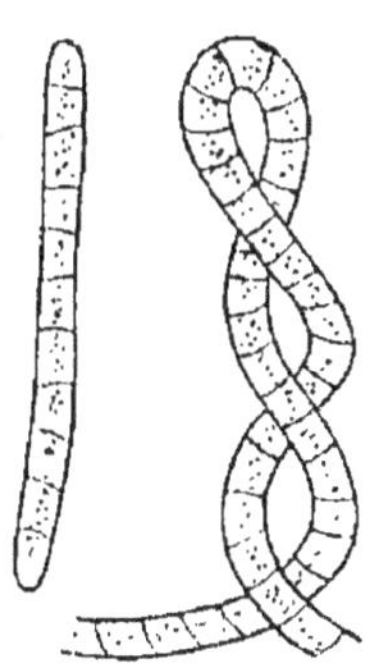

Fig. 7. — Oscillaires (algues cyanophycées).

Les bactéries se rapprochent incontestablement

des levures, par l'intermédiaire des schizo-saccharo-myces.

Les bactéries sont très anciennes sur le globe. On les rencontre, depuis le Dévonien, dans les débris végétaux et animaux (coprolithes, avec fragments d'os ou d'écailles non digérés). Elles ont pris une coloration brune, par houillification ou par fixation d'oxyde de fer. Les formes décrites jusqu'ici sont déjà très nombreuses (microcoques ; bacilles divers, dont certains contiennent des spores). Nous renvoyons, pour ce sujet intéressant, aux travaux de M. Bernard Renault.

2° **Streptothrix.** — Ce ne sont point des bactéries, mais bien des hyphomycètes du genre oospora (Sauvageau et Radais). Ils offrent l'aspect de filaments, parfois très compliqués, mais toujours unicellulaires (fig. 6). Les « spores » (conidies) naissent, par étranglement, à l'extrémité de certains filaments. Les streptothrix peuvent se reproduire, comme les hyphomycètes, à la fois par le mycélium et par les « spores ». Ces dernières ne représentent pas de véritables formes de résistance.

3° **Bactéries volumineuses (formant transition avec les cyanophycées).** — Beggiatoa et Thiothrix. — On les trouve dans les eaux sulfureuses proprement dites, et, d'une façon générale, dans toutes les eaux chargées de H^2S ; ce sont donc des « sulfo-bactéries », suivant le terme consacré. Elles revêtent l'apparence de filaments incolores, cloisonnés, et sans ramifications ; les cellules contiennent des grains de soufre.

Les beggiatoa sont libres, et jouissent d'une mobilité comparable à celle des oscillaires. On doit vraiment les considérer comme des sortes d'oscillaires sans pigment (fig. 8).

Les thiothrix sont immobiles à l'état adulte. Ils se fixent, par une extrémité, à l'aide d'un petit flocon muqueux. Les cellules de la partie libre donnent naissance, en se divisant, à des organismes mobiles qui vont se fixer à leur tour et produisent de nouveaux filaments.

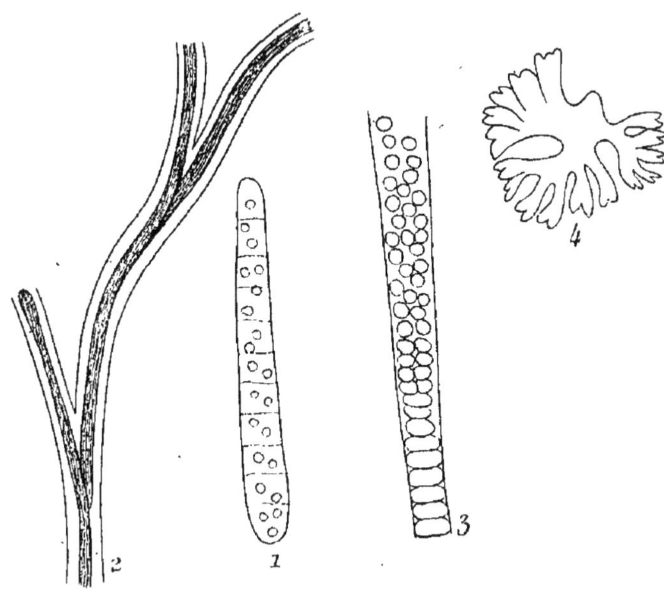

Fig. 8. — 1. Beggiatoa (avec grains de soufre). — 2. Cladothrix (fausse dichotomie). — 3. Crenothrix. — 4. Pasteuria.

CLADOTHRIX. — Habitants des eaux, notamment des eaux ferrugineuses, et à ce titre classés parmi les « ferro-bactéries ». Ils se composent de filaments englobés dans une gaine muqueuse commune. Celle-ci les maintenant solidaires après leur division, il en résulte un aspect arborescent avec fausse dichotomie (fig. 8). Les cladothrix se fixent à l'aide d'un flocon muqueux. A un moment donné, ils produisent des cellules mobiles qui vont se développer au loin. La fausse dichotomie rapproche les cladothrix de certaines cyanophycées.

CRÉNOTHRIX PHRAGMIDIOTHRIX. — Organismes très voisins l'un de l'autre, mais s'écartant beaucoup des bactéries et aussi des cyanophycées. Le crénothrix polyspora est une ferro-bactérie, le phragmidiothrix multiseptata un parasite externe des crustacés. Tous deux constituent des filaments fixés par leur base, cloisonnés, et entourés d'une gaine muqueuse. A un moment donné, le contenu des divers segments se divise suivant les trois directions de l'espace, en produisant des corps arrondis, susceptibles de donner naissance à de nouveaux filaments (fig. 8).

4° **Bactéries pourprées.** — Groupe hétérogène, caractérisé uniquement par la présence, dans les cellules, de grains pigmentaires rouges, bruns ou violets, (grains de bactério-purpurine). Tous ces organismes vivent au sein des eaux chargées de H^2S et accumulent dans leur intérieur des grains de soufre. Ce sont donc des « sulfo-bactéries ». Parmi les microbes pourprés, on rencontre, à côté de bactéries vraies (microcoques, bacilles, spirilles), des formes volumineuses (chromatium, rhabdochromatium) souvent si aberrantes que certaines d'entre elles feraient presque penser à des protozoaires.

5° **Bactéries vertes.** — Il est quelques bactéries dans lesquelles la présence de chlorophylle ne paraît point contestable (bactérium viride, bacillus virens, bactérium chlorinum). Malheureusement ces organismes, si intéressants, sont encore très peu connus.

6° **Pasteuria.** — Sous le nom de Pasteuria, M. Metchnikoff a décrit un microbe spécial, parasite des daphnies, qui se rapproche des bactéries par la formation d'endospores, mais s'en éloigne absolument par son mode de multiplication (division longitudinale — fig. 8).

B. Structure

1° **Membrane.** — L'existence d'une membrane propre chez les bactéries ressort de faits nombreux ; voici les principaux. Dans les espèces volumineuses, cette membrane est parfaitement visible ; elle se révèle même par un double contour, lorsque l'organisme atteint de grandes dimensions. M. Bütschli a pu vider de leur contenu des microbes de forte taille ; il ne restait plus que l'enveloppe, facile à identifier. De telles apparences se rencontrent dans toutes les vieilles cultures, où le contenu des bactéries est devenu transparent. Elles se rencontrent également lors de la sporulation, la spore se trouvant encadrée par les parois de la cellule-mère, dont ne la sépare qu'un peu de liquide aqueux. Enfin, le fait que les spirilles conservent leur forme pendant qu'ils se meuvent, démontre, lui aussi, l'existence d'une membrane. L'enveloppe est élastique, comme le prouve la flexibilité de certains microbes mobiles.

Autour de la membrane existe une gaine muqueuse, d'épaisseur fort variable : nous en parlerons à propos des capsules.

2° **Contenu.** — M. Bütschli, en étudiant les cyanophycées et les bactéries volumineuses, a été amené à la conception suivante. Leur organisme se compose d'un protoplasma périphérique, peu développé, et d'un noyau central énorme, réticulés l'un et l'autre (fig. 9). Le protoplasma contient le pigment,

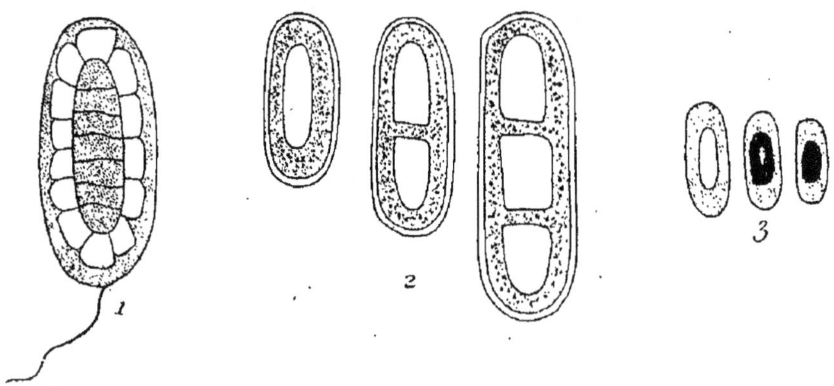

Fig. 9. — 1. Bacterium lineola (Bütschli). — 2. Division des vacuoles du bacillus oxalaticus (Migula). — 3. Plasmolyse du bacillus oxalaticus (Migula).

chez les cyanophycées et les bactéries pourprées, sous forme d'un réseau de fines granulations ; il se colore faiblement par l'hématoxyline. Le noyau se teinte plus énergiquement par le même réactif ; dans son intérieur se trouvent des grains qui prennent (toujours sous l'influence de l'hématoxyline) un ton rouge violet et semblent formés de chromatine; ces grains sont rares dans le protoplasma. Chez les sulfuraires, les granules de soufre siègent exclusivement au sein du noyau. Enfin ce dernier, du moins pour ce qui concerne les beggiatoa, est susceptible de division karyokinétique.

Poursuivant ses recherches avec des espèces de

moindres dimensions, M. Bütschli a constaté qu'au fur et à mesure que la taille diminue, le protoplasma devient de plus en plus indistinct. Il se limite d'abord aux pôles de la cellule, puis échappe à toute investigation chez les petites bactéries. Les microbes communs doivent donc être considérés comme réduits à un simple noyau entouré d'une membrane ; peut-être une lame plasmatique extrèmement mince sépare-t-elle ces deux éléments. C'est, anatomiquement, l'image d'une cellule embryonnaire, où tout est disposé en vue des phénomènes de multiplication. C'est, physiologiquement, l'image d'une cellule essentiellement parasite, qui trouve ses aliments tout faits et n'a point besoin de les élaborer. Les bactéries représentent toujours, en effet, de vrais parasites, soit de la matière vivante, soit de la matière morte ; ils jouissent également, au plus haut point, de la faculté de reproduction. Si l'on ajoute que, vis-à-vis des matières colorantes, ils se comportent comme des noyaux (affinité spéciale pour les composés basiques d'aniline), on reconnaîtra que la conception de M. Bütschli semble bien l'expression de la vérité.

Elle a été cependant attaquée par M. Fischer. Ce savant ne s'est guère occupé que des bactéries communes. Il admet qu'elles sont formées d'une membrane et d'un protoplasma, sans noyau reconnaissable. Pour lui, les aspects observés par M. Bütschli tiennent à de simples phénomènes de plasmolyse (fig. 9). Sous l'influence des réactifs, le protoplasma se contracterait vers le centre de la cellule, simulant par froncement un noyau réticulé et laissant un espace vide entre l'enveloppe et lui (protoplasma de Bütschli).

L'aspect réticulé de cet espace serait dû à la persistance de brides plasmatiques encore adhérentes à la face interne de la membrane. M. Bütschli a réfuté les objections de son contradicteur en insistant sur ce fait que les réactifs dont il a fait usage, loin d'entraîner la plasmolyse, amènent au contraire l'éclatement de la cellule quand on exagère leur action. M. Fischer ne s'est pas rendu à ces arguments.

M. Migula est plus éclectique. Il ne nie point les résultats de M. Bütschli, pour ce qui a trait aux cyanophycées et aux bactéries volumineuses, mais il pense que ce que l'on considère comme noyau chez les bactéries communes n'est rien autre qu'une simple vacuole. Il s'est, conséquemment, attaché à l'étude des vacuoles des microbes et a fait, sur ce point, des observations intéressantes dont voici le résumé. Les vacuoles, nettement appréciables lorsque le microbe n'est pas trop petit, n'existent pas à toutes les périodes du développement. On les rencontre de préférence dans les anciennes cultures. M. Migula les a mises en évidence chez les organismes suivants : sarcines, bacillus subtilis, vibrion cholérique, spirillum undula, bacillus mégathérium, etc. Le bacillus oxaliticus, relativement volumineux, lui a surtout servi de type pour ses recherches. Ici les vacuoles ne se montrent point lors des premiers développements, mais apparaissent quand la croissance s'est ralentie et que les cellules deviennent plus allongées. Elles augmentent d'étendue, au point d'occuper une bonne partie du volume total, puis se divisent par étranglement, et leur scission est bientôt suivie de celle du bacille lui-même (fig. 9). Apparence superposable à la division du noyau de M. Bütschli, précédant la division complète du microbe.

Pour M. Migula, comme pour M. Fischer, la cellule bactérienne est, en somme, analogue à un élément végétal. Mais M. Migula considère les vacuoles comme des formations normales et non comme des accidents de plasmolyse. Elles seraient l'équivalent des vacuoles végétales, remplies de suc cellulaire. Les vacuoles bactériennes, presque constantes chez certaines espèces, leur impriment un aspect spécial. Tel celui des microbes du genre pasteurella, organismes des septicémies hémorragiques, auxquels on donne fréquemment le nom de bactéries à espace clair, (ou de bactéries en navette) pour rappeler l'existence d'une vacuole centrale, que les réactifs laissent incolore. On sait que le bacille typhique, développé sur pomme de terre, offre aussi des points clairs, pris jadis pour des spores. Les exemples pourraient être multipliés.

Il convient de noter que les vacuoles n'apparaissent bien, d'ordinaire, que sur les microbes colorés, et pas trop colorés. Si le réactif a agi très énergiquement, l'aspect devient uniforme, ce qui tient à une teinture en masse de la membrane (et, peut-être, aussi, de la gaine muqueuse), masquant les détails du contenu. Le bacille tuberculeux et les streptothrix, traités par certaines méthodes, se montrent formés de grains tour à tour teintés et clairs ; les vacuoles alternent donc avec du plasma condensé.

Il y a, par conséquent, contradiction entre l'opinion de M. Bütschli et celle des deux autres auteurs, au moins en ce qui concerne les bactéries ordinaires. Sans prendre parti dans le débat, il convient de faire remarquer que des vacuoles peuvent exister au sein du noyau, tel que le décrit M. Bütschli (voir les dessins de ce savant, concernant la beggiatoa alba).

Nous passerons sur de nombreux travaux visant la structure des bactéries, travaux tellement contradictoires entre eux que l'appréciation nous en paraît impossible. A ce sujet M. Duclaux fait observer que tout contenu cellulaire, et notamment tout protoplasma, doit être considéré physiquement comme un coagulum en évolution (c'est-à-dire sans cesse en voie de se coaguler davantage, ou de reprendre l'état homogène) et que cette notion explique la diversité des aspects observés par les auteurs. Ceux-ci ont pris souvent des modifications purement physiques pour de véritables détails de structure.

Les granulations ne sont pas rares au sein des bactéries. En dehors des grains de soufre, des granules de chromatine (Bütschli) et des fines traînées de phycochrome et de bactériopurpurine, déjà cités, on doit encore mentionner diverses granulations protéiques (comme celles du b. oxalaticus — Migula), les grains métachromatiques de M. Babès et les soi-disant corpuscules sporogènes de M. Ernst. Ces formations n'ont, au moins actuellement, qu'un faible intérêt.

3° **Division cellulaire.** — Elle s'annonce, intérieurement, par l'apparition d'une ligne claire, qui cloisonne le contenu cellulaire — et, extérieurement, par un sillon, qui étrangle peu à peu l'organisme. M. Migula fait remarquer que, chez les microcoques, le septum interne précède la dépression externe, tandis que le contraire se voit chez les bacilles et vibrions. On pourrait donc reconnaître, par ce moyen, certains bactériums (et même certains vibrions) presque sphériques, qui simulent absolument des microcoques.

Lorsque, dans les formes rondes, la division a lieu suivant une seule direction de l'espace, les deux moitiés, une fois séparées, arrondissent leur face plane et deviennent identiques, comme volume, à la cellule-mère. Si la scission a lieu suivant deux ou trois directions, la bactérie qui va se multiplier commence par augmenter de masse. Les cellules-filles s'arrondissent le plus souvent, mais elles peuvent aussi conserver leurs surfaces lisses, ainsi qu'on le voit pour le gonocoque (d'où l'aspect dit en « grain de café »).

Chez les bacilles, la division aboutit à la genèse de deux individus, dont les extrémités voisines s'arrondissent, s'effilent ou se séparent simplement, suivant que le microbe est à bouts ronds, grêles ou carrés.

Certains organismes se divisent si vite qu'on les rencontre toujours sous l'aspect d'éléments isolés ; d'autres se multiplient plus lentement et donnent naissance à des géminations ou des chaînettes. Celles-ci sont constituées le plus souvent, avons-nous dit, par des bactéries « en diplo », mais elles peuvent l'être également par des individus simples. Dans ce dernier cas la scission est plus rapide que dans le premier, mais pas assez cependant pour aboutir à l'égrènement des cellules-filles.

Il n'est pas rare d'observer des anomalies de division. Par exemple, un streptocoque peut montrer çà et là des chaînons ou des séries de chaînons composés de quatre éléments (évolution localisée suivant le type merista). On ne doit voir là qu'une manifestation banale du pléomorphisme, si fréquent dans le monde des microbes.

4° **Capsules.** — Nous avons déjà indiqué les variétés d'aspect des capsules proprement dites. Celles-ci tiennent le milieu entre la simple gaine, d'ordinaire muqueuse, qui entoure tous les microbes et les sécrétions exubérantes caractéristiques des zooglées (fig. 10). En ce qui concerne celles-ci, on

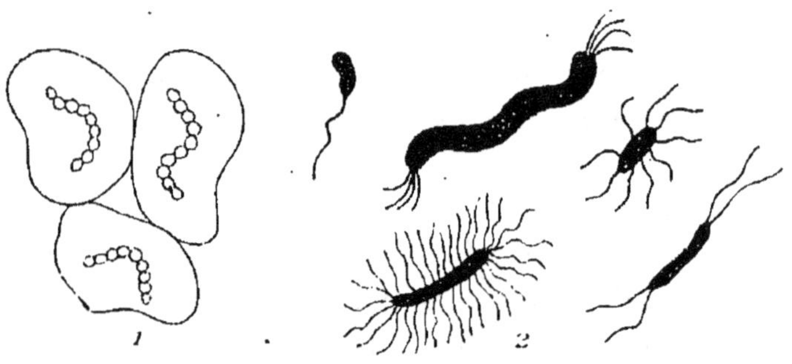

Fig. 10. — 1. Zooglées du leuconostoc mésentérioïdes. — 2. Divers types de bactéries ciliées.

est parfois très embarrassé pour décider si la consistance gélatineuse du milieu tient à la coalescence d'énormes capsules, ou bien à une transformation in situ du substratum nutritif (voir : *Fermentations muqueuses*).

La gaine microbienne peut avoir une consistance sèche, papyracée, chondroïde (ascoçoccus Billrothi), graisseuse (organismes cultivés dans les milieux additionnés de corps gras), cireuse (bacille tuberculeux). Elle offre ordinairement des réactions colorées différentes de celles des bactéries et voisines de celles des cils.

Certains microbes ne forment de capsules que sur un côté (exemple : le bacterium pediculatum qui produit, ainsi que le leuconostoc, la « gomme des sucreries »).

5° **Cils.** — Étudiés d'abord, sans coloration, chez les grandes espèces, par Ehrenberg, Cohn, Drysdale et Dallinger — puis, à l'aide de la coloration combinée au mordançage, sur les organismes communs, par MM. Koch, Löffler, Neuhaus, etc... Ce sont des flagella, analogues à ceux des épithéliums vibratiles et des infusoires. Leur longueur dépasse habituellement celle de la bactérie qui les porte ; ils peuvent être jusqu'à 20 fois plus longs qu'elle. Grêles, flexibles et ondulés, ils se brisent facilement au cours des manipulations, surtout quand ils proviennent de cultures un peu anciennes.

Pour M. Trenkmann, ils constituent de véritables expansions du protoplasma, traversant la membrane d'enveloppe. Pour M. Fischer, au contraire, ils sont indépendants du contenu microbien. Ce dernier auteur a vu des bactéries complètement plasmolysées (c'est-à-dire dont le protoplasma s'était totalement rétracté au centre de la cellule) continuer à se mouvoir normalement. Ce seraient donc des dépendances du « système tégumentaire ». Aussi bien, les cils et les gaines muqueuses semblent offrir des caractères chimiques analogues et pourraient même se remplacer mutuellement (par exemple chez le b. prodigiosus — Scheurlen). On ne saurait guère cependant concevoir les flagella comme dénués de tout rapport avec le protoplasma.

Les cils n'apparaissent habituellement que lorsque

la division cellulaire est déjà très avancée. Ils poussent rapidement, car on n'a jamais pu saisir leurs stades de développement.

Les microcoques sont rarement pourvus de flagella. On peut citer, à titre d'exception, le micrococcus agilis et le micrococcus agilis flavus (appartenant au type merista) ainsi que la sarcina mobilis.

Les bacilles possèdent tantôt un cil polaire (b. pyocyanique), tantôt plusieurs cils répartis sur divers points de leur surface (b. côli, b. typhique, vibrion septique, b. subtilis, proteus, etc.).

Les vibrions n'ont d'ordinaire qu'un flagellum polaire. Quelques espèces allongées en montrent deux à chacune de leurs extrémités (v. de Massaouah par exemple).

Les spirilles offrent, à chaque bout, un buisson de cils (fig. 10).

La plupart des bactéries pourprées (rondes, longues ou courbes) sont munies d'organes locomoteurs. Il en va de même pour les cellules mobiles des cladothrix.

Chez plusieurs anaérobies M. Löffler a signalé la présence de cils géants, dont la signification demeure obscure.

6° **Spores.** — Entrevues par Perty ; décrites d'abord par Pasteur (vibrion butyrique et bacille de la flacherie) ; étudiées ensuite par Cohn (b. subtilis), par M. Koch (bactéridie charbonneuse), par Prazmowski, Brefeld, etc...

D'ordinaire, chaque bacille ne donne naissance qu'à une seule spore ; d'après M. Kern la dispora caucasica (isolée du kéfir) en produirait deux, mais le fait ne paraît pas suffisamment établi (Migula). Il est hors de doute, au contraire (bien qu'exceptionnel) pour ce qui concerne le b. inflatus et le b. ventriculus, décrits par M. A. Koch (fig. 11).

Les spores libres représentent des corps arrondis ou ovalaires, caractérisés par une forte réfringence. Elles sont rarement colorées (verdâtres chez quelques bactéries étudiées par M. Klein, rougeâtres chez

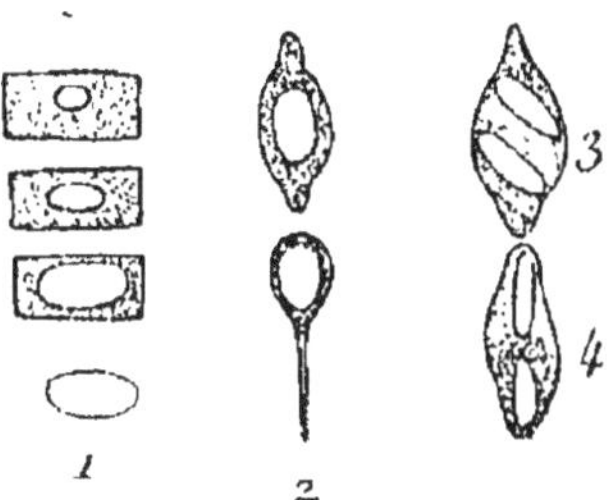

Fig. 11. — 1. Formation des spores chez le bacillus anthracis. — 2. Deux types de clostridium. — 3. Bacillus inflatus (A. Koch). — 4. Bacillus ventriculus (A. Koch).

divers microbes fluorescents). Leur diamètre égale, dépasse ou n'atteint pas — selon les cas — celui de la cellule-mère. Elles sont constituées par une membrane épaisse et un contenu pauvre en eau.

FORMATION DES SPORES. — On voit apparaître, au sein du bacille, un point brillant qui s'accroît progressivement, en même temps qu'il augmente de réfringence. A mesure que le contenu cellulaire se condense ainsi, sur une étendue croissante, pour engendrer la forme de résistance, le reste du protoplasma s'appauvrit parallèlement en matériaux nutritifs.

Finalement, la spore n'est plus séparée de la membrane que par un peu de liquide aqueux ; elle déforme, ou non, le bacille selon les cas. Par dissolution du reliquat bactérien, elle se trouve mise en liberté (fig. 11).

Pour M. Bunge, les spores résultent de la fusion de plusieurs granules, lesquels n'ont rien à voir avec les « corpuscules sporogènes » de M. Ernst. Chez le megatherium, M. Bunge a vu les spores entourées de vacuoles jusqu'à l'époque de leur développement parfait.

D'après M. Klein, les formes de résistance se constitueraient en deux temps dans le groupe de

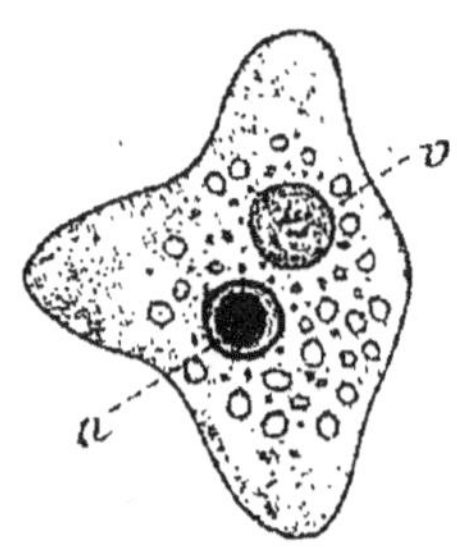

Fig. 12. — Amibe au repos avec noyau (n) et vacuole contractile (v), d'après Verworn.

« bactéries vertes » qu'il a étudiées. Il y aurait d'abord différenciation d'une « prospore », volumineuse et peu réfringente ; puis celle-ci, se contractant, deviendrait de plus en plus brillante et absorberait progressivement le pigment vert de la cellule-mère.

GERMINATION DES SPORES. — Elle n'est connue exactement que pour un petit nombre d'espèces. En premier lieu, le volume s'accroît et la réfringence disparaît. Puis, diverses éventualités peuvent se produire. Tantôt la membrane s'évanouit très rapidement et le nouveau bacille paraît se substituer in situ à la spore (cas rare) ; tantôt l'enveloppe persiste pendant un temps court, mais appréciable (notamment chez le b. subtilis) et le microbe sort par un des pôles (b. amylobacter) ou par l'équateur (b. subtilis — ce dernier mode est moins fréquent que l'autre) ; tantôt enfin, l'issue se fait bien à travers la membrane, mais celle-ci se liquéfie presque immédiatement après (bactéridie charbonneuse, à déhiscence polaire) et le phénomène devient difficilement saisissable.

Nous n'insisterons pas sur certaines anomalies, peu intéressantes, telles que la sortie simultanée par les deux pôles de la spore.

IV. — *Protozoaires.*

Leur étude, très complexe, appartient à la zoologie proprement dite. Nous nous contenterons donc d'un aperçu des plus succincts.

Les protozoaires forment trois groupes : les rhizopodes, les sporozoaires et les infusoires.

1° **Rhizopodes.** — Ce sont les animaux les moins élevés en organisation. Parmi eux, seules les amibes offrent quelque intérêt au point de vue microbiologique, car on leur attribue plusieurs affections (dysenterie, par exemple). Les amibes représentent des cellules nues, gélatineuses, d'aspect irrégulier et de réfringence à peine supérieure à celle des liquides où elles vivent. Elles offrent : un protoplasma, granuleux dans sa plus grande partie et clair sur les bords ; un noyau ; et, souvent, une vacuole contractile. La périphérie du plasma émet des prolongements actifs, qui servent à la mobilité et à la préhension des particules alimentaires. La multiplication a lieu par division (par bourgeonnement dans certaines circonstances — Frosch) et la division semble atteindre d'abord le noyau. Les amibes peuvent s'enkyster.

2° **Sporozoaires.** — Ils comprennent deux grandes subdivisions : les myxo, micro, et sarcosporidies d'une part, les coccidies et grégarines de l'autre.

Myxosporidies (Parasites des reptiles, poissons, arthropodes, etc...). — Elles constituent des masses protoplasmiques nucléées, présentant un ectoplasme clair et un endoplasme grenu. Elles donnent naissance à de nombreuses spores, dont la structure est assez compliquée. Chaque spore, en effet, possède une enveloppe bivalve, un plasma bien développé et de une à quatre capsules polaires. Ces capsules renferment des filaments spiralés (un par capsule) qui peuvent sortir et se dérouler sous l'influence de plusieurs réactifs (fig. 13). Les spores s'ouvrent à un

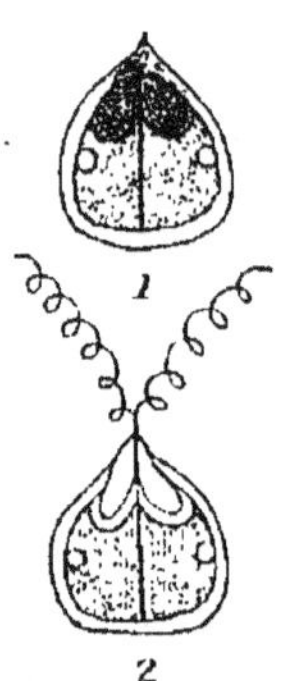

Fig. 13. — Spores d'une myxosporidie avec filaments non déroulés (1) et déroulés (2), d'après Balbiani.

moment donné et leur déhiscence met en liberté de

petites amibes qui reproduisent, en se développant, les myxosporidies types.

Microsporidies. — Elles ne semblent pas devoir être séparées des précédentes. L'organisme de la pébrine des vers à soie appartient à ce groupe.

Sarcosporidies. — Parasites du système musculaire et, parfois, du tissu conjonctif. Elles forment des tubes allongés, limités par une mince membrane, et munis de cloisons. Dans leur intérieur se voient des spores abondantes, falciformes, avec un noyau, des granulations chromatiques et une capsule polaire à fil non déroulable (Laveran et Mesnil, fig. 14).

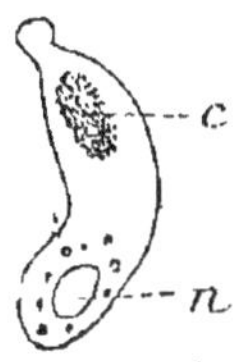

Fig. 14. — Spore de sarcosporodie avec capsule (c), noyau (n) et granulations, d'après Laveran et Mesnil.

Les trois groupes précédents sont caractérisés par la persistance du développement après la production des spores. Il en va tout autrement pour les deux suivants.

Coccidies. — Parasites intracellulaires de nombreux animaux. Le cycle de leur évolution est encore imparfaitement connu. Toutefois, les récents travaux de MM. Pfeiffer, Mingazzini, Simond et Siedlecki ont fait faire un grand pas à leur étude, en démontrant l'existence de phénomènes sexués.

Les coccidies passent la plus grande partie de leur

vie au sein des cellules qu'elles infectent. Pendant cette phase, elles se multiplient (sauf de très rares exceptions) suivant le mode asexué. Il en résulte des séries de générations, composées le plus . souvent d'éléments indifférents, parfois d'éléments mâles ou femelles ; dans le premier cas, la production de cellules indifférentes n'est point indéfinie et, à un moment donné, on trouve des coccidies de l'un et l'autre sexe. La fécondation arrive enfin (elle a été constatée directement pour plusieurs espèces, fig. 15),

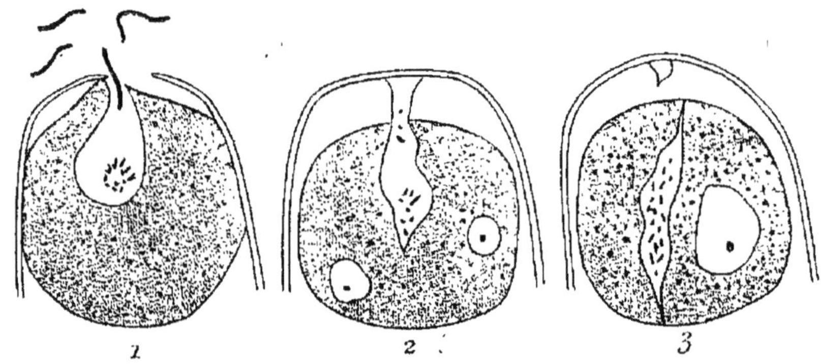

Fig. 15. — Fécondation chez le coccidium proprium du triton (Siedlecki). — 1. Pénétration des microgamètes (éléments mâles). — 2. Rétraction du protoplasma. — 3. Union des chromatines mâle et femelle.

et les individus fécondés se transforment en kystes sporogènes qui ne peuvent mûrir qu'au sein du milieu extérieur. Les spores doivent exclusivement leur origine à une conjugaison sexuelle. Cette notion n'est peut-être que la traduction particulière d'une loi biologique générale.

Les germes, de nombre variable selon les genres, contiennent dans leur intérieur des sporozoïtes qui, devenus libres chez un nouvel hôte, vont infecter les cellules de celui-ci.

Parmi les coccidies, un groupe des plus intéressants est représenté par les hématozoaires, parasites des hématies humaines (paludisme) et animales (fièvre du Texas), dont nous devons la connaissance aux belles recherches de M. Laveran (fig. 16).

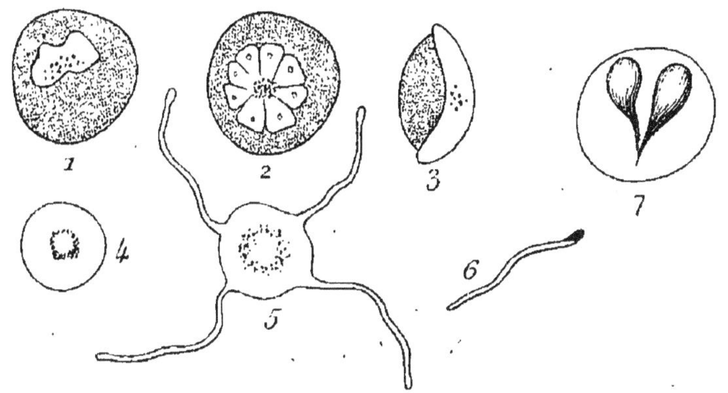

Fig. 16. — Hématozoaire du paludisme. — 1. État amiboïde. — 2. Stade de marguerite. — 3. Croissant accolé à un reste d'hématie. — 4. Croissant devenu sphérique. — 5. Corps flagellé. — 6. Flagellum libre. — Piroplasma bigeminum de la fièvre du Texas (7).

L'importance de ces protozoaires s'affirme de jour en jour. Le cycle évolutif commence à être assez bien élucidé et rappelle absolument celui des coccidies qui habitent les autres cellules. Les parasites des globules rouges n'effectuent qu'une partie de leur développement chez les vertébrés ; ils passent ensuite par l'organisme des invertébrés, où s'accomplissent sans doute exclusivement les actes sexuels (Manson et Laveran).

Grégarines. — Ces sporozoaires, qui vivent le plus

souvent en parasites chez les arthropodes, se présentent tantôt sous l'aspect de cellules de structure simple (types inférieurs), tantôt sous celui d'éléments vermiformes, divisés en deux ou trois segments. Le segment antérieur constitue l'organe de fixation, et se sépare à un moment déterminé : le reste augmente de volume, prend une forme sphérique et s'enkyste. Dans la poche kystique naissent les spores (pseudo-navicelles) qui contiennent les sporozoïtes (corps falciformes). La genèse des spores serait fréquemment précédée de la fusion de deux individus (Bütschli). Quand la germination a lieu, les corps falciformes se métamorphosent en amibes, lesquelles produisent de nouveau des grégarines (exceptionnellement, le protozoaire conserve l'état amibien).

Pendant sa phase amiboïde, l'organisme vit en parasite au sein d'une cellule épithéliale, puis il devient libre.

Y a-t-il des phénomènes sexués, analogues à ceux dont nous avons parlé plus haut? MM. Mesnil et Caullery ont observé certains aspects, rappelant la multiplication asexuée des coccidies. Il est vraisemblable qu'aux générations indifférentes succèdent. tôt ou tard, des séries d'individus mâles et femelles ; mais le fait n'a pas encore été démontré.

3º **Infusoires.** — Parmi les infusoires flagellés, nous n'indiquerons que les trypanosomes. Ceux-ci infectent le sang de diverses espèces animales, et, s'ils sont parfois bien tolérés (t. du rat), ils peuvent aussi donner naissance à des affections fort graves (Dourine — Nagana ou « maladie de la mouche Tsé-tsé » frappant, dans l'Afrique Australe, le cheval, l'âne, le bœuf, le chien, etc. — Surra, sévissant dans les Indes, et peut-être identique à la Nagana). Il existe donc plusieurs genres de trypanosomes. Ce sont de petits organismes pisciformes, offrant une extrémité ciliée et l'autre libre, munis sur un de leurs côtés d'une membrane ondulante continue avec le flagellum, et contenant intérieurement un peloton chromatique (noyau) et un nucléole. Ils se divisent tantôt simplement (sans perdre leurs cils) en long ou en travers ; tantôt, après s'être transformés en une sphère volumineuse, qui engendre de nombreux

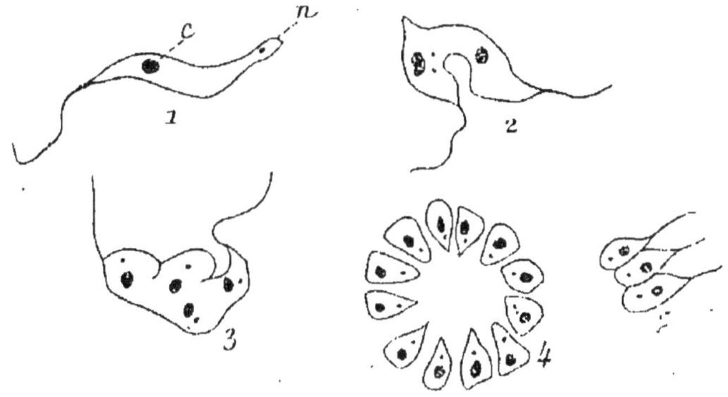

Fig. 17. — Trypanosome du rat (Kempner et Rabinowitch). — 1. Forme adulte. — 2. Division en long. — 3. Division en travers. — 4. Segmentation (rosace). — 5. Éléments segmentés tendant vers l'état adulte. — Les trypanosomes présentent, dans leur protoplasma, un nucléole (*n*) et un peloton de chromatine (*c*).

individus par segmentation (Kempner et Rabinowitch — fig. 17).

V. — *Composition chimique et réactions colorantes des protophytes.*

1° **Composition chimique.** — Encore bien mal connue.

MOISISSURES. — L'enveloppe contient de la cellulose ; le contenu abonde en matières ternaires. Celles-ci prédominent sur les corps azotés. Les spores ont une membrane hygroscopique et un plasma très condensé, d'où leur résistance à la coagulation.

LEVURES. — Ici encore l'enveloppe est cellulosique. Le protoplasma, plus riche en albuminoïdes que celui des mucédinées, recèle aussi des composés hydrocarbonés (notamment du glycogène) et des graisses. Ces dernières augmentent énormément de proportion dans les très-vieilles cultures (Duclaux). L'acide phosphorique, la potasse et la magnésie constituent les éléments principaux des cendres. Les blastomycètes contiennent beaucoup de nucléine.

BACTÉRIES. — La composition chimique des levures varie, non seulement d'après l'âge, mais encore suivant le milieu. Il en va de même, et à un degré encore plus marqué, pour les bactéries (Cramer). Certaines renferment de la cellulose (b. subtilis). Chez toutes, le taux des albuminoïdes l'emporte sur celui des éléments ternaires. On a isolé des hydrates de carbone, des graisses, des cires (b. tuberculeux) ; mais, pour ces composés comme pour les autres, il est impossible de discerner ce qui revient à la substance intercellulaire et aux cellules elles-mêmes.

Le protoplasma des organismes thermophiles doit avoir une structure chimique toute spéciale ; on ne saurait en effet considérer la membrane (identique à celle des autres bactéries) comme constituant un organe de protection efficace vis-à-vis de la chaleur.

2° **Réactions colorantes.** — Nous serons très brefs sur ce sujet, qui relève essentiellement de la technique.

Bactéries. — Vivantes, elles opposent une résistance énorme, pratiquement absolue, à la pénétration des matières tinctoriales. Il faut donc les tuer si l'on veut les colorer.

Certaines bactéries prennent une nuance bleue par l'iode (bacterium aceti, clostridium pasteuriánum avant la formation des spores...). D'ordinaire on s'adresse aux dérivés basiques d'aniline, pour lesquels, avons-nous dit, les micro-organismes présentent beaucoup d'affinité.

Cette affinité comporte d'ailleurs des degrés, selon les espèces. La bactéridie charbonneuse se teinte aisément dans les colorants faibles ; le bacille de la morve réclame des colorants plus énergiques ; celui de la grippe n'est mis en évidence que si l'on additionne les bains de différents corps susceptibles d'exalter le pouvoir tinctorial (acide phénique, huile d'aniline...) ; enfin, les bacilles tuberculeux et lépreux nécessitent un contact prolongé avec la couleur phéniquée ou anilinée. A quoi tiennent ces différences? Quelle est la part respective de la membrane et du contenu cellulaire? La résistance des bacilles tuberculeux et lépreux est certainement due à leur atmosphère cireuse, car, après dissolution de cette atmosphère, ces microbes se comportent comme le commun des bactéries. Pour celles-ci, l'affinité vis-à-vis des couleurs tient aux propriétés de l'enveloppe et à celles du protoplasma. Quand on fait usage de teintures massives, on imprègne plus ou moins fortement la membrane et il ne saurait être question du contenu ; quand on emploie les teintures faibles, on s'adresse exclusivement au plasma, et la nuance observée mesure sans doute son degré de condensation.

Une fois teintes, les bactéries se laissent plus ou moins aisément décolorer. Ce sont les bacilles tuberculeux et lépreux qui retiennent le mieux les dérivés basiques (Ehrlich). On met à profit cette particularité dans le diagnostic microscopique. On tire également parti de la réaction de Gram. On sait en quoi consiste cette réaction. Nombre de microbes traités par les violets de pararosaniline, puis « différenciés » par la solution iodo-iodurée, résistent à la décoloration (alcool ou alcool-acétone).

L'obstacle que les bacilles tuberculeux et lépreux opposent aux agents d'extraction (même très énergiques, comme l'acide nitrique à 30 pour 100), reconnaît pour cause, avons-nous dit, la gaine cireuse circumbacillaire. L'obstacle que beaucoup de bactéries opposent aux décolorants dans le procédé de Gram, paraît plutôt lié à une condensation marquée du contenu cellulaire. En effet, les bacilles tuberculeux et lépreux « traités par le Gram » se présentent sous l'aspect de lignes pointillées, semblant manifester ainsi l'existence de nombreuses vacuoles intraprotoplasmiques.

Les spores sont difficiles à colorer et à décolorer. Cela tient certainement à la pauvreté en eau de leur contenu et non pas à l'épaisseur de leur enveloppe, puisque les spores incomplètement développées et encore dépourvues de membrane se comportent comme les spores mûres (Bunge).

Les cils offrent une composition telle qu'ils ne sauraient se teindre sans mordançage préalable au tanin. Les capsules sont décelées à l'aide de décolorations ménagées.

Levures et moisissures. — La méthode de Gram teinte uniformément les levures et irrégulièrement les moisissures. Avec ces dernières nous entrons en pleine cytologie végétale. Aussi renvoyons-nous aux traités de botanique.

CHAPITRE II

PHYSIOLOGIE

Les microbes se trouvent partout ; leurs espèces sont innombrables, leurs fonctions chimiques des plus variées, leur puissance de multiplication extrême, leur rôle capital dans la circulation de la matière.

Parasites, ils tendent à détruire les autres êtres vivants, végétaux et surtout animaux. Saprophytes, ils réduisent la substance organique morte à des termes simples, préparant ainsi les aliments indispensables aux végétaux supérieurs. La vie des plantes, et, partant, celle des animaux, est subordonnée à leur activité. Réciproquement, la matière qui a vécu constitue la source presque exclusive de leur nutrition. Ils apparaissent donc réellement comme les intermédiaires obligés entre l'existence qui finit et celle qui commence.

Nous étudierons dans l'ordre suivant les diverses fonctions des micro-organismes (protophytes) : nutrition — production de chaleur et de lumière — production de matières colorantes — locomotion et manifestations sensitives — évolution et vitalité —

virulence. Puis nous dirons quelques mots au sujet de la physiologie, encore si mal connue, des protozoaires.

I. — *Nutrition.*

Elle est liée : (1° A la nature même des microbes — chacun d'entre eux manifeste ses exigences, parfois très étroites. C'est ainsi que certaines moisissures décomposent l'acide racémique en ne consommant que le composant tartrique droit (Pasteur). M. Péré cite des exemples analogues, concernant l'acide lactique inactif. (2° A la nature de l'aliment — M. Fischer indique que, parmi les monosaccharides susceptibles de fermenter sous l'influence des levures, on ne rencontre que des corps à 3, 6 ou 9 atomes de carbone ; il note aussi que chez les hexoses, la structure stéréochimique commande l'aptitude à la dislocation zymotique. (3° Aux influences extérieures — présence ou absence d'oxygène, température, lumière, etc.).

L'étude des fermentations et des sécrétions diastasiques ne saurait être séparée pratiquement de celle de la nutrition. Nous passerons donc successivement en revue : les aliments des microbes et les milieux de culture — le rôle des conditions ambiantes — les fermentations — les sécrétions diastasiques — les échanges nutritifs et les modifications des milieux.

A. Aliments des microbes. — Milieux de culture

Il convient « d'appeler aliment toute matière à laquelle un microbe donné peut emprunter les matériaux de son organisation et la chaleur nécessaire pour se rendre indépendant de la chaleur solaire. Le total de l'action protoplasmique doit être exothermique et même, d'ordinaire, il reste un peu de chaleur en excès qui élève la température du milieu... Mais, dans le détail, le protoplasma peut parfaitement s'adresser, pour une partie de son alimentation, à des substances brûlées, incapables de fournir de la chaleur par une voie quelconque, à la condition de les faire entrer dans une combinaison nutritive où figurent en quantité suffisante des transformations exothermiques. Le ferment nitrique peut, comme l'a montré M. Winogradski, emprunter son charbon à l'acide carbonique, à la condition d'oxyder de l'acide nitreux pour le transformer en acide nitrique ». (Duclaux.)

Les aliments sont élaborés dans le protoplasma suivant des modes à peu près inconnus jusqu'ici. Nous savons seulement que cette élaboration est précédée de transformations diastasiques tantôt extra, tantôt intracellulaires, et qu'elle est suivie du rejet de substances usées. Celles-ci se mélangent intimement dans les milieux de culture avec diverses sécrétions proprement dites, ainsi qu'avec les résidus des actions fermentatives. Il est souvent impossible de faire une distinction certaine entre ces trois ordres de produits, car la physiologie des microbes est aussi complexe que mal élucidée.

1° **Aliments des moisissures.** — M. Raulin, prenant comme type d'étude l'aspergillus niger, s'est efforcé de réaliser, à l'aide de composés chimiques bien définis (acide tartrique, sucre et sels minéraux), le milieu le plus convenable au développement de cette mucédinée. Il y a pleinement réussi et l'on peut dire qu'il n'existe pas un seul micro-organisme dont nous connaissions aussi bien la nutrition. C'est que personne n'a recommencé, pour d'autres microbes, de telles recherches, avec une semblable compétence.

Le liquide composé par M. Raulin fournit une récolte constante à 1/20° près. Il comprend les éléments suivants : eau, 1 500 ; sucre candi, 70 ; acide tartrique, 4 ; nitrate d'ammoniaque, 4 ; phosphate d'ammoniaque, 0,6 ; carbonate de potasse, 0,6 ; carbonate de magnésie, 0,4 ; sulfate d'ammoniaque, 0,25 ; sulfate de zinc, 0,07 ; sulfate de fer, 0,07 ; silicate de potasse, 0,07. La réaction est acide. Pour avoir des cultures abondantes, il faut ensemencer en couche mince, au large contact de l'air et porter à 37° dans une atmosphère bien humide. Après 24 heures, la surface du liquide se recouvre d'une membrane blanchâtre qui s'épaissit rapidement, se plisse, et prend, dès le 4° jour, un ton noir dû à la couleur des spores mûres. Si l'on veut évaluer exactement le poids de la moisissure, il convient, le 3ᵉ jour, d'enlever tout ce qui s'est développé ; une nouvelle récolte peut être obtenue après 3 jours, c'est la dernière. Les deux membranes, séchées et pesées, représentent environ 25 grammes pour 1 500 centimètres cubes de milieu employé.

ALIMENTATION MINÉRALE. — En éliminant séparément chacun des éléments minéraux présents dans le liquide Raulin, on peut se rendre compte de leur utilité respective. Par suppression de l'acide phosphorique, la récolte tombe au 182° — de la magnésie, au 9 1ᵉ — de la potasse, au 25° — de l'acide sulfurique, au 25ᵉ, etc... Ces résultats sont assez comparables à ceux que donnerait un végétal supérieur. Il n'en est pas de même pour les suivants. Par suppression de l'oxyde de zinc, la récolte tombe au 10ᵉ — de l'oxyde de fer, à moins de la moitié. Comment expliquer ce rôle imprévu de deux substances qui figurent l'une et l'autre dans le milieu sous le poids de $0^{gr},07$ de sulfate? Pour le savoir, M. Raulin procède ainsi : il cultive l'aspergillus sur deux liquides privés respectivement de zinc et de fer. La mucédinée pousse médiocrement, ainsi qu'il vient d'être dit. Il restitue alors à chacune des cultures le corps chimique qui lui manquait, et voici ce qu'il observe : la restitution du zinc rétablit l'intensité normale de croissance, la restitution du fer n'a aucun effet. Il conclut que, tandis que le zinc représente un véritable aliment, le fer doit être considéré comme une sorte d'antidote, neutralisant quelque poison sécrété par l'aspergillus et nuisible à sa végétation (peut-être l'acide sulfocyanhydrique).

De même que certaines substances minérales manifestent leur utilité vis-à-vis de la moisissure à des doses infiniment faibles, d'autres se montrent dangereuses à l'état de dilutions non moins extrêmes. Tel est le cas du sublimé et du nitrate d'argent par exemple, qui empêchent la germination des spores, le premier au 500 millième, le second au 1 600 millième. L'aspergillus est tellement sensible aux sels d'argent que le développement n'a pas lieu dans un vase de ce métal.

Alimentation hydrocarbonée. — L'acide tartrique

agit de deux façons : il maintient le milieu acide, c'est-à-dire défavorable aux bactéries, d'où croissance exclusive de l'aspergillus alors même qu'on n'opère pas aseptiquement — et il sert d'aliment à la plante lorsque tout le sucre a disparu.

Le sucre candi est d'abord interverti, puis détruit par la mucédinée ; celle-ci en brûle les 2/3 pour se procurer de l'énergie et utilise le tiers restant pour construire ses tissus.

On a étudié la valeur nutritive de divers composés ternaires. Le lactose et la mannite constituent des aliments médiocres ; l'amidon cru ne vaut rien ; l'amidon cuit convient assez bien (il est modifié par les diastases de l'aspergillus) ; l'alcool gène la germination des spores, mais se trouve consommé par le végétal adulte ; l'acide acétique est assimilé, etc...

ALIMENTATION AZOTÉE. — Dans le liquide Raulin, l'azote se trouve à l'état purement minéral. La suppression de l'ammoniaque fait tomber la récolte au 153e.

CONCLUSIONS. — L'aspergillus est à la fois très exigeant et assez accommodant. Si l'on veut obtenir une récolte abondante, il faut respecter la variété et la proportion des éléments contenus dans le liquide Raulin ; si l'on veut simplement obtenir le développement de la mucédinée, on peut se permettre nombre de modifications. La plante poussera plus ou moins mal, mais elle poussera, manifestant ainsi cette propriété fondamentale des microbes, l'adaptation. Propriété variable d'un organisme à l'autre, mais essentiellement perfectible, comme nous le verrons.

2° **Aliments des levures.** — Les moisissures vivent

normalement au large contact de l'air ; grâce à l'oxygène présent, elles brûlent complètement la partie
des aliments qui n'entre pas dans la constitution de
leur organisme.

Les levures vivent normalement à l'abri de l'air ; elles
brûlent, elles aussi, tout ce qui ne sert pas à leur entre-
tien, mais ici la combustion est incomplète. Il s'ensuit fatalement qu'elle doit porter sur un plus
grand nombre de molécules utiles, autrement dit, il
s'ensuit qu'on se trouve en présence d'une « fermentation liée à la vie anaérobie ». Nous définirons plus
tard ces deux phénomènes : fermentation et vie anaérobie.

Il n'existe donc aucune différence essentielle entre
les moisissures et les levures. Les conditions seules
de la nutrition sont opposées. Qu'on immerge les
moisissures dans des liquides sucrés, elles détermineront de véritables fermentations ; qu'on fasse vivre les
levures à l'air libre, elles accompliront des combus-
tions types.

ALIMENTATION MINÉRALE. — Pasteur et Mayer ont
montré que l'acide phosphorique et la potasse sont
indispensables ; la chaux est simplement utile, la
magnésie favorable.

ALIMENTATION HYDROCARBONÉE. — Les sucres constituent les aliments d'élection, surtout lors de la vie
zymotique. Mais les levures assimilent également divers
alcools, divers acides et sels organiques. Elles font,
dans leur intérieur, des réserves de glycogène.

ALIMENTATION AZOTÉE. — Les sels ammoniacaux,
les albuminoïdes solubles du sérum, l'allantoïne, l'acide
urique, etc... peuvent servir de source d'azote. Il n'en

saurait être de même des nitrates, de l'albumine d'œuf, de la caséine, de la fibrine, etc...

3° **Aliments des bactéries.** — Au point de vue de leur nutrition, ces organismes diffèrent infiniment plus entre eux que les moisissures et les levures. Nous serons donc forcément très bref sur ce sujet.

ALIMENTATION MINÉRALE. — Le chlorure de sodium, et surtout le phosphate de potasse, sont nécessaires à la majorité des bactéries ; on leur adjoint volontiers, dans les milieux dits artificiels, le sulfate de magnésie et le chlorure de calcium. De fortes proportions de sel sont indispensables aux microbes lumineux pour engendrer la phosphorescence.

Kühne préconise la formule suivante, comme équivalente aux cendres de l'extrait Liebig. On dissout dans 600 centimètres cubes d'eau : sel 16 grammes ; sulfate de magnésie 3,5 ; gypse calciné 1,5 ; magnésie calcinée 2,5 ; potasse desséchée 62,13 ; carbonate de soude 7,35 ; fer réduit 6,20 ; acide phosphorique 95 ; acide lactique (seul élément organique) 50-60. 1 à 2 centimètres cubes (par litre) de la solution suffisent pour minéraliser divers liquides contenant des principes azotés et hydrocarbonés bien définis.

Le soufre joue un certain rôle dans la nutrition bactérienne. En dehors des sulfates, il se rencontre, à titre accessoire, au sein des matières albuminoïdes assimilées par les microbes. La majorité de ceux-ci peuvent, somme toute, s'en passer sans grand dommage. Il en est autrement des sulfobactéries. Celles-ci, nous le savons déjà, habitent les eaux chargées d'H^2S. Elles décomposent ce gaz et fixent le soufre. Si l'hydrogène sulfuré fait défaut, elles oxydent leur réserve intraprotoplasmique, donnant naissance à des sulfates qui s'accumulent dans le liquide ambiant (Winogradsky).

Le fer est utile à divers organismes, notamment sous la forme d'hémoglobine (le pneumocoque, et d'une façon générale tous les pathogènes qui préfèrent les « milieux-sang » aux « milieux-sérum », en fournissent la preuve). Dans cet état, il serait indispensable au bacille de la grippe (Pfeiffer), opinion qui paraît exagérée. Pour les ferro-bactéries, le fer constitue un aliment essentiel ; elles l'accumulent dans leur gaine (dépôt d'oxyde) en vertu d'une élaboration encore mal connue ; intracellulaire selon M. Winogradsky, extracellulaire selon M. Molisch. Ce dernier auteur a montré qu'on peut substituer le manganèse au fer.

ALIMENTATION HYDROCARBONÉE. — Elle varie à l'infini. Certains composés influencent très favorablement la nutrition d'un ou de plusieurs microbes. Telle la glycérine vis-à-vis du bacille tuberculeux et de nombreux streptothrix. A propos de la fixation du carbone, rappelons que le ferment nitrique peut emprunter le sien directement à CO_2.

ALIMENTATION AZOTÉE. — Plusieurs bactéries, hautement parasites, ne vivent guère que dans des milieux additionnés de sérum liquide (gonocoque, microbe de la peripneumonie) ; quelques-unes préfèrent le sérum coagulé par la chaleur (bacille tuberculeux) ; la plupart des organismes pathogènes se développent abondamment au sein des liquides de culture additionnés de peptone, mais parmi eux il en est qui se contentent des dérivés amidés ou même des sels d'ammoniaque, comme unique source d'azote ; les sels ammoniacaux suffisent à la majorité des saprophytes, notamment à ceux des eaux ; le bacille nitrique vit aux dépens des nitrites ; enfin, les microbes des légumineuses assimilent directement l'azote atmosphérique, par un mécanisme que nous étudierons plus tard.

4º **Milieux de culture.** — Inutile de les définir. On les divise, tout naturellement, en deux classes : liquides et solides. Les premiers conviennent surtout à l'étude des propriétés biologiques, les seconds à la séparation des espèces. Parmi les liquides de culture, on distingue : les milieux artificiels, dont tous les éléments sont chimiquement définis (tel le liquide Raulin) — les infusions végétales (thé de foin) et animales (bouillon), véritables milieux empiriques — les humeurs organiques (lait, sérum, urine, sucs de fruits) — les liquides combinés. Les milieux solides comprennent : les liquides « solidifiés » soit par coagulation (sérum), soit par addition de gélatine, gélose, ou dans certains cas, silice colloïdale — les milieux solides animaux (tranches de viscères) et végétaux (pommes de terre et carottes).

Rien n'est aussi difficile que de trouver, chimiquement ou empiriquement, le milieu le plus approprié au développement d'un microbe. Et, ce milieu étant trouvé, il ne saurait suffire à l'étude des diverses propriétés de l'organisme envisagé. Le problème est donc fort complexe.

Nous distinguerons, dans les milieux nutritifs, trois qualités principales : la consistance, la richesse et la réaction.

CONSISTANCE. — Les micro-organismes végètent

dans les liquides et sur les solides. Il faut noter que ces derniers, préparés suivant les formules habituelles, sont toujours très riches en eau. En les desséchant progressivement on s'aperçoit qu'ils deviennent de moins en moins favorables au développement des bactéries et des levures. Lorsque la concentration ne permet plus la culture de ces deux groupes de microbes, la croissance des moisissures reste encore possible pendant un certain temps. Il faut en effet arriver à une extrême sécheresse pour entraver la végétation des mucédinées. On sait d'ailleurs que celles-ci se rencontrent d'une façon banale sur les écorces, les feuilles mortes, etc.

RICHESSE. — Plusieurs bactéries, notamment celles des eaux, poussent dans des liquides très pauvres, et même dans l'eau distillée. Ils empruntent, pour ce dernier cas, tous leurs aliments aux vapeurs ambiantes (CO_2, AzH_3). La majorité des microbes exige, par contre, une certaine concentration — essentiellement variable du reste — des substances nutritives. Chaque espèce a son optimum, en deçà et au delà duquel la récolte ne tarde pas à baisser. Ce sont les pathogènes, dont la culture nécessite les milieux les plus riches, c'est-à-dire les plus comparables aux humeurs de l'organisme.

RÉACTION. — Les moisissures et les levures préfèrent les milieux acides, les bactéries, au contraire, les milieux neutres ou alcalins. On met à profit cette différence pour la purification des levures. Il convient d'ailleurs de ne point exagérer. S'il est vrai que les bactéries supportent mieux, en général, un excès d'alcali qu'un excès d'acide, la règle n'a rien d'absolu.

Nombre de bactéries se développent parfaitement dans des solutions acides (bacille typhique, colibacille) et même très acides (bacterium aceti).

Parmi les microbes qui aiment les milieux passablement alcalins, on peut citer le vibrion cholérique, et parmi ceux qui aiment les milieux très alcalins, le micrococcus ureæ.

B. Role des conditions ambiantes

Nous laisserons de côté l'influence de l'humidité, qui se confond avec celle de la concentration, ainsi que le rôle du repos et de l'agitation, encore trop mal élucidé. Il nous restera donc à étudier l'oxygène, la température et la lumière, comme conditions ambiantes. L'oxygène aurait pu figurer aussi bien parmi les aliments des microbes, mais toujours séparément, à cause de l'importance spéciale des questions de vie à l'air et de vie sans air. Peu importe d'ailleurs, car toute division est forcément arbitraire.

1° **Oxygène.** — Depuis Lavoisier, on admettait comme une loi fondamentale que l'oxygène est indispensable à la vie. En 1861, Pasteur vint ruiner cette théorie, ou plutôt l'élargir. Étudiant la fermentation butyrique du lactate de chaux, il constata qu'elle était causée par un organisme dont le développement ne peut avoir lieu qu'à l'abri de l'air, par un organisme « anaérobie », ainsi qu'il appela ce nouveau groupe de microbes. L'an suivant, il rencontra une autre bactérie, du même type physiologique, qui décompose le tartrate de chaux. Plus tard enfin, il fit connaître deux anaérobies pathogènes ;

le vibrion septique et un petit bacille de l'eau, donnant des abcès chez les animaux inoculés.

La notion de la vie sans air a profondément modifié la biologie. Nous savons maintenant qu'à côté des êtres qui utilisent l'oxygène libre, il s'en trouve d'autres qui ne peuvent utiliser que l'oxygène combiné. Pour se le procurer, ils sont obligés de disloquer certains corps chimiques et deviennent ainsi le plus souvent des agents actifs de fermentation. La fermentation n'est pas forcément la vie sans air, et la vie sans air ne revêt pas forcément les caractères que nous attribuons aux fermentations. Mais les deux phénomènes marchent si souvent de pair que l'on comprend sans peine pourquoi Pasteur avait jadis voulu les identifier.

Moisissures et levures. — Les premières, avons-nous dit, se développent normalement à l'air ; certaines sont susceptibles de s'adapter au manque d'oxygène libre lorsqu'on les immerge dans les liquides sucrés ; elles jouent alors le rôle de ferments, en même temps que leurs caractères morphologiques se modifient.

Les secondes peuvent assimiler l'oxygène libre (vie à l'air) ; l'oxygène faiblement combiné (culture en présence d'oxyhémoglobine, qu'elles réduisent) ; ou l'oxygène fortement combiné (vie sans air en présence des sucres).

Bactéries. — Parmi les bactéries, il convient de distinguer trois groupes au point de vue de leurs besoins en oxygène ; les aérobies stricts, les anaérobies stricts et les aéro-anaérobies.

Les aérobies stricts ne peuvent se développer qu'au

contact de l'air, libre ou dissous. Dans le premier cas, ils forment des voiles à la surface des liquides (bacillus subtilis, bacterium aceti) ; dans le second, ils se développent il est vrai profondément, mais d'autant mieux que la solution nutritive est plus aérée et disposée en couche plus mince (bactéridie charbonneuse).

Les anaérobies stricts ne végètent jamais en présence de l'oxygène, celui-ci leur étant un vrai poison (vibrion septique, bacterium Chauvœi). Ils ne poussent que dans le vide ou les gaz inertes (H,Az). Certains tolèrent des traces d'air en solution (bacille tétanique) surtout lorsqu'on les a soumis à une adaptation progressive. Les substances réductrices (formiate de soude) favorisent le développement des anaérobies ; il en est de même des sucres, qui pour Th. Smith seraient absolument indispensables. Renversant la proposition de Pasteur, le savant américain n'admet pas d'anaérobiose sans fermentation.

Les aéro-anaérobies constituent la masse des microbes courants ; le plus grand nombre se cultive mieux à l'air, quelques-uns mieux à l'abri de l'air (streptocoque de la gourme) ; on voit s'accroître le nombre de ces derniers lorsque les cultures sont faites en milieu sucré, car tous les organismes zymogènes donnent alors lieu à un développement qui égale ou dépasse celui qu'on obtient au contact de l'oxygène libre. On peut donc poser en principe que si l'anaérobiose favorise la fermentation (Pasteur), la fermentation, de son côté, favorise l'anaérobiose (Smith).

Quand ils envahissent le corps des animaux, les aérobies, stricts ou non, vivent à l'abri complet de l'air. C'est là une nouvelle preuve de la plasticité fonctionnelle des microbes.

Les anaérobies stricts peuvent-ils, inversement, se multiplier en présence de l'air? Oui, lorsqu'ils se trouvent mêlés à des aérobies qui les « protègent » selon l'expression de Pasteur. M. Kedrowsky admet que ces derniers agissent, non pas en absorbant l'oxygène ambiant, mais en sécrétant une sorte de ferment inconnu qui permet la végétation des premiers. Cette opinion a été contestée par M. Scholtz. M. Trenkmann pense que le ferment de M. Kedrowsky correspond simplement à H^2S ou à un sulfure alcalin, produits par les bactéries favorisantes, et il invoque à l'appui de son opinion la possibilité de cultiver les anaérobies à l'air, au contact de ces deux corps.

Si nous résumons ce qui précède, nous voyons que l'oxygène est bien indispensable à tous les êtres, ainsi que l'a affirmé Lavoisier. Mais nous voyons aussi, que tous les êtres ne l'utilisent pas sous la même forme.

Les éléments qui constituent les tissus animaux et végétaux se comportent absolument comme les microbes. Pasteur a démontré qu'en matière de physiologie cellulaire, l'anaérobiose est la règle, l'aérobiose l'exception. C'est là une conception lumineuse et féconde dans ses développements. Lechartier et Bellamy ont fait pour les tissus végétaux, ce que Pasteur avait fait pour les moisissures : ils les ont transformés en éléments zymogènes par suppression de l'air. Dans ces conditions, des fruits entiers (prunes, cerises) décomposent leur propre sucre, en donnant naissance à de l'alcool et de l'acide carbonique.

Les anaérobies peuvent-ils se passer indéfiniment de l'air ? M. Cochin a constaté que si l'on cultive en série la levure de bière, sans jamais la placer au contact de l'oxygène, les récoltes deviennent de plus en plus maigres ; vers le 10e-12e passage, tout développement s'arrête. L'introduction d'une trace, minime d'air suffit alors pour amener une abondante végétation. Mais la levure n'est pas un anaérobie strict, et il ne faudrait point se hâter de généraliser. D'autant que M. Beyerinck affirme avoir cultivé pendant très longtemps le granulobacter butyricum en l'absence d'oxygène.

2° Température. — Les microbes se développent à des températures très variées. Il existe, pour tout organisme, un maximum, un minimum et un optimum. Si la température s'élève au-dessus du maximum, la vitalité ne tarde pas à être compromise ; si elle descend au-dessous du minimum, le microbe se trouve dans un état de vie latente très favorable à sa conservation. Enfin, au point optimum, la nutrition offre sa plus grande intensité ; mais il n'en va point forcément de même pour les autres fonctions. Celles-ci ont chacune leur température d'élection, et les chiffres qui expriment ces températures se rapprochent ou s'éloignent suivant les cas de ceux qui marquent le développement optimum. Ainsi, les bactéries chromogènes et lumineuses manifestent en général leurs propriétés caractéristiques à des températures inférieures à celles qui fournissent la végétation maxima.

Moisissures. — Dans les conditions naturelles, elles poussent vers $10°$-$20°$; beaucoup d'entre elles préfèrent toutefois un peu plus de chaleur, et les espèces susceptibles de vivre en parasites croissent mieux à la température du corps. Comme exemple de ces trois catégories, on peut citer des mucédinées très voisines, l'aspergillus glaucus, l'aspergillus niger et l'aspergillus fumigatus (pathogène), dont les optimums sont respectivement : $10°$-$12°$; $35°$-$37°$; $38°$-$40°$.

LEVURES. — Ici encore les optimums varient beaucoup. Nous indiquerons plus tard ce qu'on entend par levures hautes et levures basses.

BACTÉRIES. — La plupart des pathogènes ne se développent bien qu'aux environs de $37°$. Il en est de même pour certains saprophytes ; les autres ne se cultivent pas ou se cultivent mal à cette température, leur maximum thermique allant de $20°$ à $30°$ suivant les genres.

Quelques bactéries ne croissent que dans des limites fort étroites ; tel le bacille de la tuberculose humaine, qui exige une température fixe de $38°$ à $39°$.

Une mention spéciale est due aux organismes dits frigoriphiles et thermophiles. On appelle frigoriphiles les microbes qui poussent au-dessous de $10°$, et notamment aux environs de $0°$. Nous verrons qu'à cette dernière température (et même plus bas) plusieurs photobactéries dégagent encore de la lumière, indice d'une nutrition suffisante. La transition entre les frigoriphiles et les bactéries communes se fait par de nombreux microbes des eaux, qui végètent de $10°$ à $20°$. Il est bon de noter, du reste, que les frigoriphiles se développent parfaitement à ces dernières températures. Les thermophiles se cultivent de $50°$ à $70°$. M. Miquel en a rencontré plusieurs espèces dans les eaux ordinaires ; MM. Certes et Garrigou ont vu dans les eaux de Luchon deux bactéries croissant à 64° ; M. van Tieghem a signalé un streptocoque de l'air cultivable à 74° ; Mlle Tsiklinsky a trouvé dans les eaux thermales d'Ischia 6 bacilles croissant vers 70° ; enfin, M. Globig et Mlle Rabinowitch ont isolé divers thermophiles du milieu extérieur et du tube digestif. Comment expliquer que de tels organismes puissent se trouver dans le sol, les eaux, etc..., des régions tempérées et même des pays froids ? M. Globig pense qu'ils ne se développent que pendant les journées d'insolation estivale, opinion tout à fait inadmissible. Mlle Rabinowitch a montré que ces microbes, qui ne poussent à l'air (par exemple sur pomme de terre) qu'au-dessus de 50°, végètent (plus maigrement, il est vrai) à 34°-44° quand ils sont soumis à une anaérobiose complète, ou même relative. Ils évoluent donc sans doute normalement dans l'intestin de l'homme et des animaux, où l'absence d'air leur permet de se cultiver à leur température minima.

Il est possible d'étendre ou de restreindre les limites thermiques entre lesquelles se développent les bactéries. C'est ainsi qu'on a habitué progressivement la bactéridie charbonneuse aux températures inusitées de 10° et de 42°,5. Par culture systématique à 20°, on a fait perdre au vibrion de Deneke la faculté de pousser dans l'étuve. Puis on la lui a rendue, toujours progressivement (Dieudonné). Mlle Tsiklinsky a adapté le subtilis aux hautes températures.

3° **Lumière.** — La lumière est inutile, et même nuisible le plus souvent, à la croissance des microbes.

Il convient de faire cependant une restriction pour les bactéries pourprées. Celles-ci contiennent dans leur intérieur un pigment qui semble agir comme la chlorophylle, c'est-à-dire décomposer l'acide carbonique avec fixation de C et dégagement d'O.

C. Fermentations

Jadis on comprenait sous le nom de fermentation toute modification de la matière organique accompagnée de boursouflement et de dégagement de gaz (fermentation du moût de raisin, du pain). Plus tard on généralisa la notion et on en fit le synonyme d'altération « spontanée » avec ou sans effervescence. La digestion, la production du vinaigre... furent regardées comme des phénomènes zymotiques, au même titre que la transformation des jus sucrés en boissons alcooliques. Pasteur, le premier, démontra que toute fermentation est corrélative d'un acte vital : le développement d'un micro-organisme (levure de bière, bacilles lactique, acétique, butyrique...). Puis, amplifiant sa doctrine de l'anaérobiose, il émit la formule célèbre : « la fermentation est la vie sans air ». Formule trop compréhensive, car elle semble considérer tous les actes vitaux anaérobies comme des fermentations et pas assez compréhensive, puisqu'elle élimine toutes les fermentations se passant en présence de l'oxygène (et notamment les oxydations zymotiques).

Nous dirons que la fermentation est un phénomène vital, dans lequel il y a disproportion énorme entre le poids de l'organisme actif et celui du corps transformé. Lors de la vie fermentative, le microbe disloque incomplètement un grand nombre de molécules endothermiques, dont chacune ne lui cède que très peu d'énergie ; lors de la vie ordinaire, il disloque complètement un petit nombre de molécules, dont chacune lui fournit infiniment plus de cette énergie qu'il ne saurait emprunter aux radiations solaires.

Toute fermentation exige le concours de plusieurs facteurs : d'abord l'organisme ferment, adapté à la décomposition de certains corps, et dont la fonction, essentiellement contingente, peut s'exalter, diminuer ou disparaître comme toute propriété microbienne non fondamentale — puis la substance fermentescible, dont la structure chimique joue un rôle capital (Fischer), — enfin un ensemble de conditions extérieures indispensables (présence ou absence d'air ; température, composition et réaction au milieu...).

Mais alors, la fermentation se rapproche énormément, par ses caractères principaux, des actions diastasiques, dues à ce qu'on appelait jadis les ferments chimiques. Comme les microbes, ces ferments sont capables de transformer sous un poids minime des quantités considérables de matière ; comme les microbes, chacun d'eux agit sur certains composés et dans certaines conditions déterminées. La fermentation ne serait-elle pas due simplement à une sécrétion diastasique, ne serait-elle pas un acte vital au second degré ? On l'a pensé depuis longtemps et les preuves se sont accumulées dans ces dernières années. Tout récemment, M. Buchner, en montrant que la levure de bière décompose les sucres par l'intermédiaire d'une diastase, la zymase, qui jouit de la propriété de transformer ces corps en alcool et CO_2, a donné un appui considérable à cette manière de voir. Le jour où l'agent chimique de chaque fermentation aura été isolé, on pourra faire le départ entre les actes vitaux simples et les fermentations véritables. Jusque-là, la limite restera dans bien des cas difficile à trancher.

On classe habituellement les fermentations d'après le caractère essentiel de la réaction produite et l'on distingue des fermentations : par décomposition (f. alcoolique, f. lactique) ; par réduction (f. butyrique, dénitrification) ; par oxydation (f. acétique, nitrification) ; par hydrolyse (f. ammoniacale)... Cette division ne correspond nullement à la réalité. Tout phénomène zymotique est complexe, et les plus élémentaires en apparence ne sauraient se traduire par une équation mathématique. Pasteur a fait voir, le premier, que la formule classique de la fermentation alcoolique n'avait que la valeur d'un schéma, et qu'à côté de l'alcool et de CO_2, la levure de bière donnait naissance à divers produits, en quantité parfaitement appréciable. Nous trouverons dans la fermentation lactique un acte encore moins simple, et la fermentation butyrique nous conduira au seuil des dislocations polymorphes de la matière organique.

Autrefois, on pensait que, seule, cette matière organique était susceptible de fournir l'aliment nécessaire aux transformations zymotiques. Depuis les travaux de divers auteurs contemporains, et surtout de M. Winogradsky, on sait que les corps minéraux eux-mêmes peuvent être décomposés par les microbes. Ceux-ci nous apparaissent donc de plus en plus comme d'incomparables instruments de métamorphose chimique.

Inutile d'insister sur l'importance industrielle des fermentations, importance incalculable pour l'avenir.

Nous allons passer en revue les plus connues des réactions zymotiques, puis la putréfaction, dont l'étude est encore si imparfaite.

Fermentation alcoolique.

La fermentation alcoolique, ou transformation des sucres en alcool et acide carbonique sous l'influence des levures, est connue depuis la plus haute antiquité. C'est la fermentation type. Lavoisier, le premier, en a donné la formule, trop schématique il est vrai. Cagniard-Latour et Schwann en ont découvert l'agent, entrevu par Leuwenhœck. Pasteur, enfin, a montré que la dislocation des corps sucrés est corrélative de la vie des levures et non point d'un phénomène mystérieux, dit catalytique, comme le voulait Liebig. Il a étudié la fermentation alcoolique dans ses moindres détails et a tiré de cette étude des conclusions théoriques et pratiques de la plus haute importance.

1° **Ferments alcooliques.** — Ce sont, avant tout, les levures dont on connaît aujourd'hui de très nombreuses variétés. On distingue habituellement deux types : les levures hautes et les levures basses. Les premières fonctionnent à 16°-20° ; la fermentation marche rapidement, et le ferment, soulevé par l'acide carbonique dégagé, monte à la surface du liquide et se déverse au dehors. Les secondes fonctionnent à

6°-8° ; la fermentation est lente, et la levure reste au fond de la masse. Depuis les travaux de Pasteur, l'industrie fait un usage de plus en plus exclusif des levures pures et les résultats y gagnent en constance et en perfection.

Les moisissures peuvent fournir de l'alcool, aux dépens des saccharides, lorsqu'on leur fait mener la vie anaérobie. Tel est le cas de certains aspergillus et penicilliums et de nombreux mucors. Mais le rendement est toujours faible.

L'amylomyces Rouxii et l'eurotium oryzæ (dits « levures d'Extrême-Orient ») transforment l'amidon en alcool.

Enfin, l'alcool peut apparaître, à titre de produit accessoire, dans la décomposition de diverses substances (sucres, alcools polyatomiques, etc...) sous l'influence des bactéries.

2° **Corps fermentescibles.** — Un certain nombre de saccharides. Parmi les monosaccharides, ne fermentent que des composés possédant 3, 6 ou 9 atomes de carbone (Fischer). Les sucres en C^6 (hexoses) sont les plus intéressants du groupe. Les représentants levogyres, à l'exception du fructose, résistent à l'action microbienne ; au contraire, plusieurs dextrogyres sont attaqués : glucose, mannose, galactose... Ce dernier ne fermente que « par entraînement », lorsqu'on lui associe un sucre facilement décomposable (tel le glucose) ou lorsque le milieu est très riche en matières nutritives. Les racémiques de synthèse sont souvent dédoublés ; le microbe consomme exclusivement le sucre qui lui convient et laisse l'autre intact. Exemple : dans la fermentation du glucose racémique le composant droit disparaît, le gauche demeure inattaqué.

D'après M. Fischer, il y a un rapport entre la structure stéréochimique des hexoses et leur aptitude fermentative. Le fait est indéniable, mais s'il y a lieu de tenir compte de la nature des sucres, il ne faudrait pas non plus négliger celle de l'organisme ferment. Les levures ont leurs préférences, et dans un mélange de glucose et de lévulose certaines feront d'abord disparaître le premier de ces sucres, d'autres le second (Gayon et Dubourg).

Contrairement aux monosaccharides, les disaccharides (saccharose, lactose, maltose, tréhalose, mélibiose) ne fermentent pas directement ; ils doivent auparavant être transformés, par action diastasique, en monosaccharides. C'est ainsi que la levure de bière, grâce à l'invertine qu'elle sécrète, dédouble d'abord le saccharose en glucose et lévulose, puis attaque ces sucres en donnant de l'alcool et de l'acide carbonique. L'inversion peut avoir lieu dans le corps de la levure et non dans le milieu sucré. Le disaccharide semble alors fermenter directement ; tel est le cas du saccharose avec la monilia candida. Nous reviendrons sur ces faits.

Les trisaccharides (raffinose) et les polysaccharides (inuline, dextrine, amidon) doivent, eux aussi, être ramenés à l'état de composés plus simples, avant de subir la fermentation alcoolique. C'est encore affaire de diastases. Une levure ne peut donc attaquer un di- ou polysaccharide que si elle sécrète le ou les enzymes nécessaires à l'hydrolyse préalable. Le glycogène ne fermente pas.

3° Produits de la fermentation. — Pasteur a montré qu'en dehors de l'alcool et de l'acide carbonique la levure donne naissance à divers produits, dont les principaux sont : la glycérine (environ 3,5 pour 100 dans une fermentation expérimentale ordinaire); l'acide succinique (à peu près 0,7 pour 100 dans les mêmes conditions); les alcools supérieurs, l'aldéhyde, les acides volatils, et divers éthers.

La glycérine est surtout abondante dans les fermentations actives (milieux très nutritifs, température élevée); l'acide succinique dénote plutôt un affaiblissement de la levure ; on le rencontre principalement à la fin de l'opération. Les alcools supérieurs sont propres aux fermentations industrielles ; ils représentent des produits ultimes. L'aldéhyde indique une trop grande aération du liquide ; les acides volatils paraissent se former aux dépens de la levure elle-même, une fois la transformation du sucre terminée. Enfin, les éthers, qui donnent le parfum caractéristique aux boissons fermentées, et notamment aux vins, sont liés avant tout à la race de levure employée.

4° Causes qui peuvent influer sur la fermentation. — Les levures diffèrent les unes des autres par leur pouvoir ferment et leur activité (dans des conditions déterminées); le premier correspond à la quantité de sucre détruit par l'unité de poids de levure, la seconde à cette même quantité, considérée pendant l'unité de temps. Pouvoir ferment et activité sont des plus variables. M. Effront a trouvé que les levures accoutumées aux fluorures manifestent un surcroît d'énergie, bien que leur faculté de multiplication soit diminuée.

La température optimum n'a rien de constant ; entre les levures hautes et les levures basses s'échelonnent de nombreux types de transition.

La lumière favorise-t-elle la fermentation ? Certains auteurs l'affirment.

Bien que le ferment paraisse mener une existence purement anaérobie, il arrive un moment où l'oxygène lui devient indispensable. Pasteur a fait voir, en effet, que des fermentations languissantes reprennent à la suite d'une aération presque imperceptible.

Les teneurs en sucre de 10 à 20 pour 100 sont les meilleures. L'alcool produit finit par gêner la fermentation, mais à des concentrations très variées selon les levures. La décomposition des saccharides peut cesser sous l'influence des antiseptiques : acide cyanhydrique ($0^{gr},018$ par 5 grammes de levure). — acide borique (0,9 à 1 pour 100) — acides minéraux (à dose plus faible) — sublimé (0,5 pour 100). Il suffit de 1/2500 d'acide phénique ou de thymol, et de 1/25000 de sublimé pour empêcher l'action zymotique. Une solution saturée de chloroforme ralentit simplement la fermentation. Les acides organiques sont en général bien supportés ; des proportions de 1 pour 100 d'acide acétique et de 2 pour 100 d'acide lactique se montrent ordinairement sans effet.

Enfin, certains sels, le sublimé à très faible dose, les acides en proportion modérée, favorisent les fonctions de la levure.

5° **Diastase alcoolique.** — Les ferments alcooliques n'agissent que grâce à la sécrétion d'une diastase de décomposition, la zymase, qui transforme les sucres en alcool et acide carbonique. Cette transformation est intracellulaire, comme certaines inversions dont il a été parlé.

Fermentation lactique.

Chacun sait que le lait, abandonné à lui-même, devient acide et se coagule. La précipitation de la caséine est due au dédoublement du lactose en acide lactique. Cet acide apparaît aussi « spontanément », en vertu d'une action zymotique, dans les sucs de fruits, le jus de betteraves, la choucroute, etc...

Les organismes capables de produire la fermentation lactique sont très nombreux. C'est d'abord le bacille de Pasteur et de Hüppe, cause la plus ordinaire de la coagulation du lait. Puis viennent de nombreux microbes, isolés des eaux, de l'air, etc... par M. Miquel et d'autres auteurs. En regard de ces ferments lactiques proprement dits, on peut citer le bacille typhique, les bacilles coliformes et les vibrions, souvent étudiés au point de vue de la fermentation des sucres, mais chez lesquels la production d'acide lactique n'est évidemment point un acte physiologique dominant.

Un nombre considérable de sucres peuvent être attaqués : la mannite, la dulcite, la sorbite, le rhamnose, le glucose, le saccharose, le maltose, le lactose... Les disaccharides doivent subir une hydrolyse diastasique avant toute fermentation ; de même pour l'inuline.

L'acide lactique n'est pas le seul produit de la fermentation. La récolte, avec les meilleurs ferments, n'excède jamais 83 pour 100 (environ) du poids de sucre décomposé. Il se forme accessoirement de l'acide carbonique, de l'acide butyrique, de l'alcool, etc... Les éléments contingents se montrent assez variables selon le microbe en jeu.

Les conditions favorables à la fermentation lactique commune sont : une température de 30°-35°; un milieu neutre ou modérément alcalin ; une bonne aération. Lorsque la quantité d'acide formé atteint à peu près 0,8 pour 100, la fermentation s'arrête en milieu artificiel ; dans le lait elle continue encore quelque temps, parce que la caséine et les phosphates fixent une partie de l'acide lactique.

Pour obtenir une bonne fermentation lactique, on conseille de mélanger à un litre d'eau 100 grammes de sucre, 10 grammes de vieux fromage et un excès de carbonate de chaux (destiné à neutraliser l'acide au fur et à mesure de son apparition). Le tout est placé à 30°-35° dans un vase ouvert qu'on remue de temps en temps. Après 8-10 jours la transformation du sucre est accomplie.

L'acide lactique peut se présenter sous trois formes : droit, gauche ou racémique. C'est ce dernier que l'on obtient dans la fermentation ordinaire. Mais certains microbes sont susceptibles de produire les deux autres types. M. Péré, en étudiant le bacille typhique et plusieurs bacilles coliformes, a montré que la variété d'acide obtenue aux dépens des sucres tient à la nature de ceux-ci, à la nature de la bactérie ensemencée et à la nature de l'aliment azoté contenu dans le milieu de culture. D'après MM. Gosio et Kuprianow les divers vibrions, cholériques ou non, se grouperaient en trois ordres selon l'espèce d'acide auquel ils donnent naissance.

On peut citer, comme voisines de la fermentation lactique, les fermentations oxalique (saccharomyces Hansenii) et citrique (citromyces) des matières sucrées.

Fermentation butyrique.

De nombreux microbes sont susceptibles de donner naissance à l'acide butyrique, comme produit important ou dominant de leur action zymotique. Cette action peut être aérobie (bacille butyrique de Hüppe), mais elle s'accomplit le plus souvent à l'abri de l'air (vibrion de Pasteur, clostridium de Prazmowski, amylobacter de van Tieghem, bacille amylozyme de Perdrix, bacillus orthobutylicus de Grimbert, etc.).

La fermentation butyrique succède souvent à la fermentation lactique ; il n'est donc pas étonnant que, dans son travail fondamental, Pasteur ait décrit, pour la première fois, comme fermentation butyrique la transformation microbienne du lactate de chaux.

Les substances attaquables sont très diverses : certaines celluloses, l'amidon, la dextrine, l'inuline, le saccharose, le lactose, le glucose... les lactates. Les di et polysaccharides subissent évidemment l'hydrolyse avant de fermenter.

Les produits de la décomposition varient beaucoup suivant la matière fermentescible, l'organisme ferment et l'âge de la fermentation. Ce sont (en dehors de l'acide butyrique) l'acide carbonique, l'hydrogène, l'acide acétique, l'acide formique, l'alcool butylique normal, l'alcool isobutylique, etc...

Il est absolument impossible de donner une idée générale de la fermentation, ou plutôt des fermentations butyriques, qui se relient d'une part aux altérations bactériennes de la cellulose et d'autre part à la réduction de sels organiques relativement simples (comme les lactates), en passant par les dislocations variées des sucres.

Pour réaliser expérimentalement la fermentation butyrique il suffit d'ajouter, à deux litres d'eau, 100 grammes d'amidon (ou de dextrine), un gramme de sel ammoniac et 50 grammes de carbonate de chaux. On ensemence avec de la terre, du vieux fromage ou de la bouse de vache.

Fermentation ammoniacale.

L'urine, laissée à l'air, se trouble et devient alcaline par transformation de l'urée en carbonate d'ammoniaque ; en même temps il se fait un dépôt de phosphates et de matière organique.

Pasteur a démontré que la fermentation ammoniacale est ordinairement due à l'action d'un microcoque en chapelet, microcoque étudié très complètement jadis par M. van Tieghem. Depuis, divers savants, notamment M. Miquel, ont isolé beaucoup d'autres ferments de l'urée. Ces organismes sont abondants dans les eaux, dans l'air, etc... Ils agissent par l'intermédiaire d'une diastase qu'ils sécrètent : l'uréase.

L'urée se transforme donc en carbonate d'ammoniaque ; mais ce produit, fort instable, s'altère presque immédiatement ; il se convertit en sesquicarbonate, et même bicarbonate, avec dégagement d'ammoniaque.

Les ferments de l'urée peuvent s'attaquer à plusieurs composés azotés, par exemple au glycocolle et à l'asparagine ; dans l'urine des herbivores ils dédoublent l'acide hippurique en acide benzoïque et glycocolle.

Le microbe de Pasteur et van Tieghem est strictement aérobie ; il offre son maximum d'activité à 3o°-33°. La lumière semble favoriser ses fonctions. Les acides les entravent. Enfin, il peut supporter jusqu'à 15 pour 100 de carbonate d'ammoniaque.

Fermentation acétique.

Les boissons alcooliques, le vin notamment, se recouvrent souvent, lorsqu'on les expose à l'air, d'un voile mince, gras et velouté, en même temps qu'apparaît une odeur caractéristique de vinaigre et que le liquide s'acidifie de plus en plus. Kützing, le premier, a observé que le voile (fleurs, ou mère du vinaigre) est formé de microorganismes. Pasteur, reprenant le travail rudimentaire, et en partie erroné, du savant allemand, a fait connaître dans tous ses détails le phénomène de l'acétification.

Le bacterium aceti de Pasteur représente un organisme fort petit, d'ordinaire en chaînettes de diplobacteriums, mais au fond très polymorphe. Lorsque ses conditions d'existence viennent à changer, il prend les formes les plus variées et les plus monstrueuses, comme l'a indiqué Hansen. Ce savant décrit encore deux autres ferments acétiques : le bacterium Pasteurianum et le bacterium Kutzingianum. En dehors de ces trois microbes, il n'y a guère de bactéries essentiellement acétifiantes. On constate bien, dans diverses fermentations, la présence d'acide acétique, mais à titre d'élément accessoire et souvent inconstant.

L'acétification se produit de préférence entre 20° et 30°. Elle nécessite une forte aération ; sans quoi l'alcool, incomplètement oxydé, se transforme en aldéhyde — elle nécessite une teneur en alcool d'au moins 10 pour 100, sinon l'aldéhyde apparaît encore. On ne saurait douter que ce composé constitue le terme intermédiaire entre l'alcool et l'acide acétique. Dans les conditions normales de la fermentation il n'a qu'une existence transitoire, mais il se manifeste à l'état permanent dès que l'acte zymotique vient à languir. L'acétification cesse lorsque la quantité d'acide formé atteint 10-13 pour 100.

Les liquides en fermentation sont parfois envahis par le mycoderma vini, sorte de levure qui brûle à la fois l'alcool et l'acide acétique. Elle se développe sous l'aspect d'un voile épais qui vient remplacer la mince membrane du bacterium aceti. Notons que ce dernier peut transformer seul, mais à la longue, l'acide acétique en acide carbonique et en eau.

Pour éviter l'envahissement par le mycoderma et par diverses bactéries, il est prudent d'ensemencer le bacterium aceti dans des liquides additionnés de 1 à 2 pour 100 de vinaigre.

On sait qu'il existe trois procédés principaux d'acétification industrielle. Résumons-les rapidement : 1° *Procédé de Pasteur*. — Il consiste à disposer en couche mince (20 à 25 centimètres) un mélange de vin (2 parties) et de vinaigre (1 partie), et à ensemencer la surface du liquide avec un fragment de voile provenant d'une fermentation en train. On aère largement et, de temps en temps, on ajoute du vin par la partie inférieure (pour ne pas déchirer le voile) jusqu'à ce que la fermentation se ralentisse. On la laisse alors se terminer. 2° *Procédé d'Orléans*. — L'acétification se fait en couche élevée, aussi est-elle plus lente et plus chanceuse. Des « maladies » du vinaigre se manifestent souvent. Malgré de tels inconvénients on n'a point abandonné cette méthode, parce que les manipulations sont bien moins délicates que dans le procédé Pasteur. 3° *Procédé allemand* (ou de Schützenbach). — On fait couler le liquide alcoolique sur des copeaux de hêtre, à la surface desquels s'est développé le bacterium aceti. Ces copeaux sont disposés dans des tonneaux que traverse un courant d'air. La méthode est des plus rapides, mais elle occasionne une perte énorme d'alcool (jusqu'à 25 pour 100).

M. Duclaux a montré que l'ensemencement « spontané » des liquides acétifiables est souvent dû à un insecte spécial, la mouche du vinaigre (drosophila cellaris) qui convoie le bacterium.

Le ferment acétique est capable de transformer l'alcool propylique normal en acide propionique, et le glucose en acide gluconique. Il peut aussi oxyder la mannite en donnant, comme produit principal, du lévulose.

Cette dernière réaction rappelle l'oxydation de la sorbite en sorbose, sous l'influence de la bactérie de M. Bertrand, bactérie fréquemment transportée sur le jus de sorbes par la drosophila du vinaigre.

Nitrification.

Il existe, dans divers points du globe, d'importants gisements de nitrates, (efflorescences de nitrate de potasse des Indes, de l'Égypte, etc ; bancs de nitrate de soude du Chili et du Pérou, terres nitrées (nitrate de chaux) de l'Amérique du Sud). Le même phénomène se produit, en réduction, sur les murs humides et dans les caves, où les dépôts de salpêtre sont chose commune.

En regard de cette nitrification intense, il convient de citer l'incessante et invisible transformation des sels ammoniacaux, qui s'opère au sein de chaque parcelle de terre. Cette transformation joue un rôle capital, comme nous l'avons déjà dit, dans l'écocomie de la nature, car elle prépare aux végétaux supérieurs leur aliment azoté essentiel.

MM. Schlösing et Müntz et M. Warrington ont montré, les premiers, que la nitrification est due à l'action des micro-organismes. Elle n'a plus lieu, en effet, dans la terre chauffée à 70°, ou additionnée d'antiseptiques. Mais c'est aux travaux classiques de M. Winogradsky qu'on doit de connaître aujourd'hui les agents et le mécanisme de la fermentation nitrique. Les sels ammoniacaux sont d'abord convertis en nitrites sous l'influence des nitrosobactéries, puis ces nitrites sont oxydés à leur tour par les microbes nitriques.

Il existe deux types nitrosobactéries : le nitrosomonas du sol de l'Ancien Monde et le nitrosococcus des terres américaines et australiennes. On ne connaît qu'un ferment nitrique, le nitrobactérium. Il est impossible d'indiquer ici par quelle technique, remarquablement ingénieuse, le savant russe est arrivé à isoler ces organismes. Mentionnons seulement les conditions nécessaires à la nitrification dans le sol. Il faut : (1° une bonne aération — si l'oxygène est trop peu abondant, la fermentation s'arrête, puis survient un acte zymotique inverse dû à des bactéries antagonistes, la dénitrification. (2° une humidité convenable — si le sol se dessèche, les nitrates cessent de se former ; s'il est noyé, ils sont décomposés par les ferments dénitrifiants dont il vient d'être question. (3° une température favorable — l'oxydation des sels ammoniacaux peut avoir lieu de 5° à 51° ; elle est maxima à 37°, expérimentalement ; en été, dans les conditions naturelles. (4° une alcalinité légère — les terres acides par elles-mêmes (terre de bruyère, terre de certaines forêts), aussi bien que les terres rendues trop alcalines par un chaulage récent, sont également défavorables. (5° l'obscurité — la lumière ralentit la nitrification.

Ces conditions ne sont autres que celles qu'on s'efforçait de réaliser jadis dans l'établissement des nitrières artificielles. On avait reconnu empiriquement que, pour obtenir de bons résultats, il fallait mélanger de la terre meuble (contenant de la potasse et de la chaux) avec du fumier (source d'AzH^3) ; élever des murs étroits et les arroser fréquemment mais pas trop abondamment (pour ne pas les noyer) avec de l'urine (AzH^3). On voyait le salpêtre s'effleurir sur la surface la plus exposée au vent, c'est-à-dire sur celle où l'oxygène se trouvait largement renouvelé.

Les gisements de nitrates reconnaissent pour cause

une fermentation intense suractivée par l'exubérance des sels ammoniacaux. Ceux-ci proviennent des déjections humaines (Indes, Égypte) ou animales (guano, dans l'Amérique du Sud). D'après MM. Müntz et Marcano les bancs de nitrate de soude résulteraient d'une décomposition de l'azotate de chaux (d'origine bactérienne) sous l'influence du chlorure de sodium déposé par une inondation marine transitoire.

Dénitrification.

Les microbes susceptibles de réduire les azotates ne sont point rares. Parmi ceux qui jouissent d'une grande activité, on peut citer deux bactéries décrites par MM. Gayon et Dupetit et fort avides d'oxygène. Lorsque celui-ci vient à manquer elles l'empruntent aux nitrates. En milieu pauvre, il se dégage du protoxyde et du bioxyde d'azote; en milieu riche, de l'azote gazeux. Pareil phénomène se produit dans la fermentation des betteraves, où l'on voit s'échapper des bulles rutilantes. MM. Giltay et Aberson ont isolé un microbe qui transforme complètement les nitrates en azote. M. Schirokikh a fait connaître, de son côté, un dénitrifiant énergique, strictement aérobie.

Fermentations muqueuses

(Et visqueuses). Encore peu étudiées. Elles se manifestent au sein des liquides sucrés. Les plus connues sont celles :

Du vin (Pasteur). On l'observe surtout dans les vins pauvres en tanin. Elle est due au micrococcus viscosus. Celui-ci agit en milieu neutre, et donne naissance d'une part à de la viscose, composé voisin de la dextrine, d'autre part à de la mannite et à CO_2.

De la bière. Il existe plusieurs bacilles capables de transformer la bière et le moût. D'ordinaire la réaction atteint son maximum lorsque les liquides sont neutres et riches en matières azotées. Le produit visqueux contient de l'azote.

Du jus de betteraves. Le leuconostoc mesenterioïdes, et le bacterium pediculatum (moins fréquemment) occasionnent la « gomme des sucreries ». Cette altération est due à la métamorphose du sucre en dextrane. Le leuconostoc n'attaque que le glucose et le saccharose (ce dernier, après interversion). La fermentation se montre plus active à l'abri de l'air. La température optimum est de 30°-35° en Europe, et de 37° dans les Indes. Certains sels ont une influence favorable ($NaCl$-$CaCl_2$-$AzO_3\,Na$).

Du lait, de l'urine, etc.

Nous rencontrerons bientôt un type remarquable de transformation muqueuse, engendrée non seulement in vitro, mais encore in vivo, par les bactéries des légumineuses.

Les fermentations muqueuses ou visqueuses reconnaissent pour cause tantôt la production d'une énorme capsule, au sein de laquelle les microbes sont véritablement noyés (leuconostoc, bactérium vermiforme des bières altérées), tantôt, et le plus souvent, une modification du liquide lui-même, sans doute très variée selon les cas.

Putréfaction.

La matière morte devient la proie des microbes. Ceux-ci la restituent, sous forme d'éléments simples, au sol, aux eaux, à l'atmosphère. Parmi ces éléments, les plus importants sont l'O, l'H, le C et l'Az qui, primitivement engagés dans des combinaisons complexes, se trouvent finalement libérés à l'état d'eau, d'acide carbonique et d'ammoniaque.

La matière morte comprend schématiquement — à côté des composants minéraux que nous laisserons de côté — des hydrates de carbone, des graisses et des substances protéiques. Comment se dégradent ces trois groupes de substances?

Les hydrates de carbone solubles se transforment aisément sous l'influence des microbes. L'étude des fermentations alcoolique, lactique, butyrique, acétique, nous a montré divers modes de dislocation des molécules sucrées. — Les produits de ces fermentations ne demeurent pas longtemps inaltérés ; ils sont brûlés, le plus souvent par les moisissures, quelquefois par le ferment lui-même, pour lequel ils représentent alors un aliment de disette (c'est ainsi que le b. aceti détruit à la longue le vinaigre, la levure de bière, la glycérine).

La décomposition des hydrates de carbone insolubles, précédée d'hydrolyses diastasiques, constitue un phénomène déjà plus complexe. Quant aux celluloses proprement dites, leurs divers stades de transformation sont encore très mal connus. On les voit s'altérer suivant deux modes principaux : tantôt par simplification progressive, le plus souvent par transformation en produits humiques. MM. Gayon et Dupetit, en étudiant les microbes des fumiers, ont montré que ce dernier mode répondait à l'action d'un certain nombre d'anaérobies, qui s'attaquent aux parois cellulaires et les carbonisent incomplètement avec dégagement de CH^4, CO^2, H. Les transformations que subissent les débris végétaux dans les marais et les tourbières, celles qu'ont subies aux temps géologiques ces immenses gisements de plantes qui constituent la houille, reconnaissent pour cause essentielle des fermentations de ce genre. Il ne faut pas confondre celles-ci avec la dissolution des matières pectiques (rouissage du lin, par exemple) due à des organismes spéciaux, dont le plus connu est celui de M. Fribes.

M. Gayon a fait connaître un ferment forménique ; M. van Tieghem a montré que l'amylobacter disloque les celluloses et joue en conséquence un rôle capital dans la décomposition naturelle des plantes, la digestion des ruminants, la préparation industrielle de l'amidon par fermentation, etc. ; M. Omeliansky a étudié un anaérobie qui attaque, en culture pure, le papier à filtre ; enfin M. Bernard Renault a retrouvé dans les débris végétaux fossiles de nombreuses bactéries, parfaitement reconnaissables, cause première de la formation des dépôts carbonifères.

Les matières grasses résistent assez à la destruction. Elles doivent être, tout d'abord, dédoublées en glycérine et acides gras. La glycérine fermente facilement sous l'influence de nombreux microbes ; les acides gras semblent disparaître habituellement par l'action des moisissures qui les brûlent.

Quant aux substances azotées, dont l'altération

répond plus spécialement à l'idée vulgaire de putréfaction, elles se dégradent en vertu d'actes multiples dont on entrevoit à peine la nature et la succession. On sait seulement que les albuminoïdes se trouvent tantôt solubilisés, tantôt irrégulièrement disloqués. On a coutume de dire que l'azote albuminoïde se convertit d'abord en azote amidé, puis en azote ammoniacal ; cette formule, très approximative, peut être conservée provisoirement.

La putréfaction commune, celle des matières animales principalement, s'accompagne du dégagement de nombreux produits gazeux, les uns inodores (CH^4, H, CO^2), les autres infects (H^2S, mercaptans) ; l'hydrogène phosphoré se rencontre dans la décomposition des poissons.

La transformation de la matière morte est due en partie aux aérobies, en partie aux anaérobies (protégés par les premiers) ; chaque groupe comprend des espèces multiples, qui entrent en jeu successivement. Celles dont le développement exige des milieux riches inaugurent l'action, puis cèdent la place à des organismes moins difficiles ; et ainsi de suite jusqu'à ce que la dislocation ait abouti aux termes les plus simples (H^2O, CO^2, AzH^3).

A ce moment, tout n'est point encore fini. Nous avons vu, en effet, que l'azote ammoniacal se convertit en azote nitrique, sous l'influence des bactéries de Winogradsky, et que les nitrates formés peuvent être réduits par les dénitrifiants. Le dégagement de l'azote libre marque la dernière étape du long cycle zymotique dont nous venons de tenter une esquisse, malheureusement trop schématique.

D. Sécrétion des diastases (ou enzymes)

Les microbes sont des producteurs actifs de diastases. Celles-ci, une fois sécrétées, peuvent rester à l'intérieur du corps cellulaire, ou diffuser dans le liquide ambiant. Leur rôle est double; tantôt elles transforment les substances non nutritives en éléments assimilables, tantôt elles disloquent les composés fermentescibles pour engendrer la chaleur dont le microbe a besoin. Elles permettent d'utiliser à la fois la matière et l'énergie; c'est assez dire leur importance capitale.

La constitution des enzymes est absolument inconnue, car on ne les a jamais isolées à l'état de pureté. Il faut donc se borner à les définir par leurs propriétés et leurs effets. Ce qui les caractérise avant tout, c'est le pouvoir qu'elles possèdent de modifier sous un poids, impossible à définir, mais certainement très minime, des quantités considérables de matière. Elles ne se détruisent pas en agissant, mais l'action se ralentit graduellement sous l'influence des produits formés. Elles accomplissent un travail positif et, par conséquent, dégagent de la chaleur.

Les diastases sont solubles dans l'eau et dans la glycérine. Elles adhèrent à certains précipités ou coagulums qu'on peut déterminer au sein du liquide qui les contient. Beaucoup sont retenues plus ou moins complètement par les filtres. Elles dialysent en général fort mal, ce qui permet de les séparer des cristalloïdes. Une chaleur relativement peu élevée les détruit aisément. La lumière leur est également nuisible. Chaleur et lumière sont infiniment plus dangereuses en présence de l'air qu'en son absence. A l'état sec, la résistance des enzymes s'accroît énormément.

La plupart des actions diastasiques peuvent s'accomplir sous l'influence des moyens chimiques ordinaires ; mais, avec les enzymes, les phénomènes se trouvent grandement accélérés et s'effectuent au sein de milieux d'acidité ou d'alcalinité physiologiques. De plus, les lois d'action des diastases sont différentes des lois des moyens chimiques. C'est ainsi que, dans l'interversion du saccharose par les acides, la quantité de sucre transformé est proportionnelle à la quantité de sucre présent, tandis que dans l'interversion par la sucrase elle varie parallèlement à la concentration diastasique.

Les recherches de M. Bertrand ont montré le rôle important des éléments minéraux associés aux enzymes. D'après cet auteur, l'activité de la laccase (diastase oxydante) dépend étroitement de la proportion de manganèse coexistant. Tout se passe comme si la laccase représentait un sel manganeux à acide faible.

Les récents travaux de M. Hill sur la maltase nous ont fait connaître la réversibilité des phénomènes enzymotiques. Il existe donc peut-être, à côté des diastases ordinaires (ou d'analyse), des séries importantes de diastases de synthèse qui auraient un rôle prépondérant dans l'assimilation organique.

Un même microbe peut sécréter plusieurs diastases; l'aspergillus niger, par exemple, fournit de la sucrase, de la maltase, de la tréhalase, de l'amylase, de l'émulsine, de l'inulase, de la trypsine, de la lipase, etc...

Inversement, divers microbes peuvent sécréter la même diastase ; sans chercher bien loin, on se rappellera le nombre énorme d'organismes susceptibles de liquéfier la gélatine.

Pour tous les détails concernant les enzymes, nous renvoyons au livre, désormais classique, de M. Duclaux. Le présent paragraphe n'en est d'ailleurs qu'un court résumé.

1° **Secrétion des diastases.** — Les diastases se forment dans la cellule microbienne ; elles peuvent, avons-nous dit, en sortir ou y demeurer. — La diffusion est d'observation facile. Si l'on veut étudier, par exemple, les enzymes de l'aspergillus niger en pleine végétation, on emploiera le procédé suivant : après avoir cultivé la mucédinée dans le liquide Raulin, comme il a été indiqué plus haut, on fait flotter deux ou trois fois le feutre mycélien sur de l'eau distillée (pour le laver), puis on le laisse reposer quelques heures sur une nouvelle quantité d'eau distillée, qui se charge des principes diastasiques. M. Fernbach s'est proposé de rechercher parallèlement la sucrase dans l'aspergillus lui-même et dans le liquide de culture. Il a constaté que la plante jeune contient plus d'invertine que le milieu, tandis que la plante vieille, usée, en contient moins. La dégénération du mycélium favorise évidemment l'issue de la diastase. On doit, par conséquent, admettre qu'au début de la croissance, la transformation du saccharose se produit surtout dans la cellule et, à la fin, en dehors d'elle.

La monilia candida et certaines levures n'intervertissent le sucre qu'au sein de leur protoplasma. On démontre, chez elles, la présence de la sucrase à l'aide de la trituration mécanique ou de la macération.

Les exemples précédents nous prouvent que la même diastase, une fois produite, peut rester confinée dans la cellule ou se répandre au dehors. C'est affaire de membrane et de protoplasma. La membrane des divers organismes ne se laisse pas traverser identiquement par une même substance ; bien plus, la membrane récemment formée ne se comporte pas comme la membrane ancienne. De son côté, le protoplasma des divers organismes ne fixe point les enzymes avec une égale énergie ; et le protoplasma jeune diffère profondément du protoplasma âgé. Quelle est la part respective de l'enveloppe et du contenu ? Nous l'ignorons totalement. La première est soumise à des lois d'osmose élective, le second à des lois aussi mal connues que celles de la teinture, cette manifestation si intéressante de l'adhésion moléculaire.

Pour extraire les diastases intracellulaires, la macération (dans l'eau ou la glycérine) et le broyage ordinaire au sable peuvent être insuffisants ; il faut alors recourir aux moyens puissants d'expression dont dispose l'industrie. C'est ce qu'a fait M. Buchner dans ses recherches sur la zymase. Pour concentrer les diastases diffusibles, on les entraîne au moyen de précipités variés (coagulation du liquide par l'alcool, formation de phosphate de chaux au sein de ce même liquide, etc...), Nous ne pouvons détailler ici les nombreux procédés employés, dont aucun du reste ne permet d'obtenir les enzymes à l'état de pureté.

La sécrétion des diastases est intimement liée à la composition du milieu de culture. Toutefois, les enzymes peuvent se former dans des solutions nutritives qui ne contiennent pas de corps sensibles à leur action. Voici deux preuves, empruntées à M. Duclaux : l'aspergillus glaucus donne de l'amylase en présence du lactate de chaux et de quelques sels minéraux, et le penicillium glaucum sécrète de la sucrase dans les mêmes conditions. À l'abri de l'air, les anaérobies facultatifs produisent en moindre quantité certains enzymes.

Les diastases sont-elles engendrées telles quelles d'emblée, ou à l'état de prodiastases ? Rien n'autorise à admettre la seconde hypothèse (Duclaux).

2° **Causes diverses qui influent sur les diastases.** — Température. — Il existe, pour chaque action diastasique, un maximum, un minimum et un optimum. La chaleur détruit les enzymes à des températures très variées ; supérieures (amylase), égales (sucrase), et même inférieures au degré optimum. On peut citer, comme exemple de ce dernier cas, l'uréase qui, en présence de l'urée, exerce son pouvoir maximum à 50° et qui, en l'absence d'urée, faiblit déjà à 35°.

La concentration de la diastase, la coexistence de sels ou de divers corps augmentent la résistance à la chaleur.

Les enzymes supportent des températures élevées (100° et plus) quand elles ont été préalablement desséchées.

Lumière. — D'une façon générale, la lumière attaque facilement les diastases. Prenons comme type la sucrase de l'aspergillus niger. Une exposition de quelques heures aux rayons solaires la détruit complètement. L'invertine s'altère plus rapidement si on la dissout dans l'eau insolée que si on la dissout dans l'eau conservée à l'obscurité. Enfin, une solution de sucrase, conservée dans un flacon insolé, s'affaiblit plus vite qu'une solution conservée dans un flacon laissé à l'ombre.

OXYGÈNE. — Chaleur et lumière ne se montrent réellement nuisibles qu'en présence de l'oxygène. Toutes les diastases sont sensibles à l'oxydation, certaines excessivement sensibles (uréase, présure), au point d'être altérées par simple dilution. L'eau distillée n'agit alors que grâce au peu d'air dissous qu'elle apporte (Duclaux).

ACIDES, ALCALIS, SELS. — Les enzymes manifestent leurs propriétés tantôt en milieu acide (sucrase), tantôt en milieu alcalin (trypsine). Il existe toujours un degré optimum de réaction. Bien entendu, les diastases oxyphiles sont gênées, puis détruites par les alcalis et inversement. Fait curieux, la sucrase résiste mieux à la chaleur en milieu acide, et à la lumière en milieu alcalin.

Le rôle des sels est très important. Vis-à-vis de chaque action diastasique, on trouve des sels favorisants et des sels empêchants. Un même groupe salin peut se comporter, au regard de deux diastases, d'une façon diamétralement opposée. Ainsi, les sels de chaux, qui facilitent le jeu de la présure, enrayent celui de l'amylase.

Rappelons que les actes enzymotiques engendrent des substances empêchantes, dont l'influence se manifeste plus ou moins tôt selon les cas.

ANTISEPTIQUES. — Il n'y a aucun rapport entre les propriétés antiseptiques d'un composé chimique et son pouvoir antidiastasique.

3° **Caractères des principales diastases microbiennes.** — Avec M. Duclaux nous diviserons les diastases en quatre groupes : D. coagulantes et décoagulantes ; — D. hydrolysantes et deshydrolysantes ; — D. oxydantes et desoxydantes ; — D. de décomposition (on ne connaît pas de D de recomposition).

D. COAGULANTES ET DÉCOAGULANTES. — *Présure (ou lab) et caséase.* — La présure coagule le lait, la caséase redissout la caséine. Pour M. Arthus, le lab dédouble la substance caséinogène en lacto-sérumprotéose et caséum. Celui-ci étant un composé calcique, on comprend que la présence des sels de chaux soit indispensable à la réaction. Pour M. Duclaux, le lait renferme de la caséine dissoute et de la caséine en suspension. C'est cette dernière seule qui se précipite sous l'influence de la présure. Certains sels peuvent par eux-mêmes agglutiner la caséine en suspension, tels les sels solubles de calcium ; d'autres peuvent, inversement, la faire repasser en solution, tels les sels alcalins. On conçoit aisément que les premiers favorisent l'action du lab, et que les autres l'entravent. On conçoit aussi que les décalcifiants (oxalates et fluorures d'alcalis) rendent toute coagulation impossible, d'autant qu'ils jouissent du pouvoir de dissoudre la caséine.

Une grande quantité de microbes décomposent le lactose et, grâce à l'acide formé, peuvent cailler le lait (citons, comme exemple, le colibacille). Il ne faut pas les confondre avec ceux qui, sécrétant de la présure, précipitent la caséine en milieu neutre ou alcalin. Mais, parfois, les deux actions se superposent.

Beaucoup d'organismes redissolvent le caillot formé; ils produisent donc à la fois du lab et de la caséase (tyrothrix tenuis, bacillus subtilis, b. pyocyanique, etc...). Présure et caséase sont mises facilement en évidence dans les cultures filtrées.

L'optimum thermique du lab est de 40°.

Trypsine. — Nombre de microbes liquéfient la gélatine; plusieurs d'entre eux liquéfient également le sérum coagulé; enfin, certains d'entre ces derniers sont des producteurs de caséase. Y a-t-il identité entre cette caséase et les ferments trypsiques qui solubilisent la gélatine et le sérum? Y a-t-il même identité entre les ferments trypsiques? Nous n'en savons absolument rien. Les bactéries, susceptibles d'attaquer la fibrine, sont peu nombreuses. M. Bienstock cite : le b. putrificus (découvert par lui), le vibrion septique, et le bacterium Chauvœi. Ces organismes sont anaérobies. Ils peuvent digérer la fibrine à l'air en présence de certains aérobies favorisants.

M. Fermi a étudié spécialement l'enzyme qui liquéfie la gélatine. Il a fait voir que celui-ci préfère les milieux neutres ou légèrement basiques, supporte une assez forte alcalinité, mais devient inactif en présence des acides, même dilués. Ce sont évidemment là les caractères de la trypsine classique.

La diastase qui liquéfie la gélatine ne se produit ordinairement qu'au sein de milieux renfermant des albuminoïdes. Toutefois, certaines bactéries (comme le b. subtilis) la sécrètent dans des liquides minéraux. Les sucres gênent ou entravent complètement la sécrétion trypsique (Anerbach), sans troubler le développement des microbes. Il en va de même pour la quinine, la strychnine et l'antipyrine (Fermi). L'acide phénique et le sublimé n'affaiblissent pas sensiblement la trypsine bactérienne. La chaleur la détruit, à des températures variables selon les cas. L'action de certains gaz (CO_2, H_2S) est également différente d'un organisme à un autre.

A l'abri de l'air, les aérobies digèrent mal la gélatine ; et, si l'on fait un certain nombre de passages, la propriété enzymogène s'évanouit (Sanfelice). Elle peut aussi disparaître progressivement chez les espèces parasites entretenues dans les laboratoires à l'état saprophytique. Citons comme exemple les vibrions cholériques, rapportés jadis des Indes par M. Koch, et qui ont perdu, après plusieurs années (au moins à l'Institut Pasteur), leur pouvoir liquéfiant — ainsi que leur mobilité.

A côté des trypsines diffusibles, il convient de mentionner les trypsines intracellulaires, isolées, par expression, des levures (Buchner), du bacille typhique et du bacille tuberculeux (Hahn).

Cytases. — Les parois cellulaires des végétaux sont attaquées par un groupe de diastases encore peu étudiées, les cytases. Les ferments de la cellulose en sécrètent certainement.

D. HYDROLYSANTES ET DÉSHYDROLYSANTES. — *Uréase.* — Découverte par Musculus. Étudiée surtout par M. Miquel. Sécrétée par les microbes qui déterminent la fermentation ammoniacale. C'est une diastase très fragile, qui résiste mal à la chaleur, à l'excès d'alcali, à l'oxydation, aux antiseptiques, etc... Elle est retenue partiellement dans la paroi des filtres. Les acides la paralysent et finissent par la détruire. Les sucres, et à un moindre degré la glycérine, favorisent sa conservation (sans doute en la protégeant contre la chaleur).

Amylase et dextrinase. — Nous avons vu déjà que les di et polysaccharides ne pouvaient subir les fermentations alcoolique, lactique, butyrique... qu'après hydrolyse préalable. Les principales diastases présidant à ces hydrolyses sont : l'amylase et la dextrinase — l'inulase — la sucrase — la maltase — la tréhalase — la lactase — la mélibiase... Tout organisme qui ne sécrète point (extra ou intracellulairement) un de ces enzymes, ne saurait fermenter alcooliquement, lactiquement... le saccharide correspondant.

L'amylase transforme l'amidon en dextrine, la dextrinase convertit la dextrine en maltase. La première décoagule, la seconde dédouble. Les deux actions, intimement combinées d'ordinaire, ont été séparées avec soin par M. Duclaux qui nous a appris à les distinguer.

La majorité des microbes, capables de fournir de l'amylase et de la dextrinase, produisent aussi de la maltase, laquelle dédouble chaque molécule de maltose en deux molécules de glucose (aspergillus niger, penicillium glaucum, bactéridie charbonneuse, bacillus subtilis, vibrions divers, etc.)

Enfin les « levures d'Extrême-Orient » et, en particulier l'amylomyces Rouxii, poussent la transformation de l'amidon jusqu'au terme alcool.

L'amylase et la dextrinase agissent en milieu

acide; aussi sont-elles très sensibles aux alcalis. Le chlorure de calcium et le sublimé les paralysent. Le phosphate d'ammoniaque, l'acétate d'alumine et l'asparagine favorisent leur jeu. A mesure que la température s'élève au-dessus de 46°, il se produit une coagulation progressive de l'amidon et un affaiblissement corrélatif de l'acte diastasique. A 80° la dextrinase est détruite, mais l'amylase résiste; on peut donc isoler la seconde par le chauffage.

Il convient de rappeler que l'amylase n'attaque pas facilement l'amidon cru. On se sert toujours d'empois dans les expériences.

(Certaines moisissures sécrètent de l'inulase qui transforme l'inuline en lévulose.)

Sucrase (ou invertine). — Diastase dédoublant, comme nous le savons, le saccharose en glucose et lévulose. Température optimum 52°,5. Produite par diverses moisissures ·(en premier lieu l'aspergillus niger), par beaucoup de levures et par certaines bactéries (bacille de Kiel, bacillus megatherium, proteus vulgaris, bacillus fluorescens liquefaciens, etc. — Fermi). Les principaux caractères de la sucrase ont été déjà signalés incidemment; inutile d'y revenir.

Maltase. — Même optimum thermique que pour l'amylase et la dextrinase, c'est-à-dire 40°. La maltase agit en milieu neutre ou très légèrement acide; tout excès d'acidité ou d'alcalinité est également défavorable.

La propriété la plus curieuse de l'enzyme qui nous occupe, c'est sa reversibilité d'action, signalée par M. Hill. Voici en quoi consiste le phénomène :

lorsqu'une certaine quantité de maltose a été converti en glucose, la réaction s'arrête; inversement, lorsqu'on soumet à l'influence de la diastase une solution de glucose plus riche que celle obtenue au moment de l'arrêt, un peu de glucose repasse à l'état de maltose. Nous insistons sur cet exemple, unique jusqu'ici, d'un *processus synthétique* d'origine enzymotique.

Tréhalase. — Produite par plusieurs moisissures. Transforme le tréhalose en glucose.

Lactase. — Secrétée surtout par les levures dites « de lactose ». Dédouble le sucre de lait en glucose et galactose (le plus souvent intracellulairement).

Mélibiase. — Convertit le mélibiose en glucose et galactose. Les levures basses se distinguent, entre autres caractères, des levures hautes par la production de mélibiase.

Diastases dédoublant les glucosides. — Nous nous contenterons de signaler l'émulsine, élaborée par l'aspergillus niger, le penicillium glaucum et quelques bactéries, laquelle transforme l'amygdaline en glucose, aldéhyde benzoïque et acide cyanhydrique.

Lipase. — Enzyme qui saponifie les graisses. On l'a rencontré chez l'aspergillus niger et le penicillium glaucum.

D. OXYDANTES ET DÉSOXYDANTES. — *Oxydases*. — Découvertes par M. Bertrand. Elles doivent être très répandues parmi les microbes, au moins en tant que secrétions intracellulaires. Mais les documents font encore défaut sur ce point important.

Philothion. — (Rey-Pailhade). Diastase réductrice,

qui paraît exister chez un certain nombre d'organismes (et, particulièrement, de levures) susceptibles
de donner naissance à H_2S en présence du soufre.
Nous reviendrons bientôt sur cette formation d'H_2S.

D. DE DÉCOMPOSITION. — *Zymase.* — Seul repré-
sentant de cette classe d'enzymes. Nous avons men-
tionné plus haut l'importance de sa découverte, due
à M. Buchner. Pour l'obtenir, on broie la levure
et on la soumet ensuite à des pressions considérables.
Le suc, ainsi préparé, transforme divers saccharides
en alcool et CO_2. La zymase ne dialyse pas (ce qu'on
pouvait prévoir d'avance); la filtration l'appauvrit;
elle résiste mal à l'oxydation; une température de
40° l'attaque déjà. Le meilleur mode de conservation consiste à dessécher le suc, aussitôt exprimé.

L'enzyme de Buchner aime les milieux neutres ou
légèrement alcalins. Il fermente tous les sucres que
fermentent les levures et, de plus, agit sur plusieurs
saccharides réfractaires, notamment sur le glycogène.
On sait que la levure se constitue des réserves de
glycogène, utilisées en cas de disette. La disparition
du produit emmagasiné a donc lieu par un acte
diastasique intracellulaire.

Le carbonate, et surtout l'arsénite de potasse, favorisent les effets de la zymase vis-à-vis de certains sucres.

Dans le suc de levure M. Buchner a rencontré la
maltase, l'invertine, la trypsine, etc.

E. ÉCHANGES NUTRITIFS. — MODIFICATIONS DES MILIEUX.

1° **Assimilation.** — Parmi les substances destinées
à la nutrition des microbes, les unes pénètrent

d'emblée à travers la membrane d'enveloppe, les autres sont transformées au sein du milieu ambiant : une partie sert à la production d'énergie, l'autre devient résorbable. Elle traverse alors la paroi cellulaire et subit, dans le protoplasma, une double élaboration. Pour que certains éléments puissent s'élever à un degré d'organisation supérieur, il faut que d'autres engendrent, par leur combustion, la chaleur nécessaire à tout travail d'édification chimique. Il se passe donc deux phénomènes à la fois opposés et solidaires : celui de construction et celui de destruction (Duclaux). L'assimilation constitue, on le comprendra facilement, un acte des plus complexes ; aussi est-elle fort mal connue.

Comment se forment les composés ternaires ? Nous l'ignorons totalement. Les microbes, organismes dépourvus de chlorophylle, sont incapables de fixer le carbone à la manière des plantes vertes ; on cite bien quelques bactéries (notamment le ferment nitrique) susceptibles de décomposer CO^2, mais c'est le petit nombre. La majorité se comporte assurément d'une tout autre façon, et d'une façon variable selon les espèces.

Il en va de même pour la synthèse des albuminoïdes. Nous savons qu'il convient de présenter l'azote sous des formes diverses, selon les microbes auxquels on a affaire ; le mode d'assimilation doit, en conséquence, n'avoir rien de constant : loin de là. Il est impossible de ne point insister ici sur la fixation de l'azote atmosphérique par certains organismes libres ou parasites des végétaux. D'autant que c'est le seul document vraiment intéressant que nous ayons à mentionner.

Beaucoup de sols (prairies des montagnes, forêts), qui ne reçoivent qu'une fumure négligeable, continuent cependant à se couvrir sans cesse de plantes variées. Tout se passe comme s'ils ne perdaient pas d'azote ; ils en gagnent même notablement (Truchot). D'autre part, les terres dans lesquelles on cultive les légumineuses en gagnent encore davantage.

M. Berthelot a montré, le premier, que les microbes jouent un rôle capital dans l'enrichissement du sol en azote. Puis, MM. Hellriegel et Willfarth, étudiant les papillonacées, ont établi une relation fondamentale entre la fixation d'azote, la présence des nodosités radicales et l'action bactérienne. On savait déjà que les racines des légumineuses se recouvrent fréquemment de petits tubercules. Les savants allemands nous ont prouvé que ces tumeurs sont dues à une infection par certains microbes de la terre ; infection qui tourne ici au bénéfice du végétal, car le parasite fixe sur lui l'azote atmosphérique. Il s'est même établi, dans le cours des âges, un rapport si étroit entre l'hôte et le commensal, que ce dernier est devenu indispensable à l'alimentation azotée de la plante. Nous ne pouvons rapporter ici les expériences de MM. Hellriegel et Willfarth ; bornons-nous à signaler les points suivants qui les résument : dans les sols stérilisés, et protégés contre les germes de l'air, il n'y a jamais production de tubercules sur les racines des papillonacées, et celles-ci dépérissent — si l'on arrose, au contraire, ces sols stérilisés avec de la délayure de terre, provenant d'un champ où ont poussé des légumineuses, les nodosités apparaissent et le développement se poursuit normalement —

rien de tel quand la délayure a été préalablement stérilisée.

Des dosages précis, dus à MM. Schlösing et Laurent, démontrent que tout l'azote emprunté à l'air ambiant se retrouve intégralement dans les tissus du végétal.

MM. Prazmowski, Beyerinck, Bréal... ont isolé, cultivé et inoculé avec succès les microbes radicoles, M. Mazé leur a consacré plusieurs mémoires importants et remplis d'idées nouvelles. Voici, d'après ce savant, comment on peut concevoir l'histoire des bactéries des légumineuses. Ces organismes sont abondamment répandus dans le sol; ils appartiennent à un genre essentiellement pléomorphe, allant du type bacille endosporé au type streptothrix, suivant les circonstances. Ils se trouvent attirés par les hydrates de carbone que laissent diffuser les poils radiculaires, pénètrent dans la racine, et là, s'entourent d'une gaine muqueuse que la sève résorbe au fur et à mesure de sa production. Ce mucus représente l'aliment azoté élaboré par le microbe au profit de la papillonacée. A l'élaboration prennent part deux facteurs principaux : l'azote fourni par l'air extérieur, et les hydrates de carbone fournis par la plante. Les microbes radicoles transforment ces derniers, grâce à la fixation d'azote, en une substance quaternaire spéciale, gélatiniforme et hautement nutritive. Pareille chose se voit dans les cultures artificielles, à la condition que l'on procure aux bactéries une certaine quantité d'azote combiné, dont ils ont besoin pour leur propre développement, et de l'oxygène en abondance. Quand ils mènent la vie parasitaire, ils

trouvent sans peine l'azote combiné au sein du paren-
chyme radical et l'oxygène soit dans la sève, soit
dans l'atmosphère du sol.

Si donc, comme l'a fait M. Mazé, on ensemence
les microbes sur de la gélose au bouillon de haricots
sucré (ne contenant pas moins de 2 pour 100 de
saccharose), et si, maintenant la température à
20°-25°, on fait passer régulièrement un courant
d'air, on observera à la fois la disparition d'une
certaine quantité d'azote gazeux et la formation
d'un dépôt muqueux exubérant qui recèle cet azote,
désormais combiné avec les produits de transformation du sucre de canne. Dans les meilleures expériences les bactéries fixent un gramme d'azote
libre pour 100 grammes de saccharose consommé.
La plus grande partie de celui-ci est brûlée, et sa
combustion fournit l'énergie nécessaire à la synthèse
opérée.

A côté des microbes précédents, il existe d'autres
organismes du sol, non parasites, susceptibles d'assimiler l'azote libre. Certains semblent fixer cet azote
sur les algues, avec lesquelles ils vivraient en symbiose. D'autres le fixent sur leurs propres tissus, tel
le clostridium pasteurianum de M. Winogradsky. Ce
clostridium est anaérobie, mais pousse à l'air quand il
se trouve associé aux aérobies qui le protègent. Il paraît
naturel d'attacher peu d'importance, pratiquement, à
ce microbe, ainsi qu'aux anaérobies de la terre, car
la fixation de l'azote est évidemment due, avant tout,
aux aérobies. Les recherches de M. Winogradsky
n'en conservent pas moins tout leur intérêt.

MM. Nobbe et Hiltner ont voulu fertiliser les

champs, plantés en légumineuses, avec les cultures
pures de diverses espèces radicoles. Les résultats se
sont montrés fort médiocres, ce qui ne saurait surprendre, étant donnée la complication du problème
(influence des sols, de leur réaction ; influence des
genres végétaux ensemencés, etc). D'autres auteurs ont
proposé, pour améliorer les terres, l'emploi d'un
microbe spécial, dit microbe d'Ellenbach (ou de
l'« alinite »), lequel agirait, selon les uns en décom-
posant énergiquement la matière organique, selon les
autres en fixant l'azote. On discute encore au sujet
de l'identification de ce microbe, qui jouit certainement de propriétés intéressantes.

2° **Désassimilation.** — Nous avons indiqué plus
haut qu'on trouve dans les milieux de culture trois
ordres de substances : les secreta, les résidus des actes
zymotiques et les excreta. Ces derniers constituent les
produits de désassimilation proprement dits. Ils sont
excessivement variés et souvent difficiles à distinguer
des reliquats de fermentation, et même de certaines
sécrétions (notamment des secrétions toxiques). Nous
connaissons déjà les termes ultimes auxquels aboutit
la désintégration de la matière organique : inutile d'y
revenir. Mentionnons simplement, parmi les excré-
tions, un composé fort répandu et dont la recherche
peut avoir quelque valeur diagnostique : l'indol.
Celui-ci se reconnaît à la coloration rouge qu'il donne
par l'acide sulfurique en présence des nitrites. Divers
colibacilles et vibrions, ainsi que le proteus, fournissent de l'indol dans les milieux peptonisés. La
coexistence des sucres fermentescibles diminue ou
empêche la formation du composé aromatique.

NICOLLE.

Modifications des milieux. — Passons sur les changements de consistance (liquéfaction de la gélatine et du sérum coagulé, etc...) et envisageons les points suivants : changements de réaction ; phénomènes d'oxydation et de réduction ; dégagement d'H²S et de mercaptans.

CHANGEMENTS DE RÉACTION. — Rappelons tout d'abord les deux exemples classiques. Le bacille lactique acidifie fortement le lait (alcalin) et le micrococcus ureæ alcalinise fortement l'urine (acide).

Tous les microbes susceptibles de déterminer les fermentations lactique, butyrique, etc..., acidifient le milieu lorsque celui-ci contient des corps sensibles à leur action (sucres, alcools polyatomiques). Parmi les saccharides, nul n'est attaqué par un plus grand nombre d'organismes que le glucose. Aussi les bouillons glucosés s'acidifieront-ils sous l'influence de beaucoup de bactéries : colibacilles, vibrions, bacille typhique, pneumocoque, streptocoque, etc... M. Péré, puis M. Th. Smith, ont fait remarquer que la plupart des viandes renferment des saccharides très-fermentescibles et que, partant, la culture en bouillon dit « simple » se trouve être le plus communément une culture en bouillon sucré. Lorsqu'on veut se débarrasser des sucres de la viande (par exemple lors de la préparation de toxine diphtérique) il convient de les faire consommer par la levure de bière (Martin), le colibacille (Smith), ou, plus simplement, par une légère putréfaction (Spronck).

La production d'alcali tient en général à l'oxydation des matières azotées. Elle atteint son maximum chez les aérobies, surtout chez ceux qui se développent ne voile à la surface des liquides (subtilis, tyrothrix tenuis, pyocyanique). Mais nombre de ces microbes jouissent également de la propriété de fermenter les saccharides. Il en résulte que, suivant l'organisme en jeu, la composition du milieu et les conditions de culture, la réaction résultante pourra aller de l'acidité marquée à une forte alcalinité.

Le bacille diphtérique, ensemencé en bouillon peptonisé « ordinaire » (c'est-à-dire sucré, dans la majorité des cas), produit d'abord de l'acide, puis de l'alcali. La réaction alcaline apparaît d'autant plus vite que le développement se fait en couche plus mince et plus aérée. Dans le vide, l'acidité persiste.

Si l'on cultive le vibrion cholérique, sous une certaine épaisseur, dans le petit lait additionné de tournesol bleu (Lakmusmolke de M. Petruschky), on constate la présence de trois couches différentes. A la partie supérieure, coloration bleue foncée (oxydation intense des matières azotées); au-dessous, teinte rouge vif (fermentation du lactose; acidité non neutralisée); profondément, décoloration (réduction, liée à la vie anaérobie). Cette expérience démonstrative est due à M. Dionys Hellin.

Encore un exemple : Semons, comme l'indique M. Beyerinck, le prodigiosus à la surface d'une gélose sucrée, dans l'épaisseur de laquelle on a incorporé de la craie finement pulvérisée. Le microbe chromogène émet des vapeurs ammoniacales (trimethylamine pour certains auteurs, ammoniaque et monoethylamine pour M. Scheurlen), la couche bactérienne se montre fortement alcaline et cependant, autour de chaque colonie, on voit apparaître un halo transparent, indiquant la décomposition du carbonate de chaux par un acide formé (fermentation du sucre).

Les changements de réaction amènent souvent l'arrêt des cultures.

PHÉNOMÈNES D'OXYDATION ET DE RÉDUCTION. — Les aérobies sont susceptibles d'oxyder, non seulement les substances azotées et ternaires, mais encore les composés minéraux. Nous en connaissons déjà deux preuves : l'histoire des nitrifiants et celle des sulfobactéries. M. Winogradsky a montré que c'est par un phénomène d'oxydation que ces dernières décomposent H^2S pour fixer le soufre, et transforment ce soufre en sulfate quand H^2S fait défaut. Le processus oxydant constitue la source essentielle d'énergie chez les sulfuraires. Parcillement, les ferrobactéries se procureraient la chaleur nécessaire en modifiant les dérivés ferrugineux dans une série d'actes où l'oxydation joue le rôle principal.

On est fondé à admettre que les microbes oxydants doivent sécréter fréquemment des oxydases.

Les anaérobies constituent de puissants réducteurs (et, par cela même de puissants oxydants indirects). Ils peuvent, eux aussi, s'adresser aux corps inorganiques. La dénitrification, la décomposition des sulfates sous l'influence de divers microbes (en particulier du spirillum desulfuricans de M. Beyernick), le démontrent suffisamment. Les aérobies ne sont pas incapables, il faut le savoir, de provoquer des réductions marquées. On peut citer, pour le prouver, ce penicillium, découvert par M. Abba et étudié par M. Bujwid, qui attaque l'acide arsénieux et dégage de l'hydrogène arsénié, reconnaissable à son odeur alliacée. L'activité de la moisissure est telle que son emploi rendra des services dans bien des cas où les méthodes chimiques se révèlent insuffisantes.

Les phénomènes de réduction sont dus, tantôt à la production d'H. naissant (notamment lors d'anaérobiose), tantôt à la manifestation d'un acte vital et parfois sans doute diastasique (philothion). L'industrie les utilise volontiers (exemple : la cuve à indigo, dans laquelle le colorant se trouve réduit par les vibrions butyriques).

Dégagement d'H^2S et de mercaptans. — Nombre de micro-organisme s'émettent (en quantité très variable du reste) de l'hydrogène sulfuré. La source de celui-ci doit être recherchée dans les albuminoïdes (bactéries putrides), les sulfates (spirillum de Beyerinck), et le soufre lui-même. Il est, en effet, des organismes qui dégagent H^2S lorsqu'on ajoute du soufre à leur milieu de culture.

MM. Petri et Maassen attribuent la mise en liberté d'H^2S à un phénomène de réduction (favorisé, naturellement, par l'anaérobiose). D'après eux, les microbes qui fournissent de l'acide sulfhydrique ont fourni préalablement de l'hydrogène. Comme preuve, ils affirment que toutes ces bactéries produisent H^2S en présence du soufre.

M. Rubner pense au contraire que, le plus souvent, l'émission d'H^2S est due à une dislocation des molécules azotées complexes. Il fait remarquer que les ferments sulfhydriques ne donnent pas tous naissance à de l'hydrogène — qu'inversement, les réducteurs énergiques n'émettent pas tous de l'hydrogène sulfuré — et qu'enfin, de l'aveu même de MM. Petri et

Maassen, le dégagement d'H²S ne s'observe bien, le plus souvent, que dans les milieux contenant 5 à 10 pour 100 de peptone.

Il convient d'admettre que la production d'H²S reconnaît pour cause tantôt un acte zymotique véritable, tantôt un phénomène de réduction, lié à la présence de l'H naissant.

Parmi les microbes qui dégagent des mercaptans on peut citer, en premier lieu, le proteus vulgaris.

M. Miquel, dans ses études bactériologiques sur les eaux, a isolé quelques organismes susceptibles de transformer le phosphore en hydrogène phosphoré.

4° **Échanges gazeux.** — Chez les infiniment petits respiration et nutrition se confondent. Nous avons vu que les aérobies absorbent O et éliminent CO². Cet échange est d'autant plus énergique que les conditions favorables au développement se trouvent mieux réalisées. Pour les organismes à évolution rapide, on peut distinguer trois phases. Pendant la croissance la quantité d'O fixé dépasse la quantité de CO² dégagé ; pendant la période stationnaire l'équilibre se rétablit ; enfin, lors du déclin, il se rompt et, cette fois-ci, la quantité d'O fixé n'atteint plus celle de CO² dégagé.

Les organismes à évolution lente (par exemple le bacille tuberculeux) donnent lieu à des échanges faibles mais prolongés.

On peut dire que les anaérobies ne respirent que l'O combiné.

II. — *Production de chaleur et de lumière.*

1° **Production de chaleur.** — Chez les levures, que nous prendrons comme exemple, les actes vitaux simples, même lorsqu'ils s'accomplissent au sein des gaz inertes, dégagent de la chaleur. La vie à l'air en produit davantage ; la vie sans air, combinée à la fermentation, plus encore. Voici les résultats des expériences de M. Eriksson :

la levure, dans un courant d'H, élève la température de   0°2
   —   à l'air libre   —   —   1°2
   —   pendant la fermentation —   —   3°9

Ces chiffres n'ont évidemment rien d'absolu, mais ils sont cependant assez démonstratifs.

Certaines fermentations s'accompagnent d'élévations thermiques énormes (échauffement des fumiers, inflammation des balles de coton, etc.).

2° **Production de lumière.** — Les eaux (surtout les eaux marines), les poissons morts, la viande, le bois, les champignons... émettent parfois de la lumière. Cette phosphorescence est due, dans bien des cas, au développement de micro-organismes, ainsi que Pflüger l'a démontré le premier. Depuis les recherches de ce savant, on a isolé une trentaine de bactéries photogènes, qui semblent appartenir seulement à quelques espèces (on a souvent décrit, en effet, sous des noms différents, des organismes identiques). MM. Fischer, Forster, Tilanus... ont étudié les microbes lumineux de la mer des Indes, de la Baltique, de la mer du Nord, etc. ; MM. Dunbar et Kütscher ont fait connaître les vibrions phosphorescents de l'Elbe ; d'autres auteurs ont rencontré des bactéries photogènes sur la viande et les poissons devenus luisants ; enfin M. Giard a trouvé dans les muscles des talitres (petits crustacés marins) des organismes lumineux qui joueraient le rôle de parasites (opinion contestée par Russell).

Les êtres qui nous occupent appartiennent le plus communément au type bacille, mais quelquefois aussi aux microcoques et aux formes courbes. Tous peuvent parfaitement végéter sans émettre de la lumière. La fonction photogène est soumise à des conditions spéciales qui ne se confondent pas avec les conditions, plus générales, de la vie cellulaire.

La phosphorescence affecte une intensité variable. Tantôt elle reste faible, tantôt elle devient suffisante pour permettre, par exemple, de lire l'heure à une montre. Dans ce dernier cas il est possible de photographier les colonies à leur propre lumière (il faut, toutefois, compter un long temps de pose). La lueur affecte des tons divers : blanc pur, jaunâtre, verdâtre, bleuâtre.

Les cultures ne brillent qu'au niveau des parties exposées à l'air ; si le milieu est liquide, une vive agitation peut le rendre momentanément lumineux dans toute sa masse.

Après quelques jours de croissance la lueur s'atténue, mais elle persiste parfois très longtemps (jusqu'à un an).

Conditions qui influent sur la luminescence. — Il en est trois principales : la température, la composition des milieux nutritifs, l'aération.

L'optimum thermique n'a rien de constant ; il se trouve situé selon les cas : de 0° à 10° — de 10° à 15° — de 15° à 20° — de 20° à 25° — de 25° à 30°. D'une façon générale, il est en rapport avec le degré de chaleur que les microbes rencontraient dans la nature (à cet égard on comparera utilement les organismes phosphorescents des mers froides et ceux des mers chaudes). D'une façon générale également, les hautes températures sont défavorables et les basses favorables. On a vu, pour certaines bactéries, la phosphorescence continuer quelques jours à — 20° et persister plus longtemps à o°. On cite, au contraire, comme une rare exception, l'histoire d'un organisme qui gardait, transitoirement, sa luminescence à 45°.

L'optimum thermique de phosphorescence est, d'ordinaire, inférieur à celui de développement. Les cultures successives à haute température font diminuer, puis disparaître le pouvoir photogène. Les cultures successives à basse température le conservent parfaitement, quoique souvent d'une façon latente. Si la chaleur n'est point suffisante, on portera simplement les colonies à une température plus élevée et on les verra bientôt luire.

Les microbes phosphorescents poussent facilement sur divers milieux, mais ils ne produisent de lumière qu'en présence de certains corps. On emploie, d'habitude, la gélatine au bouillon de poisson, additionnée de 10 pour 100 de sel marin. On peut aussi s'adresser à la formule suivante, indiquée par M. Beyerinck : bouillon de poisson à l'eau de mer + 8 pour 100 de gélatine + un demi pour 100 d'asparagine + 1 pour 100 de glycérine + un demi pour 100 de peptone. La lueur varie de ton suivant la composition des milieux.

Il n'y a pas de phosphorescence dans le vide, l'oxygène est donc indispensable.

Si l'on choisit, sur des plaques de gélatine, les colonies les plus brillantes et si l'on fait, avec ces colonies, des séries successives de séparations, en réservant constamment pour les passages les germes les plus actifs, on arrive, par sélection, à obtenir des races chez lesquelles la phosphorescence atteint le maximum.

CAUSE PREMIÈRE DE LA LUMINESCENCE. — M. R. Dubois dit avoir isolé des organismes lumineux une substance spéciale, la luciférine, qui brille au contact de l'oxygène. Les autres auteurs ont été moins heureux. A l'exemple de Pflüger, ils n'ont jamais vu luire les cultures filtrées (même sur un simple papier épais). Ils considèrent la phosphorescence comme un acte purement cellulaire et invoquent, à l'appui de cette opinion, les deux raisons suivantes : les substances qui tuent les microbes photogènes font disparaître instantanément toute émission lumineuse ; la phosphorescence disparaît également à des températures peu élevées somme toute (très inférieures à celles qui détruisent les substances chimiques les plus délicates).

Il est malaisé de se prononcer entre ces deux opinions. On peut cependant penser que les bactéries dont nous parlons secrètent un corps éminemment altérable, qui se détruit par oxydation aussitôt élaboré — et que la secrétion naît et cesse très rapidement sous les influences indiquées, les limites de sa genèse étant fort étroites. Mais c'est là une simple traduction des faits et non une explication véritable.

III. — *Production de matières colorantes.*

Généralités. — Beaucoup de microbes secrètent des pigments de teinte variée, tantôt solubles dans les milieux de culture et s'y diffusant, tantôt insolubles et restant accolés aux cellules. Il ne faut pas confondre ces pigments avec la chlorophylle et la bactério-purpurine (dont nous dirons un mot pour terminer), ni avec la matière colorante qui teinte les spores de nombreuses mucédinées et de rares bactéries.

Les levures possèdent des types chromogènes (levures noire, brune, rose). Il en est de même des oospora. Les cultures de l'actinomyces passent du jaune soufre au vert foncé, puis au noir ; l'agent du pied de Madura produit un pigment rouge fuchsine à reflets métalliques ; enfin divers streptothrix pathogènes (S. aurea) ou saprophytes (S. violacea, carnea, aurantiaca...) tirent leur nom de la teinte des colonies.

Les bactéries chromogènes sont très répandues dans le milieu extérieur ; il en est aussi de parasites (staphylocoque doré, pyocyanique). Elles sécrètent une (b. fluorescens putidus), deux (b. cyanogenus) ou trois couleurs (b. pyocyanique). C'est à peine si nous connaissons vaguement la nature de quelques colorants ; la majorité n'a jamais fait l'objet d'études chimiques. Avec M. Migula nous diviserons les pigments en trois groupes : couleurs solubles dans l'eau ; couleurs insolubles dans l'eau, et solubles, ou non, dans l'alcool. Cette division n'a d'ailleurs aucune prétention scientifique.

COULEURS SOLUBLES DANS L'EAU. — On peut citer, tout d'abord, le pigment vert fluorescent que produisent les « bacilles verts » saprophytes (b. fluorescens liquefaciens, b. fluor. non liquefaciens, b. fluor. putidus, b. erythrosporus... hôtes habituels des eaux) ainsi que le b. pyocyanique et le b. cyanogène (ou b. du lait bleu). Ce pigment semble être toujours le même ; si la teinte des colonies varie parfois, cela tient à la concentration de la couleur, à la réaction du milieu, ou à la coexistence d'autres pigments (pyocyanique, cyanogène). Voici, d'après Thumm, les caractères du colorant : substance jaune ; insoluble dans l'alcool, l'éther, CS^2, la benzine ; jaune orange en solution concentrée — douée d'une fluorescence verte, qu'avivent les alcalis et que détruisent les acides — résistante aux réducteurs — se transformant, à la longue, par oxydation, en pigment feuille morte (Gessard).

Passons à la pyocyanine. Elle est sécrétée par le b. pyocyanique, improprement nommé b. du « pus bleu ». Le développement de cet organisme communique au linge des blessés (et non au pus) une teinte bleue ou bleu verdâtre. En 1860, Fordos a montré que cette teinte est due à une matière parfaitement définie, la pyocyanine, qu'il isola à l'état cristallisé et dont il fit connaître les réactions. La pyocyanine se dissout, non seulement dans l'eau, mais encore dans le chloroforme. Les acides la transforment en un composé rose, soluble dans l'eau, et insoluble dans $CHCl^3$. On utilise ces propriétés quand on veut extraire le pigment des cultures en bouillon (lesquelles contiennent, en outre, du pigment vert fluorescent). Celles-ci sont traitées par $CHCl^3$, qui dissout le colorant bleu ; l'autre demeure en solution. On décante le bouillon puis, comme le chloroforme a pu dissoudre des matières grasses du milieu, on verse au-dessus de lui un peu d'eau acidulée et on agite. La pyocyanine, transformée en pigment rose,

passe dans l'eau. On décante cette eau, on alcalinise
et on dissout la couleur bleue, régénérée, à l'aide de
$CHCl^3$. En recommençant l'opération plusieurs fois,
on obtient finalement une solution chloroformique de
pyocyanine pure, qu'on laisse cristalliser par évaporation. Le pigment se conserve bien en solution
acide ; en solution alcaline ou en cristaux, il s'oxyde
à l'air et jaunit (transformation en pyoxanthose —
Fordos). Les réducteurs le décolorent ; c'est ce qui
arrive constamment pour les cultures en bouillon,
lesquelles offrent une teinte jaunâtre qui passe au
bleu vert (fluorescent) par simple agitation. Le microbe produit la pyocyanine (et le pigment vert) et
réduit la couleur en vertu de son avidité pour l'oxygène (il est, en effet, très aérobie).

La pyocyanine serait une base voisine des ptomaïnes. — Nous connaissons déjà deux des colorants
sécrétés par le b. du pus bleu. Le troisième, pigment vert non fluorescent, est peu intéressant ; dans
les vieilles cultures il se convertit, par oxydation, en
une substance d'un rouge brun (Tous les détails
précédents sont empruntés aux travaux, bien connus,
de M. Gessard).

Comme couleurs solubles dans l'eau, nous mentionnerons encore les pigments rouges du b. lactis
erythrogenes (lequel fournit, en plus, un colorant
jaune insoluble) et du b. rubefaciens — et les pigments noirs du vibrio nigricans et du bacillus nigricans.

Couleurs insolubles dans l'eau. — C'est le plus
grand nombre ; les unes se dissolvent, avons-nous
dit, dans l'alcool, les autres point. Les teintes varient

beaucoup ; les jaunes, orangés et rouges prédominent. Voici quelques exemples. Couleur jaune (micrococcus ochroleucus, sarcina sulfurea, bacillus helvolus, vibrio flavescens) — orangée (sarc. aurantiaca, staphylococcus aureus, b. luteus) — rouge (b. prodigiosus et espèces voisines, spirillum rubrum) — rose (m. agilis, sarc. incarnata) — violette (m. violaceus, b. violaceus, b. janthinus) — bleue (b. berolinensis indicus, b. cyaneo-fuscus) — brune et sepia (b. brunneus, m. fuscus) — noire (b. lactis niger).

1° *Pigments solubles dans l'alcool.* — Nous trouvons d'abord les lipochromes, très communs (staphylocoque doré, par exemple), tachant le papier, saponifiables et donnant la réaction de l'acroléine. On les caractérise à l'aide de l'épreuve de la lipocyanine (Zopf). En faisant agir SO^4H^2 ou AzO^3H concentrés, la couleur (jaune ou rouge) se transforme en grains ou cristaux bleus.

Puis, vient le colorant du b. prodigiosus. On sait que ce microbe, très répandu, se manifeste, de temps en temps, par l'apparition de « maculatures sanglantes » sur diverses substances alimentaires. Jadis, lorsque ces maculatures se montraient sur les hosties, ou envahissaient plusieurs maisons, on voyait là un phénomène surnaturel et de mauvais augure. Sette (1819), puis Ehrenberg (1848) ont reconnu, les premiers, la nature des fameuses taches. Dans les cultures, le pigment, d'abord d'un rouge éclatant, devient de plus en plus foncé et se recouvre d'une pellicule à reflets fuchsinoïdes. Pour l'extraire, on dessèche la couche développée sur milieu solide, on épuise par l'alcool acidifié, on précipite par l'eau et on recueille le dépôt. Ce dépôt représente un produit impur qui, d'après M. Scheurlen, ne contient ni Ph. ni S, et semble dépourvu d'azote. Il se dissout dans l'éther, le xylol, la térébenthine, l'huile d'olive, CS^2, etc... Il jaunit par les alcalis, passe au rouge violet sous l'influence des acides, et se décolore par les réducteurs. Il teint la laine et la soie ; la couleur, agréable quoique pâle, résiste à la lessive, mais disparaît vite à la lumière.

Un certain nombre de bactéries, décrites ou non comme b. prodigiosus, n'en sont que de simples variétés (b. de Kiel ; b. ruber ; b. indicus : bacilles trouvés dans les sardines altérées, par MM. Auché et Loir ; bacille rencontré par M. Du Bois Saint Sévrin dans le panaris d'un homme qui travaillait aux conserves de sardines ; bacille de la septicémie des poules de M. Santori, etc.). Mais il y a parfois quelques différences touchant les caractères du pigment. La couleur du microbe de M. Loir est insoluble dans l'alcool, celle de l'organisme de M. Santori soluble, à la fois, dans l'alcool et l'eau. Nous avions donc raison de dire que notre division des colorants bactériens était un peu artificielle.

Signalons simplement le pigment du b. violaceus, insoluble dans CS^2 et $CHCl^3$.

2° *Pigments insolubles dans l'alcool.* — Certains se dissolvent dans la potasse à 10 pour 100 bouillante (m. cereus flavus), d'autres dans HCl (b. berolinensis). La couleur du b. cyaneofuscus paraît identique à l'indigo, dont elle partage les propriétés. Celle du b. cyanogène mérite une courte mention. Le phénomène du lait bleu, bien décrit par Reiset, consiste dans l'apparition, à la surface du lait, d'une coloration d'un bleu pur, tantôt continue, tantôt en anneau ou en marbrures. Cette coloration est due à un composé insoluble dans les dissolvants ordinaires, non modifié par les acides, virant au rouge par les alcalis (Braconnot). Le bacille cyanogène donne, en lait stérilisé, un pigment gris qui présente les mêmes réactions, mais n'acquiert point, sous l'influence des acides, le ton franc caractéristique du phénomène naturel. Celui-ci résulte du développement concomitant de deux organismes : le b. cyanogène (qui fournit le colorant gris) et le b. lactique (qui, grâce à l'acide formé, fait virer au bleu ce colorant gris). M. Gessard a réalisé l'aspect typique en cultivant le microbe cyanogène dans le lait additionné de glucose et d'un lactate. L'acide lactique du lactate met en train la production du bleu, l'acide lactique provenant de la fermentation du glucose (le b. du lait bleu, fermente le glucose, mais pas le lactose) maintient ensuite la teinte invariable.

Conditions qui influent sur la formation des pigments. — Les couleurs bactériennes sont sécrétées vraisemblablement à l'état de leuco-dérivés. Leur production ou leur non-production sont liées à une série de facteurs que nous allons passer en revue : la température, la lumière, la pression, la réaction et la composition des milieux, l'aération, l'action des antiseptiques, le passage par l'organisme animal.

Température. — L'optimum thermique varie selon les espèces ; le plus souvent il correspond à 20-25°. Le prodigiosus et les types voisins croissent abondamment vers 37°, mais sans donner de pigment. Les cultures successives à cette température fournissent des races incolores, peu stables il est vrai. Le chauffage répété à 50° (5 minutes chaque fois) fait perdre aux microbes, pour plus longtemps, leur pouvoir chromogène (celui-ci finit toujours, semble-t-il, par réapparaître dans les conditions favorables). M. Dieudonné a montré qu'en habituant le prodigiosus à des températures croissantes, on peut lui faire secréter la couleur caractéristique aux environs de 37° exclusivement. Cette curieuse adaptation se produit parfois spontanément ; c'est ainsi que le microbe de M. Du Bois Saint-Sévrin, n'engendre son pigment qu'à 38-40°. Les expériences de M. Dieudonné ont porté également sur le b. fluorescens putidus. A 22° (température optima) cet organisme croît énergiquement et forme sa couleur. A 35° il végète plus pauvrement et demeure incolore. Après 18 passages à 35°, on obtient des colonies vigoureuses et pigmentées. Si l'on reporte alors le bacille à son ancienne température favorable (22°) il pousse médiocrement et les colonies restent blanches.

Plusieurs bactéries chromogènes se comportent comme les précédentes. D'autres préfèrent la chaleur de l'étuve (b. pyocyanique).

Lumière. — La plupart des microbes qui nous occupent sont indifférents à un éclairage modéré. D'après M. Prove, le micrococcus ochroleucus ne donnerait de pigment qu'en présence de la lumière. L'insolation transforme le bacille rouge de Kiel en un organisme incolore (Laurent).

Pression. — On fait perdre au pyocyanique toute propriété chromogène en le soumettant, pendant

4 heures, à l'acide carbonique sous pression (5o atmosphères — d'Arsonval et Charrin).

Réaction des milieux. — D'ordinaire l'alcalinité gêne, la neutralité (ou mieux une légère acidité) se montrent favorables. Par cultures successives dans les milieux très alcalins (surtout à 37°), le prodigiosus peut devenir incolore. Au contraire, le pyocyanique et les fluorescents exigent une réaction basique; il n'y a donc rien d'absolu : c'est affaire de bactérie et de pigment.

Composition des milieux. — Habituellement, les milieux trop riches ne conviennent guère et les milieux amylacés constituent le terrain d'élection. Aussi, bien des organismes colorés présentent-ils des colonies achromiques sur gélatine et teintées sur pomme de terre. Si l'on isole des eaux le b. janthinus, en se servant de la méthode des plaques, rien ne permet de distinguer les colonies de ce microbe. Qu'on fasse un repiquage sur pomme de terre, et la coloration caractéristique apparaîtra (Migula).

La formation du pigment vert fluorescent est grandement favorisée par les phosphates (Gessard) et par la magnésie et la potasse (Thumm). Sans peptone, pas de pyocyanine (Gheorghiewski). Nous reviendrons tout à l'heure, en parlant des races, sur l'influence des milieux de culture.

Aération. — Point de couleur à l'abri de l'air. Sauf pour trois organismes : le spirillum rubrum, le b. rubellus et le diplococcus pyogenes (de teinte orangée). Ces trois bactéries croissent d'ailleurs sans peine au contact de l'oxygène. Peut-être le pigment, très oxydable, ne se conserve-t-il que dans le vide et les gaz inertes.

Antiseptiques. — L'addition de ceux-ci aux milieux peut produire des races achromiques (prodigiosus, pyocyanique). M. Schottelius, en réensemençant systématiquement des vieilles cultures de prodigiosus (devenues blanches à la longue) a pu produire des types incolores. Cette transformation est sans doute sous la dépendance des corps alcalins et des antiseptiques engendrés par la vie du microbe.

Passage par l'organisme animal. — (Ubi infra.)

Production, naturelle ou expérimentale, de races variées. — Perte du pouvoir colorant. — Les microbes qui ne secrètent qu'une seule couleur se transforment parfois, à la longue, en races incolores. Pareille modification n'est pas rare chez le prodigiosus et le violaceus ; elle advient moins souvent chez les fluorescents, et constitue presque une exception chez la plupart des organismes à lipochromes. Il convient d'ailleurs de distinguer entre la transformation de l'espèce et celle de l'individu ; cette dernière est banale, pour le prodigiosus et le violaceus par exemple, comme on peut s'en assurer en faisant des isolements. Rien de plus fréquent que de rencontrer alors quelques colonies blanches au milieu des colonies pigmentées.

Expérimentalement, avons-nous dit, on peut faire naître des variétés achromiques sous l'influence de la température, de la réaction du milieu, etc...

Les bactéries qui fournissent deux ou plusieurs pigments se prêtent à diverses modifications artificielles. Nous nous adresserons, pour le démontrer, aux recherches de M. Gessard sur le b. cyanogène et le b. pyocyanique.

RACES DU BACILLE DU LAIT BLEU. — Ce bacille
donne dans le lait un pigment gris que nous connaissons déjà ; dans le bouillon, cette couleur associée au
pigment vert fluorescent ; dans l'albumine d'œuf le
seul colorant fluorescent. Par cultures successives en
albumine, on crée une variété qui reportée dans le
bouillon n'y sécrète que le pigment gris. En chauffant
la race normale, on obtient un type purement fluorescigène (quand il est ensemencé en bouillon).
Enfin, en chauffant ce type fluorescigène, on aboutit
à une variété incolore.

RACES DU PYOCYANIQUE. — Transformations analogues, mais encore plus complexes. Le bacille du
du pus bleu (normal — race A de M. Gessard) fournit, dans le bouillon, la pyocyanine et le pigment
vert fluorescent ; dans l'albumine la couleur verte
fluorescente seule ; sur la gélose glycérinée la pyocyanine et le colorant verdâtre, non fluorescent ; dans
l'eau peptonisée glucosée, ce dernier, seul. On produite la race P. (exclusivement pyocyanogène) lorsqu'on reporte en bouillon le microbe cultivé pendant
un an dans l'albumine (où pourtant il ne donne —
comme le b. du lait bleu — que du vert fluorescent).
On crée la race F. (exclusivement fluorescigène
vis-à-vis du bouillon) en chauffant 5 minutes à 57°
une culture de la race A ; ou bien en faisant passer
cette race A par l'organisme du lapin. Enfin, on
obtient la race S. (incolore en bouillon) quand on
chauffe la race F, ou qu'on l'inocule au lapin. Il est
à noter que les types F et S, transportés sur la gélose
glycérinée (milieu d'épreuve), reprennent les caractères du bacille normal. Ils n'étaient donc modifiés

que par rapport au bouillon. D'ailleurs, il s'en faut de beaucoup que tous les échantillons de b. pyocyanique se prêtent aussi bien à la création des races précédentes que ceux dont a fait usage M. Gessard.

RETOUR DU POUVOIR COLORANT. — Les milieux amylacés jouent, vis-à-vis de plusieurs bactéries chromogènes (prodigiosus, violaceus) le même rôle que la gélose glycérinée à l'égard du pyocyanique. La couleur perdue s'y régénère après un nombre de passages qui varie selon les cas. Plus l'achromie est de date ancienne, plus le retour du pouvoir colorant se fait attendre. Une fois ce retour effectué, il faut encore un certain nombre de cultures sur pomme de terre, avant que le pigment ne reparaisse dans les milieux riches (gélatine, gélose).

VARIÉTÉS D'UN MÊME PIGMENT. — Certains microbes possèdent des variétés diversement colorées coexistant parfois avec une race incolore. C'est ainsi que les staphylocoques revêtent communément trois types, albus, aureus, citreus, qui ne diffèrent que par la teinte des colonies; leurs propriétés pathogènes sont identiques et on peut les rencontrer associés, deux par deux, dans un même pus. M. Neumann dit avoir vu se produire sous ses yeux la transformation de l'aureus tantôt en albus, tantôt en citreus, tantôt, enfin, en une race rose. Plusieurs colonies de cette dernière variété ont repris — toujours spontanément — la teinte dorée. Avec d'autres bactéries chromogènes le même auteur aurait constaté des phénomènes analogues. Contrairement à ce que nous avons vu pour le b. cyanogène et le b. du pus bleu, il s'agit ici de modifications d'un même pigment. Suivant les circonstances, le microbe sécrète des couleurs d'aspect différent, mais évidemment fort voisines comme composition chimique.

Chlorophylle et bactério-purpurine. — Avant de terminer, nous rappellerons que quelques organismes sont pourvus de chlorophylle, et que de nombreuses espèces contiennent, dans leurs cellules, de la bactério-purpurine.

La chlorophylle des microbes est à peine connue. D'après M. Engelmann, le bacterium chlorinum, éclairé, dégage de l'oxygène qui attire certains spirilles, très aérobies, mélangés avec lui dans les infusions.

La bactério-purpurine ne se formerait, suivant le même auteur, que sous l'influence de la lumière, opinion combattue par M. Winogradsky. Rien ne démontre qu'elle jouisse du pouvoir de décomposer CO^2, comme on l'a affirmé. C'est, en tous cas, une substance très oxydable ; les bactéries pourpres se teintent vivement au sein des eaux chargées d'H^2S et pâlissent de plus en plus à mesure que l'acide sulfhydrique se trouve remplacé par l'air. M. Winogradsky pense que le pigment des sulfuraires fixe simplement l'oxygène que lui fournissent les algues vertes.

IV. — *Locomotion et manifestations sensitives.*

Mobilité. — Seules, les bactéries ciliées peuvent se mouvoir. Cette mobilité les avait jadis fait confondre avec les infusoires. Qu'on examine une macération quelconque abandonnée à elle-même, et l'on verra combien variables se montrent les mouvements des organismes qui la peuplent. Certains traversent rapidement le champ microscopique, d'autres sont animés de lentes oscillations ; il en est qui vont et viennent, s'arrêtent et repartent ; quelques-uns manifestent une sorte de trépidation, plusieurs tournent sur eux-mêmes ; les espèces spiralées se meuvent en tire-bouchon, etc... Un examen systématique des types volumineux permet d'analyser assez bien les mouvements, surtout lorsque ceux-ci ne sont point trop vifs. On en peut distinguer deux formes : progression et mobilité sur place. L'étude des gros spirilles démontre que la progression est due à une rotation autour de l'axe longitudinal. Cette rotation se constate en prenant comme points de repère certaines granulations du protoplasma ou certains corpuscules qui adhèrent mécaniquement aux microbes. Elle est produite par les cils polaires. Le mouvement se propage de l'extrémité des flagella vers leur base et, de là, gagne le corps même de la bactérie. Il est hélicoïdal et non ondulatoire (Migula — observation de quelques spirilles de forte taille).

La mobilité *in situ* se constate principalement chez les bacilles munis de cils sur toute leur étendue. Comme ces organismes sont tous peu volumineux, on n'a jamais bien pu analyser le phénomène.

M. Migula a vu tourner sur eux-mêmes des paquets de sarcina mobilis.

Les beggiatoa n'ont point de flagella. Elles sont cependant susceptibles de se déplacer, comme les oscillaires, en glissant à la surface des liquides ou de divers corps solides.

CIRCONSTANCES QUI INFLUENCENT LA MOBILITÉ. — Comme toutes les fonctions microbiennes, la mobilité est fortement influencée par les conditions ambiantes. L'oxygène, indispensable aux mouvements des aérobies stricts, arrête net ceux des anaérobies vrais. Aux températures extrèmes pour elle, chaque bactérie devient immobile. — D'après M. Engelmann, le bacterium photometricum (variété de chromatium) ne se meut qu'à la lumière ; cette opinion a été contestée par M. Winogradsky. — Lorsqu'on transporte les microbes dans des solutions salines concentrées, les mouvements s'évanouissent, pour reparaître après dilution. Si le titre n'est pas trop élevé, les microbes s'adaptent au milieu et redeviennent d'eux-mêmes mobiles. Les sels agissent, non seulement en vertu d'une sorte de déshydration, mais encore selon leur nature propre. M. Wladimiroff a prouvé, en effet, que diverses solutions isotoniques ne se comportent point de mème. — Les antiseptiques abolissent la mobilité à des doses variables ; c'est affaire d'antiseptique et de bactérie. Nous étudierons plus tard l'action, si curieuse, des agglutinines.

PERTE DE LA MOBILITÉ. — Au cours de leur évolution normale, les microbes perdent plus ou moins rapidement leur mobilité. Le subtilis devient immobile avant de sporuler, le bacterium Chauvœi conserve ses mouvements après la naissance des spores. Les exemples abondent dans l'un et l'autre sens.

Parfois une espèce cesse « spontanément » de former des cils. Tel ce vibrion cholérique dont il a été déjà fait mention. Tels aussi les colibacilles, dont on rencontre fréquemment côte à côte des types mobiles et des types immobiles (à la surface de l'intestin notamment). Le changement de milieu peut jouer un rôle important. M. Löffler cite, à ce propos, un organisme isolé de l'infusion de chou-rave qui ne possède ses flagella que sur les milieux au chou-rave, et les perd sur les milieux courants. La culture à haute température n'atteint que transitoirement la fonction motrice. D'après M. Ferrier, le colibacille et le subtilis ne produisent point de cils à 46°, mais, reportés vers 35°, ils en forment à nouveau. Il faut combiner la chaleur et les antiseptiques pour amener la perte de toute mobilité. M. Villinger, cultivant le colibacille à 45° dans le bouillon phéniqué, a obtenu, en effet, après plusieurs passages, des races définitivement immobiles.

Sensibilité. — Les bactéries manifestent des propriétés sensitives indéniables, propriétés qui se traduisent par une direction non équivoque des mouvements chez les espèces ciliées. La sensibilité chimique (chimiotaxie de Pfeffer) est la mieux connue de toutes. Certaines substances attirent les microbes, d'autres les repoussent. Le phénomène se constate aisément. Il suffit de mettre une goutte de culture en relation avec l'orifice d'un tube capillaire, fermé à l'extrémité opposée, et contenant la substance dont on veut étudier l'action. Tantôt les organismes s'accumulent autour de l'orifice (chimiotaxie positive), tantôt ils s'en écartent, et l'ouverture se trouve entourée d'un halo clair, où manquent les bactéries (chimiotaxie négative). Il n'y a aucun rapport forcé entre les qualités utiles ou nocives d'une substance et son influence chimiotactique. Certains antiseptiques attirent, certains composés nutritifs n'attirent point. D'une façon générale, les sels de K, la peptone, l'asparagine, etc... exercent une action positive ; l'alcool, les acides et les alcalis insuffisamment dilués, les solutions trop concentrées de divers corps, etc... une action négative.

Les aérobies recherchent l'oxygène, les anaérobies le fuient. Si donc on observe les aérobies en goutte pendante, c'est à la périphérie qu'on les verra se rassembler et présenter leurs mouvements les plus vifs ; si l'on observe les autres de la même façon, c'est au centre qu'il faudra chercher. Lorsque, dans une infusion, des microbes avides d'oxygène coexistent avec des algues vertes, on constate que les premiers s'accumulent autour des secondes et les suivent partout, en leur formant une sorte d'atmosphère (Engelmann, Verworn).

M. Engelmann a montré que le chromatium, étudié par lui, se dirige incontestablement vers la lumière. Si l'on diminue brusquement l'éclairage, les microbes renversent aussitôt leur mouvement. Si l'on projette un spectre sous le microscope, ils s'accumulent en files correspondant aux bandes d'absorption de la bactério-purpurine, c'est-à-dire aux radiations dont ils peuvent profiter.

Il n'est pas démontré que certaines bactéries se dirigent d'une région moins chaude vers une région plus chaude. Du moins, l'existence, au sein des liquides employés, de courants dus à l'inégalité thermique, rend les expériences de M. Schenk peu concluantes.

V. — *Évolution et vitalité.*

A. Moisissures

Les spores des mucédinées germent lorsqu'on les transporte dans un milieu humide. D'ordinaire l'eau suffit, et le premier développement s'accomplit à l'aide des seules réserves ; mais, parfois, il faut des aliments appropriés (mucor mucedo). La germination exige une température déterminée, qui varie selon les espèces. Ainsi, pour le penicillium glaucum, le maximun thermique est de 43°, le minimum de o°,5, l'optimum de 22°. Elle exige aussi l'oxygène de l'air. Il est évident, d'autre part, que plus les conidies sont vieilles et ont souffert antérieurement, plus leur rajeunissement demandera de temps.

Le mode de vie exerce, comme nous le savons déjà, une influence capitale sur la forme générale et les moyens de reproduction des moisissures. Immergées, elles se multiplient par bourgeonnement, à la façon des levures ; aérobies, elles produisent au contraire des spores externes. Celles-ci ne naissent donc qu'au contact de l'oxygène et, ajoutons-le, à une température convenable. La lumière gêne le développement des mucédinées, en milieu minéral, mais non en milieu peptonisé (Elfving.)

Les conidies se montrent un peu plus résistantes que le mycélium. Exposées à la chaleur sèche, elles périssent vers 120° ; à la chaleur humide, vers 60°. Elles peuvent survivre plusieurs années, soit à l'état sec, soit à l'humidité. M. Duclaux a même trouvé

vivantes, après 22 ans, des spores de penicillium conservées en vase clos dans une atmosphère saturée de
vapeur d'eau.

B. Levures

La germination des ascospores est soumise aux
mêmes conditions que celle des conidies dont il vient
d'être question. La multiplication ultérieure des blastomycètes se fait par bourgeonnement ; celui-ci dure
en moyenne 40 minutes (Pasteur.) Rarement il y a
concomitance de la gemmation et de la division transversale (schizo-saccharomyces.) Le milieu et l'aération
exercent une influence, parfois très marquée, sur la
forme des levures ; c'est ainsi que le saccharomyces
pastorianus, ensemencé à l'air, constitue des articles
pyriformes et rameux, tandis que, cultivé d'une manière suivie à l'abri de l'air, il se réduit à des éléments
ronds ou ovales.

Les blastomycètes supportent pendant longtemps
l'inanition ; aussi ont-ils peu de tendance à engendrer
des spores ; quelques espèces seulement en fournissent
dans les conditions habituelles. Pour obtenir des ascospores, il faut exposer des cellules jeunes et vigoureuses au large contact de l'air sur des corps poreux,
modérément humides et non nutritifs (pommes de
terre, carottes, plâtre, porcelaine dégourdie, papier à
filtrer, etc.). La meilleure température oscille de 15°
à 25° suivant les espèces. Les levures sauvages spo-
rulent plus vite que les races sélectionnées. En cultivant systématiquement le saccharomyces pastorianus
dans du moût bien aéré, au voisinage de la tempé-

rature maxima à laquelle il donne des spores, on arrive à le rendre asporogène.

Les blastomycètes se conservent parfois très long-temps. M. Duclaux en a vu survivre 22 ans au sein du moût de bière, malgré la présence de l'air. D'ordinaire la résistance est plus grande pour les spores que pour les cellules végétatives et à l'état sec qu'à l'état humide. Dans ce dernier cas, il importe que le volume du liquide soit relativement considérable et sa réaction acide : sinon, la levure s'attaque aux albuminoïdes et produit ainsi des alcalis qui la tuent. (Duclaux).

On admet que la chaleur sèche fait périr les levures vers 110° et les spores vers 115° (certains auteurs donnent des chiffres légèrement supérieurs) ; et que la chaleur humide détruit les premières vers 65° et les secondes vers 70°. Les blastomycètes résistent à — 70° pendant 108 heures et à — 130° pendant 20 heures, mais leur fonction zymogène disparaît (Pictet et Young). La lumière se montre nuisible, surtout à une température quelque peu élevée. Lapression semble inoffensive (8 000 atmosphères restent inefficaces.)

Les levures sont sensibles aux antiseptiques, mais on peut les y accoutumer. M. Effront a établi que les espèces habituées progressivement aux fluorures manifestent un pouvoir fermentatif très énergique, tout en donnant des cultures moins abondantes. Cette immunité est spécifique ; bien plus, les races de M. Effront montrent une fragilité spéciale vis-à-vis des antiseptiques autres que les fluorures.

Quand on ensemence, en liquide sucré, un poids

de levure, voisin de celui du sucre, la fermentation continue très longtemps après la disparition des saccharides : le phénomène est alors intracellulaire. Puis une autodigestion se manifeste ; la masse se ramollit, et l'on constate la production de leucine et de tyrosine, reliquats d'action de la trypsine. La mort des levures s'accompagne donc, comme on dit, d'autophagie.

C. Bactéries

Développement.

1° **Évolution de l'individu.** — Nous laisserons de côté, pour commencer, ce qui a trait aux spores. Les bactéries végètent plus ou moins rapidement selon l'espèce. Tandis que le microbe du choléra des poules se développe en quelques heures, l'agent de la tuberculose humaine demande plusieurs semaines. D'ordinaire, il y a parallélisme entre l'énergie de multiplication et l'intensité des diverses fonctions ; mais cette règle ne présente rien d'absolu, et certains organismes croissent d'autant mieux qu'ils manifestent des propriétés fermentatives (ou pathogènes) moins accusées.

Quand on ensemence une bactérie, quelque favorables que soient les conditions, elle ne se divise jamais immédiatement. La moyenne (fort vague) du « temps perdu » est de 2 à 3 heures pour les microbes à évolution rapide. Les germes qui ont eu à souffrir des intempéries, notamment ceux des poussières sèches, ne se rajeunissent parfois qu'après des mois (Miquel). Pour obtenir une croissance quasi-instantanée il faut s'adresser à des cultures extrêmement jeunes (2 à 3 heures) ; celles de 6 heures donnent déjà un retard marqué (Müller).

Pendant la période initiale, on admet que la division se produit en 20 à 40 minutes (toujours pour les microbes à évolution rapide). Plus tard elle se ralentit. C'est ainsi que le bacille typhique opère sa multiplication en 30 minutes vers la 8ᵉ heure, et en 70 minutes vers la 24ᵉ (Müller). Il va sans dire que toute circonstance nuisible rend la croissance encore plus paresseuse.

Les bactéries qui poussent vite meurent aussi dans un bref délai. Mais, au sein d'une culture, toutes ne périssent pas simultanément et la vitalité de l'individu isolé ne saurait servir de mesure à celle de la colonie. Les cultures de vibrions cholériques (sur gélose, à 37°) demeurent pendant longtemps capables de réensemencement. Pourtant, à partir de la 12ᵉ-20ᵉ heure, le nombre des microbes diminue sans interruption. Le 3ᵉ jour il ne reste de vivants que 7 pour 100 des germes, le 4ᵉ jour que 0,8 pour 100 (Gottschlich et Weigang). Si l'on transporte des colonies de 12 à 20 heures (37°) à la température ordinaire, ou mieux à la glacière, les vibrions résistent davantage. Rien de plus naturel, puisqu'on a substitué une vie latente à une vie active.

2° **Évolution des colonies.** — Si, sur milieu solide, on ensemence un seul germe, celui-ci (supposé vigoureux) donnera naissance à un dépôt, appréciable aux yeux, dont l'épaisseur et les dimensions s'accroîtront jusqu'à une certaine limite, variable avec l'espèce et les conditions ambiantes. La colonie, désormais immobilisée, conservera plus ou moins longtemps sa vitalité, puis viendra à mourir, par extinction progressive des individus qui la composent. Telle est, schématiquement, l'histoire d'une colonie « compacte ». Même évolution en milieu liquide, mais ici on a affaire, comme on dit, plutôt à une « culture » qu'à une « colonie » dans le vrai sens du mot ; c'est, en quelque sorte, une colonie diffuse.

Si l'on répartit nombre de bactéries sur un milieu solide, l'abondance du dépôt sera proportionnelle à la quantité des germes et à l'intensité de croissance de l'espèce. Quand cette dernière est faible, quel que soit le chiffre de microbes ensemencés, les colonies demeurent toujours distinctes. Dans le cas contraire, la confluence s'opère rapidement et la totalité du milieu se trouve bientôt recouverte par la couche bactérienne. Si l'on porte nombre de bactéries en milieu liquide, le développement se fait plus vite que lors de l'ensemencement d'un germe unique, mais la récolte finale n'est pas forcément supérieure. La différence est donc radicale entre les cultures solides et liquides. Voici la raison de cette différence. Ce qui amène l'arrêt dans la croissance, c'est non seulement l'épuisement du milieu, mais, encore et surtout, l'accumulation progressive d'une série de substances nuisibles (produites par sécrétion, désassimilation et fermentation) qui enrayent peu à peu la multiplication des microbes. Or, la diffusion de ces substances est bien plus lente dans l'épaisseur des milieux solides qu'au travers des liquides. Il s'ensuit que les colonies nées sur les solides arrivent bien plus tard que les autres au terme fatal où la vie active (globale) doit faire place à la vie latente.

Nous ne pouvons décrire ici les divers aspects des cultures liquides et solides. Disons seulement que, dans les liquides, les cultures se montrent plus ou moins riches. La solution nutritive peut se troubler ou rester claire. Le trouble peut coexister, ou non, avec un dépôt ou un voile (stigmate d'aérobiose). Inversement, voile et dépôt se produisent souvent sans altération de la transparence. Sur les solides, les colonies revêtent des formes bien plus caractéristiques ; la consistance, le volume total, le degré de saillie, la configuration de la surface, le tracé des bords, etc..., constituent de précieux indices d'identification. Lorsqu'on a affaire à des milieux susceptibles d'être digérés par les enzymes protéolytiques (gélatine, sérum) la liquéfaction peut venir s'ajouter aux autres données diagnostiques.

La vitalité des colonies n'a rien de constant ; loin de là.. Elle varie selon les espèces, et, pour une même espèce, selon les circonstances. Les organismes sporulés peuvent survivre pendant des années. M. Duclaux a trouvé vivantes, après 17 à 20 ans, les cultures de divers tyrothrix. Les microbes sans spores se conservent quelquefois 10-14 ans (Duclaux), mais c'est là une exception. Toutefois on ne saurait indiquer de chiffres, même très approximatifs, car, à côté de bactéries qui périssent en quelques jours (en un jour même), on en voit qui résistent aisément 1 à 5 ans.

3° **Formation et germination des spores. Asporogénie.** — On a beaucoup discuté sur les causes intimes de la formation des spores. La question est cependant assez facile à comprendre, au moins en ses lignes générales. Dans les conditions où une bactérie asporogène passe de la vie active à la vie latente, une bactérie sporogène passe de la forme végétative (ou, comme on dit — par analogie avec les mucédinées — filamenteuse, mycélienne) à la forme de résistance. Il faut donc envisager, ici encore, l'influence de l'épuisement du milieu et l'influence des substances nuisibles. Si l'on réensemence indéfiniment la bactéridie charbonneuse avant le moment où elle donne des spores, jamais celles-ci n'apparaîtront (Pasteur); si l'on transporte un flocon de filaments charbonneux jeunes dans l'eau distillée ou dans une solution saline, les spores se montreront après 10 à 20 heures (Schreiber). Voilà pour l'épuisement. Si l'on étend d'eau une culture charbonneuse en voie de sporulation, cette dernière s'arrête presque totalement et la formation de bactéridies, précédemment interrompue, reprend son cours (Migula). Voilà pour les substances nuisibles. Est-ce à dire que tout soit bien connu dans la sporogénie? Certainement non, mais on peut se contenter provisoirement des notions précédentes, qui ont pour elles l'avantage de la clarté. L'étude des protozoaires semble montrer la sporulation comme le résultat exclusif d'un acte sexuel. Cette conception séduisante n'a reçu jusqu'à présent aucune confirmation en physiologie bactérienne.

La production des spores exige des conditions plus étroites que la simple division des microbes correspondants. Il faut, à cet égard, tenir compte du milieu et des circonstances extérieures. On dit, communément, que les milieux pauvres favorisent la sporulation et que les milieux riches la gènent. Il n'en est rien. Les spores naissent plus vite dans le premier cas, mais elles sont infiniment moins abondantes que dans le second (Schreiber). Il ne faut pas oublier, en effet, qu'un nombre toujours important de filaments demeurent stériles, lors de la formation des spores ; ce nombre s'accroît en présence de conditions défavorables. M. Migula a établi que certains organismes n'engendrent de formes résistantes que dans des milieux spéciaux (le b. du lait bleu et plusieurs b. fluorescents des eaux sporuleraient seulement sur les mucilages de guimauve et de coing, quelques autres microbes sur l'un de ces mucilages exclusivement). Enfin, les spores n'apparaissent qu'entre des limites précises de température. Tandis que la bactéridie charbonneuse croît de $12°$ à $45°$, elle ne fournit de germes que de $14°$ (Schreiber), à $42°$ (Pasteur). L'optimum se trouve autour de $40°$ (S).

Pour les aérobies, l'oxygène est indispensable à la sporulation. Si l'on réensemence systématiquement les bactéridies à l'abri de l'air elles restent filamenteuses (Pasteur).

Il est donc possible de réaliser des séries de générations asporogènes par cultures précoces répétées, ou en éliminant l'aération. Peut-on faire perdre aux microbes la faculté de former des spores ? MM. Chamberland et Roux l'ont démontré. Cultivant la bactéridie charbonneuse dans des bouillons additionnés de 1 pour 2 000 de bichromate de potasse, ils ont constaté qu'après 8 jours les cultures-filles étaient asporulées. Même résultat si l'on s'adresse aux bouillons phéniqués (6 à 10 pour 10 mille) ou à la gélatine acide (Roux-Behring). On peut également employer les ensemencements successifs à 42° (Phisalix), ou combiner les divers moyens indiqués, en choisissant de préférence, comme sujet d'expérience, le premier vaccin charbonneux (Surmont et Arnould).

Au sein des vieilles cultures en gélatine, la bactéridie devient quelquefois « spontanément » asporogène (Lehmann). Pareille transformation doit se réaliser dans la nature. Ne décrit-on pas fréquemment des bacilles « pseudo-charbonneux », du sol, des eaux, etc..., dénués de spores, qui ne sont sans doute que des bactéridies avirulentes et asporogènes. N'existe-t-il pas aussi de nombreuses variantes du vibrion septique et du bactérium Chauvœi, purement filamenteuses ?

Jusqu'à présent, on n'a jamais réussi à faire reparaître la fonction sporogène perdue. La méthode de M. Migula, basée sur l'emploi des mucilages, constitue à ce point de vue une indication intéressante.

Certaines spores germent dans l'eau distillée. La plupart exigent milieu et température convenables. Il est à noter que les milieux défavorables à la germination des spores peuvent permettre parfois cependant le développement des bactéries mycéliennes (*ubi infra* : exemple du bouillon insolé). Quant à la température, les chiffres suivants, empruntés à M. Schreiber, démontreront clairement son influence. La spore charbonneuse germe en 6 jours à 12°, en 24 heures à 20°, en 12 heures à 30°, en 10 heures à 34°, en 8 heures à 40°, en 15 heures à 45°.

4° Modifications morphologiques des bactéries. — Nous connaissons déjà le pléomorphisme des bactéries. Certaines espèces présentent, dans les conditions normales de développement, une variété d'aspect telle qu'on croirait à des cultures impures (b. du choléra des poules, b. du hog choléra, v. de Finkler et Prior, pneumobacille). Les streptothrix offrent constamment les apparences les plus diverses (cocci, bacilles courts et longs, filaments rameux ou non) correspondant aux stades successifs de l'évolution. Inversement, plusieurs bacilles (diphtérique, morveux) montrent, surtout dans les vieilles cultures, des formes oospora. Nous nous sommes déjà expliqués quant à ce qui concerne le bacille tuberculeux. Nous savons aussi que les microbes radicoles vont du type bacille endosporé au type streptothrix (Mazé).

Les principales causes susceptibles d'influer sur la morphologie des bactéries sont les suivantes :

TEMPÉRATURE. — Plus on se rapproche des limites extrêmes, et plus les caractères extérieurs se modifient. Le bacterium aceti est représenté vers $37°$ par des chaînettes de bacilles courts, presque cocciformes, étranglés en leur milieu. Quand on élève la température, les individus s'allongent peu à peu et, finalement, se transforment en filaments parfois si longs qu'ils se contournent comme des fils de fouet. Quand on abaisse au contraire la température, les articles se gonflent, acquièrent un volume colossal et deviennent absolument monstrueux ; ils ressemblent à des outres, des massues, des citrons... (formes d'involution). Les cellules filamenteuses ou monstrueuses, reportées vers $37°$ engendrent des bacteriums parfaitement normaux (Hansen). Il est impossible de trouver un meilleur exemple de l'action thermique (fig. 18).

Composition et consistance du milieu. — Le bacille du rouget, cultivé dans le bouillon-sérum ($\overline{aa}$), se métamorphoserait à la longue en streptothrix (Kitt). La bactéridie charbonneuse, qui donne des

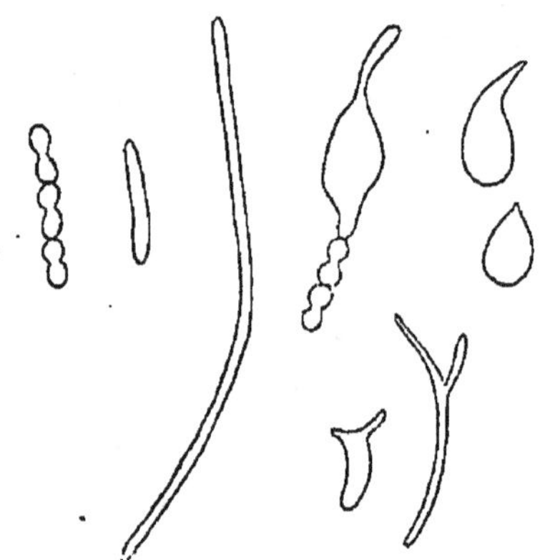

Fig. 18. — Pléomorphisme du bacterium aceti (Hansen).

filaments au fond des liquides, reste courte sur les solides. Le contraire se voit avec d'autres espèces (choléra des poules, notamment).

Réaction du milieu. — Lorsque la croissance est rendue pénible, les dimensions s'exagèrent habituellement. Le b. pyocyanique et le b. prodigiosus se présentent, dans les milieux alcalins (essentiellement favorables), sous l'aspect de bactériums quasi-arrondis. Qu'on les ensemence dans du bouillon acidifié (0,5 pour 1 000 d'acide tartrique), ils prendront l'aspect de bacilles allongés et même de spirilles ; puis, le bouillon redevenant alcalin, grâce aux échanges nutritifs, les types courts réapparaîtront. Si l'on maintient la réaction acide, la forme demeure bacillaire. Par passages en milieu tartrique, on obtient une race allongée peu stable. Pour fixer celle-ci, il faut chauffer plusieurs fois 5 minutes à 5o° et ensemencer dans du bouillon acide (Wasserzug).

Vieillissement. — Source constante de modifications involutives. M. Metchnikoff a étudié l'influence du vieillissement sur un vibrion cholérique, celui d'Angers. Ce vibrion se révèle, normalement, court et gros. Plus les cultures (eau peptonisée) avancent en âge, plus le microbe s'amincit et s'allonge. Après un mois et demi, la forme est devenue définitivement effilée.

Addition d'antiseptiques aux milieux. — MM. Guignard et Charrin ont vu que le b. pyocyanique et le b. prodigiosus, cultivés dans des liquides additionnés d'antiseptiques, affectent des aspects renflés, filamenteux, spirillaires... (fig. 19). Des résultats analogues ont été obtenus avec d'autres bactéries.

Passage par l'organisme animal. — Le vibrion hydrique de Courbevoie, après passage par le péritoine du cobaye, se raccourcit considérablement, mais la race ainsi créée n'est pas stable (Metchnikoff).

Mort.

Nous étudierons d'abord systématiquement l'influence des principales causes nuisibles, puis nous rechercherons leur rôle respectif dans la « mort naturelle » des bactéries.

1° **Principales causes nuisibles.** — Suivant leur énergie et leur durée d'action, on observe des troubles momentanés ou définitifs, partiels ou généraux. Tantôt il s'agit d'une gêne apportée à la croissance ou aux diverses manifestations vitales ; tantôt une ou plusieurs fonctions disparaissent (soit transitoirement, soit pour toujours) ; ailleurs l'atteinte est plus grave :

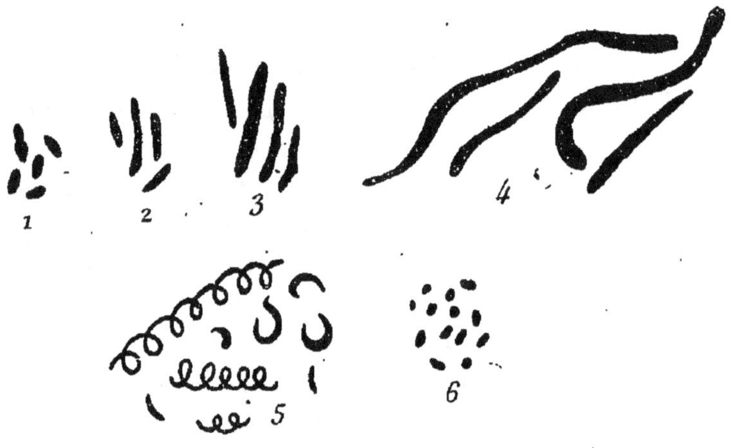

Fig. 19. — Variations morphologiques du bacille pyocyanique sous l'influence de divers antiseptiques. — 1. Forme normale dans le bouillon ordinaire. — 2. Culture dans le bouillon naphtolé à 0,2 °/o. 3. Culture dans le bouillon alcoolisé à 4 °/o.   4. Culture dans le bouillon bichromaté à 0,015 °/o. — 5. Culture dans le bouillon boriqué à 0,7 °/o. — 6. Vieille culture dans le bouillon créosoté à 0,1 °/o, — d'après Guignard et Charrin.

le développement se trouve entravé, mais il peut reprendre dans des conditions favorables ; enfin la mort marque le terme ultime de l'effet nocif.

Laissant de côté les deux premiers stades, déjà mentionnés, nous nous bornerons à l'étude des deux autres (vie suspendue et vie supprimée). Le mécanisme intime de la mort n'est guère connu. On peut cependant admettre qu'il répond, le plus souvent, à des phénomènes de deshydratation ou de coagulation. Abstraction faite, bien entendu, des destructions brutales, telles que la carbonisation et la dissolution.

PLASMOLYSE. — Nous en avons parlé à plusieurs reprises ; quelques détails feront mieux connaître encore cette première cause nuisible. Lorsqu'on plonge les bactéries dans des solutions salines concentrées, on voit bientôt l'ensemble de la cellule se contracter, puis le contenu abandonne la paroi limitante et revient sur lui-même. Si la quantité de sel n'est pas trop considérable, le microbe se met en équilibre osmotique avec le liquide ambiant, et reprend son aspect normal. Il le reprend plus vite quand on étend la solution. Si la proportion du corps dissous dépasse une certaine limite, la mort finit par s'ensuivre. Les expériences de MM. Forster et Freytag et de M. Stadler ont établi que les diverses bactéries résistent très inégalement à l'action du chlorure de sodium. Le plus ordinairement il faut assez longtemps pour amener des lésions irrémédiables.

Les cils se montrent peu sensibles aux agents plasmolytiques, les spores absolument réfractaires. On le comprendra sans peine, car ces deux formations sont pauvres en eau, et, de plus, la seconde est munie d'une membrane épaisse.

Existe-t-il des troubles osmotiques inverses des précédents, c'est-à-dire caractérisés par l'irruption d'une quantité exagérée de liquide au sein du plasma? L'influence nuisible de l'eau distillée sur beaucoup de bactéries semble le prouver, mais les expériences directes font défaut.

8.

DESSICCATION. — Son mode d'action se rapproche évidemment de celui qui vient d'être étudié. Les organismes à l'état végétatif sont diversement atteints selon leur nature et selon le milieu qui les contient. M. Germano distingue 3 catégories : espèces très fragiles (vib. cholérique, b. de la peste, b. typhique), espèces moyennement fragiles (streptocoque, pneumocoque, b. diphtérique) espèces peu fragiles (staphylocoque, b. tuberculeux). D'après lui, les microbes se conservent d'autant mieux que la dessiccation a été moins complète. Le « vide sec » produit donc l'effet maximum. Les cultures desséchées sur des étoffes périssent plus lentement que les cultures desséchées sur des lames de verre. Dans le premier cas il y a protection relative. Cette protection se manifeste également au sein des milieux albumineux (tissus et humeurs des animaux), car M. Momont a fait voir que les bactéridies survivent 45 à 60 jours dans le sang desséché, et 8 à 21 jours seulement dans les cultures desséchées de la même façon. Le problème est d'ailleurs un peu complexe ; la bactéridie ne résiste dans le sang que si elle s'y est développée ; on peut, en effet, additionner une culture de 50 pour 100 de sérum sans diminuer sa fragilité. C'est que la constitution des microbes se trouve considérablement modifiée, comme nous le savons, par le milieu nutritif ; c'est, sans doute aussi que la gaine muqueuse, propre au bacille charbonneux in vivo, contribue à le rendre plus résistant.

Les spores desséchées ont une vie fort longue ; M. Miquel les a trouvées capables de germer, après 16 à 17 ans, dans des poussières et des particules de terre, conservées à l'abri de l'air et de la lumière.

TEMPÉRATURE (1°) *Chaleur*. — La chaleur sèche tue les microbes filamenteux aux environs de 80°. Mais il faut encore distinguer entre les cultures et les humeurs. Tandis que les cultures charbonneuses desséchées périssent en 1/2 heure à 1 heure à 75°-86°, le sang charbonneux sec supporte 92° pendant 1 heure 1/2 (Momont). Les spores ne sont atteintes qu'à haute température ; on chauffera, par exemple, 3 heures à 140°, 1/2 heure à 180°, parfois même 5 minutes à 200° (Cambier). On peut dire que la spore survit jusqu'au moment où toute matière organique commence à se décomposer ; elle meurt carbonisée.

La chaleur humide détruit les bactéries mycéliennes à 55°-58° (en moyenne). On prolongera plus ou moins son action, suivant la quantité des germes et le milieu qui les contient. Les spores sont, comme toujours, relativement peu sensibles. Celles du charbon supportent 95° pendant 10 minutes ; on les tue après 2-4 minutes d'ébullition. La vapeur d'eau détruit les spores en 5 heures à 100° — en 1 heure à 105° — en 1/2 heure à 107° — en 1/4 d'heure à 110 (Miquel et Lattraye). MM. Vaillard et Besson ont montré que les germes du « bacille de la pomme de terre » résistent parfois à 120° durant 10 minutes et à 112° durant 20 minutes. La chaleur humide agit en coagulant le protoplasma ; cette coagulation est plus lente pour les formes de résistance que pour les bactéries filamenteuses, les premières étant moins riches en eau. Aussi convient-il, dans le cas des spores, de recourir à des températures plus élevées et de s'y maintenir plus longtemps. On fait ainsi pénétrer des doses croissantes d'eau au sein du plasma, et la coagulabilité de celui-ci s'accroît parallèlement. Le chauffage en milieu acide suffit pour empêcher le développement ultérieur des germes sporulés qu'il n'atteint pas (Pasteur). Le chauffage des spores en présence des colloïdes (peu osmotiques) n'est pas aussi efficace qu'en leur absence (Duclaux).

(2°) *Froid.* — Contrairement à la chaleur, il constitue un excellent moyen de conservation des microbes. Diverses bactéries supportent sans dommage la température de — 87°5 prolongée durant 1 heure. Les spores du b. subtilis et de la bactéridie charbonneuse sont intactes après 108 heures à — 70°, ou 20 heures à — 130° (Pictet et Young).

Lumière. — La lumière diffuse n'a pas beaucoup d'effet. Aussi n'aurons-nous en vue que l'insolation, laquelle agit surtout en proportion de l'intensité des rayons chimiques.

Quand on étudie l'influence de la lumière il faut tenir compte des modifications que le soleil apporte aux milieux. Celles-ci se traduisent ordinairement par la production de composés antiseptiques (ozone, eau oxygénée, formaldéhyde) et par une acidification plus ou moins marquée. Le bouillon, insolé pendant 3 à 4 heures, s'oppose à la germination des spores charbonneuses, mais non à la multiplication des bactéridies mycéliennes (ensemencement de sang infecté).

Les cultures sont, comme toujours, plus sensibles que les humeurs. D'autre part, l'insolation à l'air l'emporte sur l'insolation dans lo vide. Les cultures charbonneuses, exposées au soleil (après dessiccation), périssent en 5 heures à 5 heures 1/2 à l'air, en 6 heures 1/2 dans le vide. Le sang charbonneux sec résiste 8 heures à l'action combinée de l'air et de la lumière, le sang charbonneux humide encore davantage (12 à 14 heures, à l'air) — Momont.

Les spores sèches du charbon résistent 100 heures au soleil et à l'air. Les spores émulsionnées dans l'eau 44 heures à l'air et 110 dans le vide.

ÉLECTRICITÉ. — Elle semble sans grande influence. Les expériences positives citées partout sont d'une valeur contestable. Rien de bien probant, non plus, quant à l'action des chocs et de l'agitation mécanique.

PRESSION. OXYGÈNE COMPRIMÉ. — D'une façon générale, les bactéries s'accommodent assez bien des fortes pressions ; il semble toutefois exister des différences marquées selon les espèces. L'oxygène à 8 atmosphères stérilise le sang charbonneux (P. Bert.). Par contre, les spores du charbon demeurent vivantes après 21 jours dans l'oxygène à 10-12 atmosphères.

AÉRATION. — Elle entrave le développement des anaérobies et devient nuisible aux aérobies eux-mêmes, soit lentement, à la température ordinaire, soit rapidement, quand on fait usage de la chaleur. Le sang charbonneux n'est pas altéré avant 50 jours à 33° ; il l'est en 66 heures à 70°. A l'abri de l'air il conserve ses propriétés 60 jours à 33° et 165 heures à 70° (Momont).

ANTISEPTIQUES. — Inutile de les définir. Ils agissent tantôt par destruction chimique, tantôt par coagulation. Suivant les cas, ils suspendent ou suppriment la vie. Le résultat dépend : de la nature du composé, de sa concentration, de son temps d'action — du véhicule, de certains corps favorisants ou empêchants (quand le désinfectant est en solution) — de la température ambiante — de la culture (ou produit pathologique), de sa richesse en germes, du milieu. Les spores manifestent, naturellement, une grande résistance.

Nature du désinfectant, concentration, temps d'action. — Les antiseptiques gazeux détruisent plus ou moins rapidement les microbes filamenteux desséchés, certains font même périr les spores au sein des poussières. Citons-les pour n'y plus revenir. Ce sont : le Cl, le Br et l'I — les vapeurs d'HCl et d'acide formique — la formaldéhyde — le chlorure de benzyle (Miquel). Nous passerons brièvement en revue les principaux groupes de désinfectants, liquides ou dissous, en indiquant comme chiffres ceux qu'ont établis MM. Krönig et Paul dans un travail connu. Ces chiffres se rapportent aux spores charbonneuses (Sp) et au staphylocoque (S). Faut-il rappeler qu'il n'y a pas d'antiseptique universel ?

Les acides minéraux forts, en solution suffisamment concentrée (6,3 pour 100, par exemple, pour AzO^3H) tuent facilement les Sp. L'acide borique constitue un désinfectant faible ; SO^2 également. Les chlorures décolorants sont, au contraire, très actifs (dégagement de Cl).

Le sublimé représente le plus général des antiseptiques. Un millionième empêche le développement du bacille charbonneux (Behring). Il détruit les Sp. en 60 minutes à la dose de 0,42 pour 100 — en 30, à la dose de 0,84 pour 100 — en 12, à la dose de 1,69 pour 100. Il tue le S. en 3 minutes, à la dose de 0,42 pour 100. Les sels d'or se montrent assez énergiques : les Sp. sont atteintes en 33 heures par $HAuCl^4$ à 3,4 pour 100, et par $NaAuCl^4$ à 3,62 pour 100.

Les sels d'argent l'emportent sur les précédents. Le nitrate fait périr les Sp. en 8 heures 45 au titre de 0,08 pour 100, et le S. en 3 minutes à la même concentration. On n'a pas oublié l'influence spécifique des sels d'argent sur l'*aspergillus niger*. Les sels de cuivre n'ont raison des Sp. qu'à dose massive ; ainsi $CuBr^2$ à 22,35 pour 100 les tue en 7 jours et 3 heures seulement. Les sels de fer et de zinc viennent encore après. Le permanganate de potasse détruit les Sp. en 40 minutes à la dose de 3,95 pour 100 et en 4 jours à celle de 1,98 pour 100.

Les alcalis minéraux jouissent de propriétés marquées. On fait périr les Sp. en 18 heures avec KOH à 5,6 pour 100 — NaOH à 4 pour 100 — LiOH à 2,4 pour 100. On stérilise le S en 10 minutes avec KOH à 1,4 pour 100 — NaOH à 1 pour 100 — LiOH à 0,6 pour 100. La chaux se montre très inférieure.

Les acides organiques n'ont guère d'influence sur les bactéries, au moins à dose peu élevée. Ils constituent même d'excellents aliments pour certains organismes.

Le phénol empêche le développement du bacille charbonneux au 850°, et détruit les bactéridies au titre de 2,5 pour 100. Il ne tue pas les spores. On peut en dire autant du crésol, du crésyl, du lysol, de la créosote, du thymol et des essences. Les alcools infertilisent le bouillon à des doses décroissantes, à mesure qu'on s'élève dans la série (10,5 pour 100 pour l'alcool méthylique — 9,5 pour 100 pour l'alcool éthylique — 6 pour 100 pour l'alcool propylique — 3,5 pour 100 pour l'alcool butylique — 1,5 pour 100 pour l'alcool amylique — Miquel). Ils n'ont pas plus d'action sur les spores que l'éther ou le chloroforme.

L'aldéhyde formique détruit les spores en 60 minutes à la dose de 35 pour 100 et en 120 à celle de 5 pour 100. Il s'oppose à toute germination au titre de 1/2 000e.

Véhicule. Corps favorisants et empéchants. — Le meilleur véhicule des antiseptiques c'est presque toujours l'eau. L'addition de quantités, même minimes, d'alcool éthylique ou méthylique aux solutions de phénol ou de formaldéhyde, diminue l'effet bactéricide. L'huile phéniquée n'a de désinfectant que le nom. Cependant, d'après MM. Krönig et Paul, le sublimé se montre plus actif dans l'alcool à 25 pour 100 que dans l'eau et le nitrate d'argent dans l'alcool, l'esprit de bois ou l'acide acétique à 50 pour 100 qu'en solution aqueuse.

Les deux savants allemands considèrent les phénomènes de dissociation comme très importants en matière de pouvoir antiseptique. Ils font valoir les raisons suivantes à l'appui de leur opinion : les acides, bases et sels s'ionisent mieux dans l'eau que dans tout autre liquide et c'est aussi dans l'eau qu'ils manifestent les propriétés désinfectantes les plus énergiques — les sels d'un même métal sont d'autant plus bactéricides qu'ils se dissocient davantage (par exemple, Hg Cl² l'emporte sur Hg Br², lequel l'emporte sur Hg Cy²) — ainsi pour les acides et les bases, dont l'influence antimicrobienne apparaît proportionnelle à leur degré d'ionisation. Tout en insistant sur ces données nouvelles, MM. Krönig et Paul font remarquer sans difficulté que les ions métalliques des sels, les ions H des acides et les ions OH des bases ne constituent pas les seuls éléments actifs de ces composés. Aussi faut-il se garder de généraliser trop vite. Ceci posé, on remarquera avec intérêt que le chlorure de sodium, qui diminue la dissociation de Hg Cl², fait fléchir parallèlement son pouvoir antiseptique. Si, à une solution de sublimé, titrant 1,69 pour 100 et tuant les spores en 12 minutes, on ajoute 0,36 pour 100 de Na Cl, les spores ne meurent qu'après 20 minutes ; si la proportion de sel atteint 0,72 pour 100, elles ne périssent qu'en 24 minutes. On comprend donc pourquoi le chlorure de sodium diminue l'activité du sublimé. On ne comprend pas, par contre, pourquoi il exagère celle du phénol.

Comme type d'action favorisante, notons encore celle qu'exercent les acides vis-à-vis des sels métalliques et du phénol.

Température ambiante. — La chaleur multiplie l'effet des désinfectants. C'est ainsi que l'acide phénique, inoffensif pour les spores à la température ordinaire, les détruit vers 37° (en 3 heures, à 5 pour 100 — en 4 heures, à 4 pour 100 — en 24 heures, à 3 pour 100 — Nocht). C'est ainsi que l'aldéhyde formique gazeux fait périr les spores du *b. subtilis* en 44 heures à 15° (solution à 42 pour 100); en 18 heures à 35° et en 2 heures à 52° (solution à 2 pour 100)—Pottevin.

Culture, milieu. — Les diverses bactéries mycéliennes résistent inégalement aux antiseptiques ; de même pour les spores. — Le sublimé, qui stérilise les cultures de choléra des poules au 25 000ᵉ, n'attaque celles du pneumobacille qu'au 15 000ᵉ. En solution à 15 pour 100, la formaldéhyde tue en 1 heure 1/2 les spores du charbon, et en 20 heures seulement celles du *b. subtilis.*

Le nombre des germes joue un rôle important vis-à-vis des solutions qui ne renferment que la quantité strictement nécessaire de désinfectant. On sait aujourd'hui que les substances microbicides se fixent sur le corps des bactéries en vertu d'un véritable phénomène de teinture. Chacun des organismes dépouille donc le liquide d'une partie non négligeable des principes actifs.

Quant au milieu, son influence est encore plus marquée. En voici une preuve frappante, empruntée à M. Behring. Le sublimé détruit la bactéridie charbonneuse au 500 000ᵉ dans l'eau, au 40 000ᵉ dans le bouillon et au 2 000ᵉ dans le sérum (parfois même 1/2 000ᵉ se montre insuffisant). Le sublimé perd tout ou partie de son énergie au contact de H^2S et du sulfhydrate d'ammoniaque (transformation en sulfure) ; des alcalis (transformation en hydrate) ; des albuminoïdes (production d'albuminate de Hg et, aussi, pour M. Behring, réduction de $HgCl^2$) ; de divers composés (tels que ceux contenus, par exemple, dans le bouillon). Pour parer à ces inconvénients variés, on a coutume d'additionner le sublimé soit d'H Cl, soit d'un mélange de Na Cl et d'AzH⁴Cl. Tous les sels métalliques se comportent à peu près comme $HgCl^2$. Le nitrate d'argent est précipité par le chlorure de sodium et réduit par la matière organique, etc., etc.

Accoutumance aux antiseptiques. — Bien connue aujourd'hui. On peut habituer la bactéridie charbonneuse à des doses plusieurs fois mortelles d'acide borique ; on peut même faire supporter au pneumobacille jusqu'à 1/2 000ᵉ de sublimé (Kossiakoff). Il suffit pour cela d'ensemencer ces bactéries dans des liquides nutritifs de plus en plus riches en antiseptique.

Lorsqu'on introduit beaucoup de germes au sein d'un milieu de culture contenant la quantité limite de désinfectant, les moins fragiles de ces germes s'adaptent aux conditions défavorables qui leur sont imposées. C'est grâce à cette adaptation, et grâce aussi à l'appauvrissement concomitant du milieu (par fixation de l'antiseptique — *ubi supra*) que le développement peut avoir lieu.

[Nous étudierons plus tard les substances bactéricides de l'organisme animal, neuf ou immunisé.]

Changement de milieu. — Toutes les fois qu'on réensemence une culture, nombre des germes, transportés du premier milieu dans le second, ne tardent pas à succomber. Les plus robustes résistent et s'accroissent. Nouvel exemple de cette remarquable faculté d'adaptation que nous aurions décrite spécialement, si elle ne se trouvait mentionnée à chaque instant.

Le changement de milieu peut être plus ou moins nuisible selon les cas. Comme terme extrême il convient de citer l'action bactéricide exercée par les eaux de certains fleuves de l'Inde (Gange, Jumna) sur le vibrion cholérique. Cette action, quasi-spécifique, est due à un principe inconnu, volatil ou oxydable (Hankin). En va-t-il toujours de même, et faut-il rapporter à la présence de véritables antiseptiques les apparences observées lors des repiquages? Évidemment oui. Les expériences de M. Haffkine ont démontré que les phénomènes osmotiques ne jouent qu'un rôle bien effacé; et, de son côté, M. Duclaux a fait remarquer quelle faible proportion des substances les plus diverses suffit pour influencer défavorablement telle ou telle espèce microbienne.

On arrive toutefois, sans peine, à vaincre l'hostilité des milieux. C'est encore affaire d'accoutumance. Prenons un bacille typhique, cultivé depuis longtemps en bouillon et transportons-le dans l'humeur aqueuse; la majorité des bactéries périra rapidement. Par cultures successives, au sein de mélanges (bouillon et humeur aqueuse) où la proportion de bouillon ira décroissant, nous habituerons les bacilles d'Eberth à végéter abondamment dans la sérosité oculaire. Pour les microbes ainsi adaptés, le bouillon va devenir puissamment bactéricide. — Isolons d'une rate typhique l'agent pathogène, accoutumé aux liquides organiques et ensemençons-le dans l'humeur aqueuse : il manifestera une résistance infiniment supérieure à celle du bacille entretenu en bouillon (Haffkine).

Concurrence vitale. — Les bactéries peuvent avoir à lutter soit avec des cellules animales, soit avec d'autres microbes. Le premier cas sera étudié ultérieurement; nous envisagerons le second dans ses traits généraux.

Un organisme A est susceptible de se comporter

de trois façons vis-à-vis d'un organisme B, ensemencé simultanément. Suivant l'espèce et les conditions ambiantes, il se montrera indifférent, favorable ou défavorable. L'indifférence proprement dite n'existe pas ; il y a seulement partage égal des matériaux nutritifs. L'action favorisante apparaît clairement en maintes circonstances. Faisons des plaques de gélatine acide avec le vibrion cholérique, nous n'observerons aucun développement. Cultivons alors certains microbes (torula, sarcine, bacille coliforme) à la surface de la gélatine. Autour des colonies formées par ces microbes, naîtront, comme des satellites, de petits îlots vibrionniens (Metchnikoff). D'après M. Grassberger, le staphylocoque doré favorise pareillement la croissance du bacille de la grippe.

Rien n'est plus commun que le rôle empêchant, manifesté par diverses bactéries. Le pyocyanique (Kitasato), un bacille et un coccus décrits par M. Metchnikoff entravent la végétation du vibrion cholérique. Le microbe du pus bleu se comporte de même vis-à-vis de la bactéridie charbonneuse, non seulement en culture mixte, mais encore à distance. Disposons, sous une cloche, quelques gouttes pendantes ensemencées avec des spores charbonneuses et, loin de ces gouttes, un verre de montre contenant la culture du pyocyanique : les spores ne germeront pas (Blagovelschensky).

L'influence favorable du microbe A sur le microbe B peut tenir à des causes variées : changement utile dans la réaction du milieu ; neutralisation de substances nuisibles ; élaboration de composés particulièrement assimilables, etc..., joignons-y la protection contre l'oxygène, si souvent réalisée par les aérobies au profit des anaérobies. L'influence défavorable de A sur B s'expliquera, inversement, de diverses manières : modification nuisible dans la réaction du milieu ; production de corps empêchants (volatils dans le cas du pyocyanique) ; épuisement rapide des substances nutritives (lorsque A croît plus énergiquement que B).

Supposons maintenant la coexistence de plusieurs bactéries. Les phénomènes pourront être très complexes, mais ils resteront les mêmes en leur essence.

Envisageons enfin le cas où l'on ensemence le microbe B dans la culture A déjà développée. Ici, le résultat sera souvent encore défavorable. Il aura plus de chances de l'être, si B est ensemencé au sein d'un milieu contenant plusieurs espèces microbiennes. C'est ce qui arrive quand une bactérie pathogène se trouve rejetée dans le monde extérieur, dans les eaux par exemple. Elle y rencontre des organismes déjà adaptés, c'est-à-dire capables d'utiliser mieux et plus vite des aliments généralement médiocres et peu nombreux — capables aussi de produire des antiseptiques véritables. L'existence de ceux-ci a été mise hors de doute, grâce aux expériences de M. Miquel. M. Miquel, remarquant que les eaux les plus impures sont celles qui s'infectent le plus difficilement, attribua cette immunité aux substances nuisibles d'origine bactérienne. Il fit voir que si l'on concentre ces eaux très souillées (à basse température) et si l'on ajoute une trace du liquide concentré et filtré à des eaux pures, ces dernières sont infertilisées. L'ébullition détruit les composés empêchants, lesquels paraissent de nature diastasique.

2° **Mort naturelle des bactéries.** — Nous savons déjà que deux causes d'ordre général (épuisement et substances nuisibles) arrêtent, à un moment donné, le développement de toute culture. Les bactéries meurent ensuite, plus ou moins rapidement, selon l'espèce et les conditions ambiantes.

L'influence de l'espèce est capitale. Les organismes sporulés l'emportent, bien entendu, sur les formes végétatives. Parmi ces dernières, les unes sont très fragiles (b. de la grippe), les autres très résistantes (b. tuberculeux); entre les deux groupes on trouve tous les intermédiaires. Les microbes qui donnent naissance à de grandes quantités d'acide ou d'alcali périssent habituellement en peu de temps.

Parmi les conditions ambiantes, il faut citer d'abord la température. Le froid favorise d'ordinaire la conservation des germes; aussi a-t-on coutume de garder les semences dans la glacière. Mais la règle n'est pas absolue. Tandis que le gonocoque et le diplobacille de la conjonctivite chronique demeurent vivants pendant plusieurs semaines à 37°, ils meurent à la température de la chambre en 48 heures (et même moins) — Morax. L'aération constitue le plus souvent une cause puissante de destruction; d'où le précepte de renfermer les semences dans des ampoules scellées. Le milieu de culture joue un grand rôle, lui aussi. Les colonies développées sur les solides et, mieux encore, au sein des solides (gélatine, gélose) survivent plus longtemps que les cultures en liquide. Les solutions nutritives, additionnées de serums ou de sérosités, conviennent à la conservation de nombreux organismes. Enfin, on retardera la mort des bactéries en évitant l'action de la dessiccation et de la lumière, précautions assez fréquemment négligées.

M. Emmerich est revenu, récemment, sur l'influence des composés nocifs formés dans les cultures. Il a montré que ceux-ci amenaient non seulement l'arrêt, puis la mort des microbes, mais encore leur dissolution plus ou moins complète. Ensemençons, dit-il, le pyocyanique en bouillon ordinaire. Il apparaîtra un voile épais ; faisons tomber ce voile au fond du vase ; un nouveau lui succédera ; et ainsi de suite (6 à 8 fois, et même davantage). Finalement le bouillon s'éclaircira au-dessus du dépôt correspondant à la somme des microbes successivement développés. Mais ce dépôt, loin de persister intact, va diminuer progressivement. Pourquoi? Parce que le pyocyanique sécrète, comme nous le savons, plusieurs diastases dont l'une, voisine de la trypsine, digère le corps des bacilles qui l'ont produite. L'accumulation de ce ferment est favorisée, naturellement, par la mort des bactéries. La « pyocyanase », ainsi que l'appelle M. Emmerich, peut solubiliser divers organismes, notamment celui du charbon.

Considérons maintenant une culture de rouget en bouillon. Le léger trouble moiré, qui la caractérise, fait place, assez rapidement, à un dépôt. Le liquide clair, surnageant, se montre capable de détruire, puis de dissoudre d'autres cultures de rouget auxquelles on l'ajoute (Emmerich).

Les phénomènes précédents rappellent tout à fait l' « autophagie » des levures, déjà mentionnée.

Inutile d'insister sur la mort des bactéries dans le

milieu extérieur. On en comprendra facilement les causes, à présent.

VI. — *Virulence.*

Nous la définirons, avec M. Roux, l' « aptitude des microbes à se développer dans le corps des animaux, et à y sécréter des substances toxiques ». Ces deux conditions sont, comme l'on dit, nécessaires et suffisantes. Nous les étudierons d'abord séparément, puis nous envisagerons les diverses modalités de la virulence, considérée en général.

APTITUDE A SE DÉVELOPPER DANS LE CORPS DES ANIMAUX (ADAPTATION PARASITAIRE)

Un microbe peut se multiplier au sein des humeurs sans produire d'effets nuisibles. Le fait est rare. Il s'agit alors de commensalisme. Le parasite, incapable d'engendrer des poisons, n'est point alors un véritable agent pathogène. Passons aux cas ordinaires. Certains microbes végètent exclusivement dans le corps des animaux (nous laissons de côté, pour le moment, ce qui concerne les plantes) : ce sont les pathogènes stricts — d'autres ne peuvent y croître : ce sont les saprophytes stricts — d'autres, enfin, évoluent indifféremment in vivo et in vitro : ce sont les pathogènes facultatifs (dont bon nombre seraient mieux nommés saprophytes facultatifs).

Peut-on transformer les saprophytes stricts en pathogènes? Peut-on créer des maladies nouvelles? Pasteur, qui a posé le premier la question, l'a résolue par l'affirmative. Il a montré, qu'en partant d'une bactéridie charbonneuse rendue quasi-avirulente, on arrive à infecter successivement la souris nouveau-née (animal aussi peu résistant que possible), la souris adulte, le jeune cobaye, le cobaye adulte, le lapin et le mouton. Ainsi apparurent, dit Pasteur, les maladies infectieuses au cours des âges. De simples saprophytes, trouvant un terrain favorable chez les individus affaiblis, se sont multipliés aux dépens de ceux-ci. Puis, des passages successifs (contagion) ont adapté ces microbes à la vie parasitaire ; tellement que certains d'entre eux sont devenus des pathogènes stricts (b. de la lèpre, par exemple). Ces vues lumineuses de Pasteur ont été confirmées par les expériences de M. Vincent.

M. Vincent prend comme types d'étude le b. megatherium et le b. mesentericus vulgatus. Il les ensemence en bouillon, et remplit, avec le bouillon ensemencé, de petits sacs de collodion qu'il ferme ensuite hermétiquement. Ces sacs sont introduits dans le péritoine des cobayes. Tous les 5 à 6 jours on fait un passage, suivant la même méthode. Les saprophytes s'accoutument progressivement à ces conditions nouvelles d'existence et finissent par végéter convenablement. Les premières cultures sont difficilement obtenues ; comme il s'agit de bactéries très aérobies, il faut laisser un peu d'air dans les sacs. Lorsque les récoltes commencent à se montrer abondantes, on active l'adaptation en ajoutant au bouillon 1/5 de sérum. Voici, maintenant, les résultats auxquels on arrive.

Megatherium. — Originellement, il constitue un microbe inoffensif, qui ne pousse qu'en surface (voile). Après 4 passages, il tue la souris (sous la peau) ; après 6 passages, il tue le cobaye (dans le péritoine) et le lapin (dans les veines). Parallèlement, il fournit des cultures troubles, sans pellicule superficielle (il devient donc moins avide d'oxygène). La virulence se perd rapidement quand on cesse l'usage des sacs.

Mesentericus vulgatus. — Originellement inoffensif ; formant un voile précoce et épais sur le bouillon (celui-ci reste clair) ; produisant des spores abondantes ; poussant énergiquement sur pomme de terre. Après 4 passages, il tue le cobaye (dans le péritoine) ; après 7 passages, il tue la souris (sous la peau) et le lapin (dans le péritoine) — en même temps : voile tardif et mince ; liquide trouble, spores peu nombreuses ; développement médiocre sur pomme de terre ; croissance légère dans le vide. Sa virulence est aussi fragile que celle du megatherium.

Beaucoup d'animaux possèdent une immunité marquée vis-à-vis de certains microbes pathogènes. Quand on veut vaincre cette résistance, on se trouve dans les mêmes conditions que lorsqu'on désire rendre virulent un microbe inoffensif (Voir Infection et Immunité).

Les organismes pathogènes susceptibles de mener la vie saprophytique finissent toujours par perdre à un moment donné l'aptitude parasitaire.

Peut-on transformer les pathogènes stricts en saprophytes ? Peut-on concevoir l'espérance de cultiver les microbes étroitement spécialisés à l'existence in vivo ? Sans doute, mais beaucoup d'entre eux, connus ou inconnus, ont résisté jusqu'à présent. Il conviendra d'essayer, pour réussir, les milieux les plus variés et les procédés d'adaptation les plus parfaits (celui des sacs notamment).

APTITUDE A SÉCRÉTER DES SUBSTANCES TOXIQUES
(POUVOIR TOXIGÈNE)

Cette propriété importante ne suffit pas, disions-nous, pour caractériser la virulence, car certains microbes, tout en produisant des poisons, parfois extraordinairement violents, sont cependant incapables de végéter dans le corps des animaux. Le bacillus botulinus, véritable saprophyte, peut être donné comme exemple. Le bacille tétanique, dont le développement in vivo reste toujours médiocre et éphémère, sert de transition entre le précédent et les pathogènes à croissance plus intense, mais non encore susceptibles de généralisation (b. diphtérique). Le vibrion cholérique, tantôt localisé (choléra humain), tantôt septicémique (infections expérimentales) relie les agents toxigènes aux agents infectieux proprement dits. Nous verrons bientôt que ce sont ces derniers dont on connaît le plus mal les poisons.

Les toxines microbiennes sont certainement très variées, mais comme elles n'ont jamais été isolées à l'état de pureté, leur nature reste indécise. Elles se forment dans le corps cellulaire, d'où elles diffusent plus ou moins facilement. Leur diffusion est-elle toujours liée à la mort (ou à des conditions de souffrance) des organismes pathogènes ? Il semble bien que non, in vivo et in vitro. M. Metchnikoff a fait voir que chez un cobaye mourant de péritonite cholérique, ce sont des vibrions parfaitement vivants qui amènent l'empoisonnement spécifique. M. Kossel, filtrant de très jeunes cultures de bacille diphtérique, et constatant la toxicité du filtrat, refuse d'attribuer celle-ci à une mise en liberté passive, c'est-à-dire à la dégénérescence du bacille de Löffler. Il ne faudrait pas exagérer cependant. La diffusion des poisons atteint son acmé alors que la majorité des microbes sont déjà morts ou très malades. M. Wassermann attend 40 jours pour récolter le poison pyocyanique, de même que M. Fernbach s'adressait à un aspergillus vieilli pour obtenir le maximum de sucrase dissoute. MM. Roux et Vaillard divisent en deux portions égales une culture jeune de b. tétanique. La première portion, inoculée au cobaye, se révèle inoffensive ; la seconde, stérilisée par les antiseptiques et macérée pendant quelques jours, amène la mort, grâce à la toxine diffusée.

Bien des pathogènes ne donnent jamais de poisons in vitro, ou n'en donnent que des quantités insignifiantes. Ce résultat peut reconnaître deux causes principales. D'abord, il est impossible de reproduire artificiellement des milieux comparables aux humeurs animales ; puis, certains microbes conservent toute leur toxine dans le protoplasma : la culture filtrée se montre inoffensive, tandis que les micro-organismes morts font périr les animaux. Ainsi 2 centimètres cubes de culture (en bouillon) stérilisée de la pneumo-entérite des porcs sont mortels pour le cobaye (dans le péritoine) tandis que 4 centimètres cubes de filtrat ne produisent aucun effet (Voges).

Chose singulière : il est encore moins facile de

retrouver les toxines in vivo. Le plus souvent les humeurs et macérations d'organes filtrées sont inactives ou peu actives. Il faut cependant bien admettre que si l'animal a succombé c'est qu'une dose suffisante de poison a circulé dans l'économie. Oui, mais ce poison s'est fixé sur divers éléments anatomiques, d'où nous ne savons pas l'extraire.

La méthode des sacs permet de démontrer la formation des toxines au sein de l'organisme. Si l'on place dans un sac de collodion du bouillon ensemencé avec le vibrion cholérique et si ce sac est mis en péritoine de cobaye, l'animal succombera après 3-5 jours, présentent tous les signes de l'empoisonnement cholérique (Metchnikoff, Roux et Salimbeni). La même expérience, faite avec le microbe de la péripneumonie, chez le lapin (animal réfractaire au virus), est souvent suivie de mort. Enfin, M. Vincent a vu fréquemment mourir les animaux porteurs de sacs où il avait ensemencé ses deux saprophytes pour leur conférer la virulence.

Nous étudierons successivement les toxines solubles et les « poisons du corps des microbes ».

1º **Toxines solubles.** — GÉNÉRALITÉS. — Laissant de côté pour le moment la tuberculine et la malléine, ainsi que les leucocidines, nous dirons que les toxines solubles (au moins les mieux connues d'entre elles) offrent une analogie frappante avec les diastases (Roux et Yersin). Comme celles-ci, en effet, elles agissent à des doses excessivement faibles ; se dissolvent dans l'eau et la glycérine ; dialysent très lentement et sont affaiblies par la filtration. Elles se montrent sensibles à la chaleur, la lumière, l'oxydation ; aux changements de réaction, à divers agents chimiques. Elles résistent bien mieux à l'état sec qu'à l'état de solution. Elles adhèrent aux précipités et coagulums produits dans les liquides où elles ont pris naissance, et se fixent sur les corps les plus variés, en vertu d'un véritable phénomène de teinture.

Cette dernière propriété est souvent mise à profit pour concentrer les toxines. Si l'on sature les cultures filtrées par le sulfate d'ammoniaque, on détermine un précipité d'albumoses qui entraîne le poison dissous. Le précipité, débarrassé de sulfate d'ammoniaque à l'aide de la dialyse, se révèle infiniment plus toxique que le filtrat originel. On peut employer encore d'autres méthodes sur lesquelles nous n'avons pas à insister. M. Brieger s'est beaucoup attaché à purifier les toxines. Malgré ses tentatives ingénieuses et multipliées, il n'a jamais pu isoler des substances chimiquement définies.

Les poisons microbiens ont leurs analogues dans les toxines végétales (abrine, ricine, robine...) et animales (venins, principe actif du sang d'anguille...) bien différentes des alcaloïdes et des ptomaïnes. Ils se caractérisent, avant tout, par leurs effets sur l'organisme des animaux. Certains engendrent des troubles spécifiques (spasmes de la tétanine, paralysies de la diphtérine et de la botuline...); la plupart ne provoquent malheureusement que des symptômes d'ordre banal. Il est alors impossible de savoir si les résultats observés sont dus à une substance particulière, ou bien à l'action de ces produits multiples que recèlent les cultures (produits de fermentation, de désassimilation ou de sécrétion, déjà indiqués). Pour résoudre le problème, on doit recourir au criterium de l'immunisation (ubi infra).

Les rapports des toxines et des antitoxines seront étudiés ultérieurement.

Causes qui influent sur la sécrétion des toxines. — (In vitro). Elles se rapportent aux microbes, aux milieux de culture et aux circonstances extérieures. Pour obtenir des poisons énergiques, il faut s'adresser à des organismes très virulents, ou rendus tels. Lorsqu'il s'agit de microbes incapables d'un développement marqué chez les êtres vivants, on remplace l'adaptation in vivo par l'adaptation in vitro. C'est-à-dire qu'après avoir choisi la race la plus toxigène, on lui fait faire des passages successifs dans le milieu d'élection, jusqu'à ce qu'elle y offre sa croissance maxima.

Les solutions nutritives varient beaucoup, selon l'agent pathogène auquel on a affaire. Les sels minéraux sont, comme toujours, indispensables ; parfois il convient de les employer à dose plus élevée que s'il s'agissait de cultures pures et simples. Le bacille diphtérique a surtout besoin de phosphates, le bacille tétanique de chlorures. Les sucres, qui favorisent la végétation, se montrent souvent nuisibles, à cause de la production d'acides (b. diphtérique), mais cette production ne saurait, bien entendu, influencer les microbes qui aiment les acides (b. botulique) ou ceux qui les neutralisent rapidement (b. tétanique). L'azote albuminoïde est indispensable sous la forme de peptone, parfois favorable sous celle de sérosités (streptocoque — Marmorek) ou de gélatine (b. tétanique, b. botulique, vibrion cholérique). D'ordinaire le milieu doit être et rester alcalin. Mais si la basicité devient trop forte, le poison ne tarde pas à s'en ressentir.

La température optima oscille habituellement autour de 37°, plus rarement on doit descendre à 20° (bactéridie charbonneuse — Marmier). L'aération joue un rôle important vis-à-vis des organismes susceptibles de donner des voiles superficiels (b. diphtérique, b. pyocyanique, vibrion cholérique). Toutefois, si dans les cultures en couche mince et en large surface les poisons apparaissent vite, ils disparaissent vite également, détruits par une oxydation trop intense.

Ce qui précède a trait aux cultures liquides. Lorsqu'on fait macérer le dépôt formé, sur les solides, par des pathogènes susceptibles de sécréter des toxines solubles, on s'aperçoit que la macération est peu active. Il semble que là où le poison ne peut diffuser, son élaboration se réduit au minimum.

Rappelons que, d'une façon générale, plus un microbe envahit facilement le corps des animaux et plus sa fonction toxigène (poisons dissous) semble faible. C'est ce que va nous démontrer la brève revue suivante.

Caractères des principales toxines solubles. — Nous diviserons celles-ci en 3 groupes : toxines proprement dites (des anaérobies et des aérobies), tuberculine et malléine, leucocidines.

1° *Toxines des anaérobies.* — Poison botulique (van Ermengem). — Sous le nom de botulisme, on entend certains empoisonnements alimentaires (charcuterie, conserves, poissons...) se traduisant par une symptomalogie très spéciale, dans laquelle prédominent les phénomènes nerveux (notamment les paralysies oculaires). Le botulisme diffère totalement des accidents dus à l'ingestion de viandes septiques, accidents gastro-intestinaux qu'engendrent divers microbes plus ou moins analogues au bacillus enteritidis de Gärtner. L'agent des intoxications alimentaires, c'est le bacillus botulinus, qui se développe dans les viandes comme en un milieu de culture, et y sécrète une toxine excessivement active. Si l'on fait absorber ou si l'on inocule soit ces viandes, soit leur liquide de macération, on détermine rapidement la mort des animaux (lapin, cobaye, chat, singe...) avec des signes caractéristiques. Il ne s'agit pas ici d'infection, car les organes de ces animaux se montrent inoffensifs.

M. van Ermengem recommande de cultiver le b. botulinus dans la viande de porc hachée, additionnée de sel (1 pour 100), de peptone (1 pour 100), de gélatine (2 pour 100), et de glucose (1 pour 100). Les cultures filtrées sont extrêmement toxiques. Un cinq millionième de centimètre cube suffit pour tuer deux souris (Brieger et Kempner). Le poison se produit en milieu acide ; rien d'étonnant, par conséquent, s'il résiste aux acides et point aux alcalis. Ceux-ci le détruisent presque instantanément et toute neutralisation ou acidification ultérieure demeure sans effet. La toxine sèche (celle que contient la viande) se conserve au moins 17 mois. Les macérations de viande restent dangereuses pendant plus de 8 mois, même à l'air et à la lumière diffuse.

Le poison est décomposé à 100°. Il se fixe aisément (in vitro) sur la substance nerveuse, comme la tétanine (ubi infra) ; il est fixé incomplètement par le beurre, mieux par l'huile (Kempner et Schepilewsky). La cholestérine et la lécithine le « neutralisent ».

Poison tétanique (Knud Faber, Roux et Vaillard). — De bonnes cultures filtrées tuent facilement la souris au cent millième de centimètre cube. Le milieu d'élection est représenté par le bouillon peptonisé (1 pour 100), salé (jusqu'à 2 pour 100), gélatiné (10 pour 100) et glucosé (1 pour 100). La toxine disparaît en 3 heures à 80°. Elle est sensible à l'air et à la lumière. La solution iodo-iodurée et l'antipyrine l'affaiblissent considérablement. Si l'on verse un peu de chlorure de calcium dans le bouillon filtré, on fait naître des nuages de phosphate de chaux (le bouillon contient des phosphates solubles), qui entraînent partiellement le poison. Celui-ci peut du reste se fixer sur les corps les plus dissemblables, par exemple le carmin (Stoudensky), et la substance nerveuse (Wassermann et Takaki).

Ajoutons, à une émulsion de carmin dans l'eau physiologique (solution de NaCl, titrant 7,5 pour mille), de la toxine tétanique en proportion convenable : le mélange se révèlera inoffensif. La tétanine, fixée sur le carmin, l'abandonne à la suite d'une macération prolongée. Le carmin, chauffé à 60° en milieu humide, perd sa curieuse propriété. Il la perd également par macération préalable et par addition d'alcali.

Ajoutons maintenant, à une émulsion de substance nerveuse en eau physiologique, une dose déterminée de poison tétanique : le mélange se montrera encore inactif. Dans ce phénomène, analogue comme le précédent à ceux de la teinture, il faut tenir compte de la matière employée et du véhicule. Le cerveau des mammifères jouit presque exclusivement du pouvoir fixateur, celui de la poule et celui de la tortue, notamment, ne donnent que des résultats incomplets. La moelle des mammifères reste très inférieure à l'encéphale. Ce dernier, bouilli dans l'eau distillée, perd les neuf dixièmes de son affinité pour la tétanine. M. Danysz a fait voir que si le cerveau, émulsionné avec l'eau physiologique, immobilise par exemple 100 doses de poison, il n'en immobilise plus que 90 en présence de l'eau distillée et 10 en présence de l'eau salée à 10 pour 100. Il a établi aussi que la toxine abandonne la substance cérébrale plus ou moins rapidement selon la nature du véhicule. La « teinture du cerveau en tétanine » obéit donc à ces lois de partage que schématise si bien l'expérience classique de Witt. La soie fixe la fuchsine en solution aqueuse et point en solution alcoolique ; la soie teinte abandonne la fuchsine à l'alcool et pas à l'eau. Dans les mélanges d'eau et d'alcool la coloration est donc proportionnelle au titre aqueux et la décoloration au titre alcoolique.

Le poison tétanique, inconnu à l'état de pureté, jouit d'une activité surprenante. Un centimètre cube de culture filtrée laisse, par évaporation, 0^{gr},04 de résidu sec. Calciné, ce résidu perd 0^{gr},025 de matière organique. Or, la majeure partie de celle-ci ne saurait être rapportée à la toxine. Comment évaluer la quantité de cette toxine?

Les humeurs des animaux tétaniques peuvent contenir le principe actif, au moins à un moment donné de l'affection naturelle ou expérimentale.

Poison septique. — La sérosité péritonéale et le suc musculaire filtrés des sujets infectés sont nettement toxiques (Roux) mais cette toxicité n'est jamais forte. On obtient une meilleure toxine en cultivant le vibrion dans la viande hachée (Besson). Le suc, exprimé et filtré, tue le cobaye, par injection intra-péritonéale, à la dose de 10 centimètres cubes. Nous voici loin des deux poisons précédents. Notons que le vibrion septique se développe chez les animaux, ce que ne font ni le b. botulinus, ni le b. tétanique. La toxine de M. Besson est sensible à la lumière. Elle disparaît en 3 heures à 80°. La solution iodo-iodurée l'affaiblit peu. — M. Dünschmann a fait connaître le poison du b. Chauvœi (charbon symptomatique), très voisin du poison septique.

2° *Toxines des aérobies*. — Poison diphtérique (Roux et Yersin). — Les cultures filtrées peuvent tuer le cobaye à des doses voisines d'un millième de centimètre cube. C'est dire que la diphtérie vient immédiatement après la botuline et la tétanine, dont elle se rapproche énormément dans ses propriétés essentielles. Pour préparer un poison énergique, il faut s'adresser à des races très actives et les accoutumer au milieu choisi. Celui-ci est maintenant représenté par le bouillon Martin (obtenu en faisant autodigérer l'estomac de porc) auquel on ajoute parties égales de macération de viande légèrement altérée. Un début de putréfaction indique que les sucres musculaires, aux dépens desquels le bacille de

Löffler donnerait des acides, ont totalement disparu (Spronck). Plus les cultures seront aérées, plus la toxine apparaîtra rapidement. Il y a donc avantage à employer des couches minces de liquide ; mais il faut savoir que cet emploi prédispose à une destruction précoce du poison (oxydation). Pour des bacilles très toxigènes, l'abondance du développement, l'épaisseur du voile superficiel, et l'augmentation hâtive d'alcalinité marchent de pair avec la bonne formation de la diphtérine. En présence d'un peu de sucre fermentescible, le microbe de Löffler donne naissance à des acides, mais ceux-ci se trouvent bientôt saturés et la culture redevient alcaline ; à ce moment seulement commence la sécrétion toxique. En présence d'une plus forte proportion de sucres, l'acidité persiste et la culture, chétive, ne produit aucun poison.

La toxine diphtérique est détruite en 20 minutes à 100°. L'air et la lumière l'altèrent facilement ; la lumière seule se montre bien moins dangereuse. Les acides diminuent la toxicité, et celle-ci ne reparaît jamais complètement par neutralisation. Le phénol, le biborate de soude font fléchir légèrement l'activité ; l'antipyrine et la solution iodo-iodurée davantage. La diphtérine est entraînée bien plus abondamment que la tétanine, quand on verse du chlorure de calcium dans les cultures filtrées. Elle se fixe au phosphate de chaux produit et, une fois fixée, acquiert une résistance spéciale vis-à-vis de l'air et de la chaleur. Elle se fixe également sur le carmin. Il est curieux de constater que certains échantillons de carmin, sans affinité pour le poison tétanique, se « teignent parfaitement en diphtérine » (Stoudensky).

La toxine diphtérique pure, ignorée de nous, doit être extrêmement active. En effet un centimètre cube de culture filtrée, évaporé, donne $0^{gr},01$ de résidu. Le résidu abandonne, par calcination, $0^{gr},0004$ de substance organique. Combien existe-t-il de poison dans ces $0^{gr},0004$?

Les humeurs des diphtériques peuvent déterminer l'empoisonnement caractéristique chez les animaux.

M. Martin a démontré que certains bacilles avirulents, isolés de la gorge des diphtériques, sont susceptibles de sécréter de la diphtérine in vitro. Nouvel exemple d'organismes toxigènes, incapables du moindre développement in vivo. Le même auteur a établi que les cultures en sac dans le péritoine du lapin augmentent à la fois la virulence (pour cet animal) et le pouvoir toxique.

Poison cholérique. (Ransom — Metchnikoff, Roux et Salimbeni). — On peut prouver sa production chez l'homme et les animaux soit par l'expérience du sac (ubi supra), soit par l'inoculation des humeurs des cholériques (Bosc), soit enfin en injectant le contenu intestinal (filtré) des jeunes lapins atteints de l'affection expérimentale. Ces derniers liquides sont bien moins toxiques que le poison des cultures. Pour préparer ce poison, on ensemence les vibrions dans l'eau peptonisée (2 pour 100) salée (1 pour 100) et gélatinée (2 pour 100). Il est indiqué de recourir au procédé des couches minces. Le développement se montre abondant, le voile épais, et la toxine atteint sa concentration maxima le 3e ou le 4e jour. Elle tue alors 100 grammes de cobaye (sous la peau) à la dose d'un 1/3 de centimètre cube. Le poison est peu sensible à l'ébullition, mais l'air et la lumière l'affaiblissent.

Poison pyocyanique (Wassermann). — On l'obtient en laissant pendant 40 jours les cultures dans l'étuve, puis en les recouvrant de toluol, afin de stériliser les germes. Il amène la mort du cobaye à la dose de $0^{ccm},5$ (inoculation intrapéritonéale). La température de 100° l'altère rapidement.

Poison typhique (Chantemesse). — On ensemence le bacille d'Eberth dans de la macération de rate additionnée d'un peu de sang humain défibriné — ou dans de la peptone de rate (rate digérée par l'estomac de porc). Il faut aérer fortement. La végétation est riche et le voile marqué. Après 5 à 6 jours la toxicité n'augmente plus. Un centimètre cube de culture filtrée peut tuer 80 grammes de cobaye (dans le péritoine). Le poison craint l'air, la lumière, la concentration. Il fléchit vite à 100°. L'acide tartrique l'atténue, mais l'activité reparaît par neutralisation. — La toxine du colibacille est encore mal connue.

Poison pesteux (Roux). — On cultive le bacille d'Yersin (très virulent) en bouillon gélatinisé (0,5 pour 100), puis on laisse macérer sous le toluol. Le liquide filtré, précipité au moyen du sulfate d'ammoniaque, donne une poudre susceptible d'amener la mort des souris au quart de milligramme. La toxine s'altère déjà à 70°.

Poison charbonneux (Marmier). — On fait usage d'une solution qui contient, pour un litre d'eau, 40 grammes de peptone pure (sans albumoses), 40 grammes de glycérine, 15 grammes de sel, $0^{gr},5$ de phosphate de potasse et $0^{gr},2$ de phosphate de soude. On isole la toxine à l'aide de procédés assez délicats. Cette toxine se montre active vis-à-vis de divers animaux. Elle s'affaiblit à 100° ; elle est détruite par l'insolation à l'air, le chlorure de chaux, les hypochlorites, le chlorure d'or, la solution iodo-iodurée.

D'après M. Marmier, le poison se forme mieux vers 20° que vers 36°. Aussi ce savant fait-il jouer à l'état de souffrance des microbes un rôle prépondérant, dans la mise en liberté du principe toxique.

Poison pneumococcique. — Les cultures, ou macérations d'organes filtrées, sont en général peu efficaces. Nous avons obtenu des filtrats (cultures) tuant régulièrement le lapin au 1/2 centimètre cube pour 100 grammes.

Poison streptococcique. — M. Marmier l'a préparé avec son milieu et M. Marmorek avec le bouillon-sérum. M. van de Velde parle d'une toxine résistant à 120°. Nous n'avons point pu, dans nos expériences, dépasser l'activité des filtrats pneumococciques.

Poison du choléra des poules. — Pasteur a fait voir que les cultures filtrées reproduisent les signes caractéristiques de la maladie, quand on les injecte aux poules. Nous avons réussi à tuer les pigeons avec $0^{cmc},5$ (et moins) pour 100 grammes d'animal (cultures filtrées).

Poison de la grippe (Delius et Kolle). — Les cultures filtrées sont toxiques vers le 8e jour, mais il faut inoculer 8 centimètres cubes si l'on veut tuer le cobaye (dans le péritoine). La toxicité disparaît vite, même à basse température.

3° *Tuberculine et malléine.* (Koch — Helman et Kalning.) — Ce sont réellement des extraits microbiens et non des toxines véritables. Leur action n'en est pas moins spécifique. On prépare la tuberculine en ensemençant le bacille de Koch à la surface du bouillon glycériné (4 pour 100). Il se développe sous la forme d'un voile épais. Après 6 semaines, on stérilise la culture, on la filtre et on la concentre au 10ᵉ. C'est la « tuberculine brute », reconnaissable à son odeur de fleurs.

On prépare également la malléine en ensemençant le bacille de la morve (très virulent) dans le bouillon glycériné. La culture, riche, s'accompagne d'un voile tardif. Après quatre semaines, stérilisation, filtration et concentration au 10ᵉ. La « malléine brute », ainsi obtenue, offre une odeur vireuse.

Tuberculine et malléine peuvent être fabriquées par macération des bactéries correspondantes en eau glycérinée. Tous deux déterminent à dose suffisante chez les sujets malades (tuberculose, morve) une triple réaction locale, générale et thermique, qui constitue le meilleur des critériums diagnostiques. A dose bien supérieure, elles ne provoquent aucun trouble chez les sujets sains.

4° *Leucocidines*. — Le staphylocoque doré, injecté dans la plèvre des lapins, amène la production d'un exsudat riche en leucocytes. La plupart de ceux-ci sont dégénérés. Or, si l'on fait agir l'exsudat sur des leucocytes normaux, il les altère rapidement. Le noyau des globules apparaît, puis le protoplasma se dissout et, finalement, le noyau est attaqué lui aussi (van de Velde). On admet que le staphylocoque sécrète une substance spéciale, la leucocidine, caractérisée par l'action qu'elle exerce vis-à-vis des cellules blanches.

Les exsudats toxiques, chauffés vers 58°-60° pendant 10 minutes, perdent toute nocuité. D'après M. Bail la leucocidine existe dans les cultures, mais elle est difficile à mettre en évidence.

Quand on inocule le b. pyocyanique au cobaye, par la voie abdominale, l'exsudat contient beaucoup de globules blancs dégénérés. Cet exsudat est leucocide. Il en va de même pour les cultures du bacille de Gessard. Mais les cultures filtrées se montrent inactives. Il faut donc la présence des cellules bactériennes vivantes (Georghiewski).

Comme on le voit, les leucocidines sont encore bien mal connues.

2° **Poisons du corps des microbes.** — Les microbes morts sont souvent toxiques. A des doses d'ailleurs très variées. 16 milligrammes de bactéries du choléra des poules tuent le cobaye (dans le péritoine); 4 milligrammes de bactéries de la pneumo-entérite des porcs tuent la poule (dans le péritoine) ; par contre, il faut injecter à la souris (sous la peau) le dépôt de 300 centimètres cubes de culture de rouget pour amener sa mort (Voges).

Les corps de microbes provoquent tantôt un empoisonnement aigu ou lent, tantôt des abcès ou des granulomes. Les abcès se manifestent fréquemment quand on inocule des quantités croissantes sous la peau des animaux, dans le but de les hyperimmuniser contre tel ou tel organisme (b. typhique, vibrion cholérique). Les bacilles tuberculeux morts engendrent des tuberculoses types. Il n'y a aucun rapport entre la réceptivité pour un microbe vivant et la sensibilité au poison de ce même microbe mort. La souris n'est-elle pas le meilleur réactif du rouget ? Autre exemple : le gonocoque détermine chez les jeunes lapins (animaux réfractaires) une conjonctivite purulente typique ; cependant, loin de se multiplier, il disparaît rapidement de la muqueuse oculaire. Les phénomènes ne sont donc imputables qu'à une action toxique ; et, de fait, les gonocoques stérilisés se comportent absolument comme les gonocoques vivants (Morax).

On a souvent cherché à extraire le poison des microbes et, pour y parvenir, on s'est adressé tantôt à la macération, tantôt à l'expression. M. Marmier prépare une toxine charbonneuse en faisant digérer les bactéridies avec de l'alcool à 20° centésimaux, additionné de quelques gouttes d'éther — plusieurs savants ont volontiers utilisé la glycérine, afin d'enlever aux bactéries diverses toxines intracellulaires (poison pneumococcique, malléine, tuberculine) — enfin, MM. Lustig et Galeotti, reprenant un procédé général indiqué jadis par M. Buchner, préparent leur poison pesteux en traitant le bacille d'Yersin par les alcalis faibles, puis en précipitant le liquide filtré par l'acide acétique dilué et en redissolvant le dépôt dans le carbonate de soude étendu. M. Hahn obtient ses « plasmines » (ou sucs de microbes, analogues au suc de levure de M. Buchner) de la façon suivante : il broie les cultures avec du sable et de la terre d'infusoires, les imbibe d'eau distillée, d'eau salée ou de glycérine à 20 pour 100, et soumet la masse consistante à une pression de 400-500 atmosphères.

Les plasmines, ainsi produites, jouissent de propriétés toxiques parfois assez marquées (choléra-plasmine), mais parfois aussi très médiocres (typho-plasmine).

Nous devons nous demander maintenant à quoi correspond le « poison du corps des microbes ». Représente-t-il un ou plusieurs principes toxiques ? La réponse exacte est difficile à donner dans l'état actuel de la science. Voici tout ce que l'on peut dire.

Les microbes à toxine très diffusible contiennent une certaine quantité de celle-ci dans leur protoplasma (ubi supra), mais ils contiennent aussi un poison banal. Ainsi, les bacilles de Löffler, dépouillés de diphtérine par le chlorhydrate d'ammoniaque, puis lavés abondamment à l'eau distillée et mis en suspension dans la solution physiologique, peuvent encore tuer le cobaye (même après ébullition), mais le tuent sans les signes classiques de l'empoisonnement diphtérique. De plus, ils ne sauraient l'immuniser (Brieger). M. Buchner fait remarquer, depuis longtemps, que les microbes contiennent certaines « protéines » très voisines les unes des autres et jouissant de propriétés irritantes, voire toxiques. Ce sont ces substances qui occasionnent une partie des troubles locaux et généraux, lorsqu'on inocule les microbes morts ; ce sont elles également qui s'accumulent en solution au sein des vieilles cultures liquides. Elles n'ont rien de spécifique.

Les pathogènes à toxine moins facilement diffusible (vibrion cholérique, par exemple) renferment dans leur intérieur du poison intimement fixé (rien n'autorise à dire : une protoxine) et, aussi, le principe non spécifique de Buchner.

Enfin, les organismes à toxine non diffusible contiennent celle-ci, et le poison banal. Il semble bien qu'à mesure que l'on descend des bactéries vers les levures et les moisissures, le second tend de plus en plus à l'emporter sur l'autre. Parallèlement la virulence diminue, fait important à noter.

Dans les maladies septicémiques, les humeurs stérilisées sont quelquefois toxiques. Cette propriété est due aux substances dissoutes et aux microbes eux-mêmes (la filtration permet de faire la part des deux éléments). MM. Roux et Chamberland ont indiqué, les premiers, la toxicité du sang et des organes charbonneux chauffés. M. Roux a montré ensuite que le chauffage peut être avantageusement remplacé par l'emploi des essences (moutarde). Depuis, on a fait nombre d'expériences analogues.

MODALITÉS DIVERSES DE VIRULENCE

Nous étudierons successivement : l'augmentation, la diminution et les variations qualitatives. Puis nous dirons un mot de la conservation de la virulence.

1° **Augmentation.** — Elle se produit naturellement lors des épidémies. Expérimentalement, augmenter la virulence, c'est mieux adapter à l'organisme des microbes déjà adaptés. Mais l'organisme n'est pas un simple milieu de culture ; il représente un assemblage de cellules dont certaines (les phagocytes) entrent en conflit avec les cellules microbiennes. Pour que le virus se renforce, il faut qu'il triomphe de la résistance des phagocytes (voir Inflammation). Si donc on gradue convenablement les quantités inoculées, il sera possible d'accroître l'énergie nocive par des passages successifs. On arrive ainsi à des résultats parfois surprenants. Exemple : des streptocoques, tuant au centimètre cube (culture en bouillon-sérum), seront amenés à tuer au cent milliardième de centimètre cube (Marmorek). Il faut remarquer que tous les agents pathogènes ne se laissent point manier de la sorte. Le bacille diphtérique, qui se développe toujours localement (sans trace de généralisation), ne « fait pas de passages ». Le bacille tuberculeux, qui engendre des affections lentes, augmente bien médiocrement de virulence. Par contre, les bactéries des septicémies aiguës (b. du choléra des poules, pneumocoque) sont faciles à « remonter ».

L'augmentation d'activité se caractérise par la diminution de la dose mortelle et par celle du temps d'incubation. Celui-ci peut être réduit, dans certains cas, à une durée de quelques heures ; mais, ailleurs, il est impossible, quoi qu'on fasse, de dépasser un minimum assez strictement déterminé. On a alors affaire à des virus fixes (rage, vaccine).

L'inoculation en série constitue donc un excellent moyen d'exalter la virulence. Parfois les premiers passages nécessitent l'usage de divers artifices (voir Infection et Immunité).

La méthode des sacs (Metchnikoff, Roux et Salimbeni) est bien souvent supérieure à l'inoculation. On la voit, en effet, réussir là où celle-ci donne des résultats nuls ou moins bons. Elle représente la véritable « culture in vivo », puisqu'elle permet d'adapter les microbes aux humeurs sans les exposer à l'action phagocytaire.

2° **Diminution**. — Elle se réalise d'elle-même —

trop rapidement, au gré des bactériologues — dans les cultures entretenues à l'état saprophytique. Certains microbes perdent vite leur virulence (streptocoque), d'autres la conservent infiniment mieux (b. du rouget). Les organismes difficiles à renforcer gardent d'ordinaire assez longtemps leur degré courant d'activité (staphylocoque). Inversement, les virus auxquels peu de passages suffisent pour s'exalter, fléchissent habituellement après une courte vie passée sur les milieux artificiels. MM. Metchnikoff, Roux et Salimbeni ont montré que le vibrion cholérique acquiert une énergie plus solide par cultures sériées en sacs de collodion que par inoculations suivies en péritoine. La façon dont on a remonté les microbes peut donc avoir une grande importance.

On produit également la chute de virulence quand on soumet les organismes à diverses influences défavorables. Avant d'énumérer celles-ci, nous ferons remarquer qu'il existe deux sortes de chutes : l'une transitoire, individuelle : c'est l'affaiblissement — l'autre définitive, héréditaire : c'est l'atténuation. Quand on affaiblit un microbe, les cultures-filles reprennent l'activité originelle, quand on atténue le même microbe, elles conservent l'activité diminuée.

Tous les microbes ne se prêtent pas à un affaiblissement régulier, moins encore à une atténuation régulière.

C'est en altérant la virulence qu'on prépare nombre de vaccins. Est-il besoin de rappeler ici le nom de Pasteur ?

Les troubles de l'énergie nocive sont superposables à ceux des autres fonctions (zymogène, chromogène, photogène, etc...) ; ils reconnaissent du reste des causes analogues, que nous allons passer en revue.

TEMPÉRATURE. — Le chauffage constitue un facteur important d'affaiblissement (Toussaint, 1880). M. Chauveau, soumettant le sang charbonneux (défibriné et contenu dans des pipettes scellées) à la température de 50°, obtint un premier vaccin après 18 minutes, et un second vaccin (moins affaibli, naturellement) après 9 à 10 minutes. Lorsqu'il s'agit d'organismes sporulés, la virulence ne cède qu'à des températures plus hautes. MM. Arloing, Cornevin et Thomas ont préparé le premier vaccin du charbon symptomatique en portant la « poudre Arloing » 7 heures à 100°-104°, et le second vaccin en la portant 7 heures à 90°-94° (pour se procurer la poudre Arloing, on dessèche les tumeurs charbonneuses, puis on les pulvérise et on les passe sur un tamis). C'est encore un affaiblissement.

· Les cultures à une température élevée peuvent être utilisées pour créer des vaccins.

TEMPÉRATURE ET AÉRATION. (Méthode d'atténuation pastorienne). — Le b. du choléra des poules et celui du rouget, cultivés vers 35°-37° au large contact de l'air, perdent graduellement leur énergie. En prélevant chaque jour (à partir d'un certain moment) des traces de la culture-mère et en faisant des réensemencements, on réalise une échelle de virulence dont deux échelons, convenablement choisis, représenteront d'excellents vaccins. Les mêmes microbes, maintenus à 35°-37° sans aération suffisante, ou bien à une température trop basse et au contact de l'air, ne s'atténueront pas, au moins sensiblement.

La bactéridie charbonneuse est justiciable de la méthode pastorienne, mais à la condition d'employer un détour. On sait qu'elle forme des spores à 35°-37°. Or, celles-ci ne sont nullement atteintes par le séjour prolongé dans l'étuve, quelle que soit l'aération. Elles opposent donc une résistance absolue à l'atténuation. Aussi Pasteur a-t-il décidé de supprimer leur ingérence, en faisant ses cultures à 42°-43°, température incompatible avec la sporogenèse. Si l'on réensemence quotidiennement un peu de la culture-mère, on obtient encore ici une gamme de virulence, dans laquelle on cherchera les deux vaccins classiques. Les cultures-filles, végétant à 35°-37°, donnent naissance à des spores. Il s'ensuit que les vaccins charbonneux fléchissent bien moins facilement que ceux du choléra des poules et du rouget. Les spores, qui constituaient un inconvénient pour l'atténuation, représentent par conséquent un élément avantageux au regard des virus atténués.

DESSICCATION. (Méthode pastorienne d'affaiblissement.) — Les microbes secs perdent plus ou moins vite leur activité. On sait qu'en desséchant les moelles rabiques, à 23° et au contact de l'air, on obtient une série de vaccins qui, inoculés successivement, confèrent l'immunité, même après morsure (Pasteur). Les moelles sèches deviennent avirulentes le 5e-6e jour. On commence les inoculations par les moelles du 14e jour; on continue par celles du 13e jour et ainsi de suite jusqu'à celles du 3e jour.

LUMIÈRE. PRESSION. OXYGÈNE COMPRIMÉ. — On les a utilisés pour préparer des vaccins charbonneux

(Arloing-Chauveau), mais ces vaccins ne sont pas entrés dans la pratique.

RÉACTION ET COMPOSITION DES MILIEUX DE CULTURE. — L'acidité et l'alcalinité exagérées (initiales ou consécutives au développement des microbes) affaiblissent la virulence, et peuvent l'atténuer si l'on fait des passages successifs. — D'après M. Manfredi, quand on ensemence la bactéridie charbonneuse dans des milieux contenant 1/3 à 2/3 (en volume) de matières grasses l'activité disparaît rapidement.

ANTISEPTIQUES. — MM. Roux et Chamberland ont montré que les bactéridies charbonneuses s'atténuent au sein des bouillons additionnés d'antiseptiques (acide phénique à 1 pour 600, 1 pour 1 200 ; bichromate de potasse à 1 pour 1 200, 1 pour 1 500) et que les spores elles-mêmes sont atteintes par le séjour prolongé à 35° dans l'acide sulfurique (1 pour 200). Des constatations analogues ont été faites pour divers microbes.

3° **Variations qualitatives.** — Soit un microbe, pathogène pour deux espèces animales A et B ; nous augmentons son activité à l'égard de A (en passant par A), que devient-elle vis-à-vis de B? Le plus souvent elle reste telle quelle, parfois elle diminue, plus rarement elle augmente. Exemples classiques de diminution : le bacille du rouget, après passage par le lapin, se révèle moins virulent pour le porc ; le virus rabique fléchit, si l'on fait des inoculations en série chez les singes (Pasteur). Exemple classique d'augmentation : le bacille du rouget, après passage par le pigeon se révèle plus virulent pour le porc (Pasteur). M. Voges conteste ce dernier fait. On ne saurait cependant douter des expériences de Pasteur. Il est évident que les deux auteurs n'ont pas opéré dans les mêmes conditions. M. Voges a raison de protester, d'une manière générale, contre l'opinion qui veut qu'un microbe exalté par un animal le soit ordinairement pour un autre. Rien n'est plus faux, en effet. Le bacille du rouget, complètement adapté au lapin, ne tue ni la souris, ni le pigeon ; complètement adapté à la souris il ne tue plus le porc ; venant du porc il ne tue même pas toujours la souris (Voges). Le streptocoque hypervirulent pour le lapin s'est montré inoffensif à l'égard de l'homme (Koch et Petruschky). Les passages par la poule laissent au bacterium du choléra des poules sa virulence initiale vis-à-vis du cobaye mais ne l'augmentent pas (Voges). Il y a plus : le vibrion cholérique, accoutumé à produire le choléra type (intestinal) des jeunes lapins, ne devient pas plus actif pour le cobaye (inoculation intrapéritonéale), ainsi que l'a démontré M. Metchnikoff.

Donc, nous en revenons toujours à cette règle banale : si l'on veut exalter un virus vis-à-vis d'une espèce (et même d'un système, comme le système digestif), il faut l'habituer à cette espèce (ou à ce système). C'est ainsi que, dans la nature, la bactérie ovoïde, agent des « septicémies hémorragiques », s'est accoutumée à l'organisme de divers animaux, créant par là des affections multiples qui reflètent autant de variations qualitatives de la virulence (Nocard et Leclainche, Lignières) ; c'est ainsi que se sont différenciées les maladies à streptocoques, à colibacilles... et les tuberculoses, humaine et aviaire. Un mot sur celles-ci. On sait que, jusqu'à ces derniers temps, il avait été presque impossible de transformer le virus aviaire en virus humain, et *vice versa*. M. Nocard, cultivant le second dans le péritoine des coqs, à l'aide des sacs de collodion, a pu réaliser parfaitement l'inversion de la virulence. Après trois passages, de quatre mois chacun, le bacille des mammifères est devenu identique au bacille type des oiseaux.

Lorsqu'il s'agit d'animaux dont la température, trop haute ou trop basse, s'oppose à la végétation d'un microbe, on peut quelquefois déterminer l'infection en adaptant préalablement le microbe (déjà virulent) à ces températures hostiles. C'est ainsi que M. Dieudonné a conféré le charbon aux grenouilles, avec des bactéridies accoutumées à la température de 10° ; et aux pigeons, avec des bactéridies accoutumées à la température de 42°. Ces modifications expérimentales de la virulence sont superposables aux modifications de la faculté chromogène, obtenues par le même savant (ubi supra).

4° **Conservation.** — La virulence est plus difficile à conserver que la vitalité, lorsqu'on ne veut pas faire de fréquents passages (ou sacs). On évitera la chaleur, l'air, la lumière, l'acidité et la trop grande alcalinité ; on donnera la préférence aux milieux solides et aux milieux-sérum ; enfin on s'adressera à des cultures riches. Pour montrer l'influence des solutions nutritives sur la conservation, nous rapporterons les formules suivantes, indiquées par M. Marmorek au sujet du streptocoque, et dont la valeur décroît très vite de la première à la dernière : Sérum humain 2 parties, Bouillon 1 partie — S. d'âne 2 p., B. 1 p. — S. de cheval 2 p., B. 1 p. Si l'on veut remplacer le S. humain par le liquide d'ascite, il faut changer les proportions : Liquide d'ascite 1 p., B. 2 p. On retrouve encore ici l'extrême sensibilité des microbes envers les aliments qui leur sont fournis.

Les spores gardent infiniment mieux la virulence que les organismes filamenteux. On peut même les conserver à l'état sec (poudre Arloing — spores charbonneuses fixées à la surface des fils de soie). Il est cependant indiqué de les soustraire à la chaleur et à la lumière.

Les humeurs et pulpes d'organes seront aspirées dans des pipettes que l'on scellera ensuite. Les fragments de viscères seront plongés dans la glycérine neutre (33° Baumé), suivant la méthode employée par M. Roux pour le virus rabique. La glycérine convient également à certaines lymphes (vaccin, claveau). L'eau salée (10 pour 100) constitue un moyen plus infidèle ; on n'y peut d'ailleurs mettre que des morceaux d'organes sans impuretés. Tous les produits précédents devront être maintenus à la glacière ; selon les cas la virulence se conservera plus ou moins longtemps. En principe, répétons-le, il ne faut compter que sur des passages suffisamment répétés.

VIII. — *Aperçu sur la physiologie des protozoaires. — Myxomycètes.*

Nous serons forcément très bref, nous contentant de mentionner quelques points intéressants.

1° **Amibes.** — Peut-on cultiver les amibes ; peut-on les obtenir à l'état de pureté, séparées des autres organismes qui coexistent avec elles dans les déjections, les eaux, le sol, etc... Ces deux problèmes ont suscité nombre de travaux. Il est certain que plusieurs espèces sont cultivables — tantôt sur un milieu, tantôt sur un autre, sans qu'on sache trop pourquoi ; il paraît non moins certain que les amibes exigent, comme aliments indispensables, les bactéries vivantes. Parmi les milieux conseillés, citons : la gélose, dépouillée de toute matière organique (par lavages répétés à l'eau distillée), puis additionnée de phosphate ammonio-sodique (o,5 pour 100), de chlorure de potassium (o,5 pour 100) et d'un peu de carbonate de chaux fraîchement précipité [Beyerinck] — la gelée de fucus à 5 pour 100 (dans l'eau ou le bouillon), fortement alcalinisée afin d'éviter le mieux possible le développement des bactéries [Celli et Fiocca] — la gélose à l'infusion de paille ou de foin [Schardinger] — la pomme de terre, alcalinisée ou non [C. et F., Gorini], etc... D'après Casagrandi et Barbagallo, on ne réussit qu'avec les espèces vraiment saprophytiques ; les amibes parasitaires ou simplement commensales (a. coli) ne se développent pas. M. Frosch, qui admet la nécessité de bactéries concomitantes, a pu faire végéter une amibe du sol sur les cultures d'un bacille particulier. Il a constaté que les rhizopodes se nourrissaient de microbes vivants, et que les cultures filtrées, ou même les microbes morts ne suffisaient pas à l'alimentation. Pour isoler cette amibe, il s'est adressé aux formes kystiques (vieilles d'au moins deux semaines, et plus résistantes que les cellules adultes, ou même que les kystes jeunes) et les a débarrassées des autres germes, en faisant agir sur le mélange une solution alcaline assez forte, pendant trois jours.

Les amibes ont donc besoin d'organismes vivants, au moins dans certaines conditions. On sait depuis longtemps qu'elles englobent avec la plus grande facilité les corps étrangers situés à leur portée. Dans l'intestin grêle on voit l'a. coli absorber diverses bactéries, des hématies et même parfois des leucocytes. Ces phénomènes de préhension sont en rapport avec la mobilité du rhizopode.

A l'état de repos, les amibes restent sphériques, ou ne montrent que des ébauches de prolongements protoplasmiques. Pour saisir les corpuscules voisins, elles développent des pseudopodes qui entourent ceux-ci, puis se raccourcissent, de telle sorte que la proie pénètre en plein plasma (fig. 20). Pour se mou-

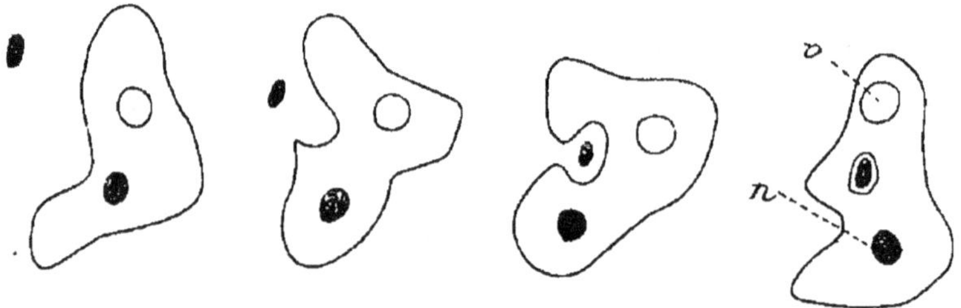

Fig. 20. — Amibe englobant une cellule d'algue (Verworn).
n. Noyau. — v. Vésicule contractile.

voir, les amibes forment également des expansions. Quand l'une d'elles s'est suffisamment avancée, tout le contenu s'écoule dans son intérieur et il s'ensuit un déplacement du rhizopode. Les prolongements actifs servent encore à la fixation sur les corps solides.

Les amibes semblent se diriger vers les points qui

leur conviennent le mieux. La lumière les arrête ;
une chaleur modérée exagère les mouvements ; l'électricité influencerait le sens de ceux-ci (Verworn). La
sensibilité chimique a fait l'objet de nombreux travaux. Toute cause nuisible ramène invariablement la
forme sphérique.

Les divers corpuscules sont englobés sans distinction ; mais, tandis que les particules non alimentaires
sont rejetées, les autres subissent la digestion intracellulaire (phagocytose typique). Il se manifeste,
alors au sein du protoplasma alcalin, une sécrétion
acide, comme on peut s'en convaincre en employant
le tournesol ou l'alizarine sulfoconjuguée (Metchnikoff,
Le Dantec).

Les amibes meurent vers 40° ; elles périssent dans
les solutions trop concentrées ; mais, si on gradue la
concentration, elles sont capables de s'accoutumer
aux milieux primitivement hostiles. Ainsi, les amibes
d'eau douce, que tue l'eau salée à 1 pour 100, supportent finalement l'eau salée à 4 pour 100 ; les amibes
marines, lorsqu'on évapore progressivement le liquide
qui les contient, résistent à 10 pour 100 de sel.

La vie exige le concours du noyau ; si on coupe
en deux une amibe, seule la partie nucléée deumeurera
vivante.

Les amibes peuvent mener l'existence parasitaire
(dysenterie et abcès du foie), mais toujours en dehors
des cellules. Ce sont des « histozoaires », et non des
« cytozoaires ». Les espèces pathogènes seraient caractérisées par l'absence de vacuole contractile, et la
multiplicité des noyaux dans les kystes (Casagrandi
et Barbagallo).

2° Sporozoaires. — A l'état parasitaire ce sont surtout des cytozoaires. Il convient de mentionner ici la propriété toxigène des sarcosporidies (Laveran et Mesnil). Les sarcosporidies fraîches (isolées de l'œsophage du mouton) tuent rapidement le lapin, par inoculation sous-cutanée, quand l'enveloppe a été déchirée ; dans le cas contraire, les accidents sont retardés. Les extraits aqueux ou glycérinés contiennent un poison très actif pour le lapin, inoffensif pour tous les autres animaux de laboratoire (sarcocystine). La toxine est détruite par la chaleur, affaiblie par la solution iodo-iodurée et les hypochlorites. Les extraits glycérinés, chauffés 30 minutes à 80°, n'ont pas perdu toute leur énergie ; les extraits aqueux, chauffés 20 minutes à 85°, sont devenus indifférents. Le poison ne se fixe, ni sur la substance cérébrale, ni sur la substance musculaire du lapin.

Rappelons la complexité du développement des coccidies et l'impossibilité, pour certaines espèces, d'accomplir toute leur évolution chez l'hôte qu'elles infectent. Les spores de la coccidie oviforme du lapin doivent mûrir dans le milieu extérieur. Les hématozoaires de l'homme (paludisme), des bovidés (fièvre du Texas) et des oiseaux se transmettent des vertébrés aux invertébrés et vice versa. Il n'est pas démontré que les deux hôtes soient nécessaires. L'organisme du paludisme semble bien constituer un parasite des moustiques, susceptible de passer exclusivement de moustique à moustique ; l'homme ne représenterait que l'hôte accidentel. (Manson, Laveran). Lorsque l'infection humaine fait défaut, le passage de moustique à moustique ne serait peut-être point direct.

Les spores auraient alors besoin de mûrir dans les eaux, le sol... Mêmes réflexions pour les hématozoaires des oiseaux (halléridium, proteosoma) et les moustiques — pour le piroplasma de la fièvre du Texas et les tiques.

Somme toute, il y aurait une évolution en deux temps : 1° chez l'hôte essentiel (invertébré) ; 2° chez l'hôte contingent (vertébré) ou dans le milieu extérieur. C'est uniquement chez l'hôte essentiel que s'accompliraient les phénomènes sexuels.

3° **Infusoires.** — Les espèces parasites rentrent dans la catégorie des histozoaires. Les infusoires sont très sensibles aux changements de milieu. On peut cependant les adapter, assez facilement, à des liquides originellement nuisibles (Haffkine). On peut les adapter également à un degré de chaleur considérable. M. Dallinger prend des infusoires vivant vers 15°5 et en élevant lentement la température de l'eau qui les contient, leur fait supporter finalement 70°. Parallèlement à cette accoutumance, il note la condensation progressive du protoplasma. Nous retrouvons ici amplifiés des phénomènes déjà constatés chez les bactéries. Les infusoires strictement pathogènes (trypanosomes) meurent vite en dehors de l'organisme. Tout démontre qu'ils ne sauraient survivre que dans le corps des invertébrés.

Nous renvoyons aux ouvrages spéciaux pour les autres propriétés des infusoires (chimiotaxie, thermotaxie, etc...) ainsi que pour les curieuses expériences de mérotomie.

4° **Myxomycètes.** — Il nous faut dire ici un mot de ces êtres si intéressants, qui cumulent les caractères des animaux et des végétaux. Ce sera la meilleure transition entre la physiologie des organismes inférieurs et celle des leucocytes.

Les myxomycètes, à l'état de plasmode, représentent des amibes colossales, pouvant atteindre plusieurs décimètres de longueur. Dans leur intérieur se voient de nombreux noyaux. A un moment donné, se forment les spores ; celles-ci, en germant, produisent des zoospores, lesquelles deviennent de simples amibes, par perte des cils. Une grande quantité d'amibes se fusionnent et constituent les plasmodes caractéristiques. Ces plasmodes revêtent l'aspect de masses glaireuses, réticulées, blanches, jaunes ou rouge-brun (fig. 21). On les rencontre sur les feuilles et branches

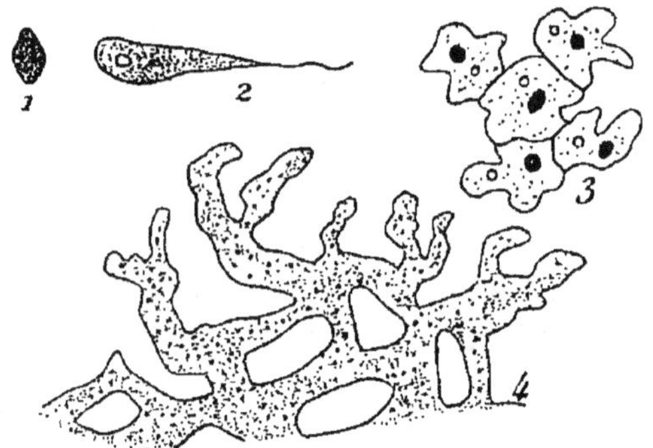

Fig. 21 — Myxomycète. — 1. Spore, — 2. Zoospore. — 3. Amibes se fusionnant. — 4. Plasmode.

en voie de décomposition, dans le tan (œthalium septicum) etc. Une observation attentive permet de constater qu'ils peuvent changer de forme et de place. Les myxomycètes sont constitués par un ectoplasme, aux dépens duquel naissent les pseudopodes, et par un endoplasme, sillonné de courants rapides. Ils digèrent diverses particules, grâce à la pepsine et à l'acide que sécrète leur protoplasma. Ils rejettent les corps non nutritifs. On n'a jamais trouvé de microbes au sein des plasmodes, mais on a vu les zoospores englober et détruire les bactéries (Lister, Saville Kent).

Ce qui nous intéresse principalement, ce sont les propriétés sensitives des myxomycètes (Stahl, Metchnikoff). Les plasmodes évitent la lumière (du moins une lumière trop intense) — ils recherchent les endroits humides, sauf lors de la sporulation — ils se dirigent des liquides non aérés vers les liquides aérés, des liquides froids vers les liquides chauds, des liquides non nutritifs vers les liquides nutritifs. On peut les accoutumer à des solutions qu'ils évitaient normalement (eau salée, eau sucrée, acide arsénieux). Lorsqu'ils ont été adaptés, par exemple à l'eau salée, ils fuient l'eau pure et même les décoctions de feuilles qui constituaient pourtant leur aliment préféré.

Les myxomycètes servent en quelque sorte de schéma aux leucocytes, dont nous allons entreprendre maintenant l'étude. Non seulement les globules blancs partagent les réactions sensitives des plasmodes, mais ils sont encore susceptibles de rappeler leur configuration multinucléée, lorsqu'ils se confondent pour engendrer des cellules géantes.

Notons, en terminant, que les myxomycètes peuvent infecter les végétaux (exemple : la plasmodiophora brassicæ — Woronin).

11.

IIe PARTIE

PHAGOCYTES. INFECTION. IMMUNITÉ

CHAPITRE PREMIER

PHAGOCYTES

On désigne, sous le nom de phagocytes, certaines cellules, mobiles ou fixes, qui jouissent du pouvoir de saisir activement, d'englober et de digérer (lorsqu'elles sont assimilables) les fines particules inorganiques, organiques et organisées (cellules mortes et même vivantes). Ce pouvoir est en rapport avec l'absence totale ou partielle de paroi limitante, la mobilité totale ou partielle, et la sécrétion de sucs digestifs intraprotoplasmiques.

L'étude des phagocytes a pris une importance considérable depuis les recherches de M. Metchnikoff et de ses élèves ; on peut dire qu'elle domine aujourd'hui la pathologie générale.

I. — *Anatomie.*

Beaucoup de protozoaires sont des phagocytes typiques, comme nous venons de le voir. Chez les métazoaires inférieurs, tous les éléments anatomiques jouissent de la propriété digestive. En remontant l'échelle animale on voit celle-ci disparaître, d'abord de l'ectoderme, puis de l'entoderme, pour se localiser, sauf de rares exceptions, sur les cellules du feuillet moyen. Le système phagocytaire des métazoaires supérieurs (d'origine presque toujours mésodermique par conséquent) comprend 3 groupes d'agents : éléments mobiles — éléments fixes — amas d'éléments fixes (organes phagocytaires). L'étude en a été fort bien présentée, dans une Revue récente, par M. Cantacuzène ; nous ferons de nombreux emprunts à son consciencieux travail.

1° **Éléments mobiles.** (Cellules migratrices indépendantes, leucocytes ou globules blancs proprement dits). — Ils appartiennent tous, chez les invertébrés à un seul type morphologique. Ce sont des cellules à noyau unique et arrondi, qui contiennent fréquemment des granulations oxyphiles. Chez les vertébrés, au contraire, il existe une grande variété de globules blancs. On doit les diviser en deux groupes : leucocytes du sang et leucocytes de la lymphe.

GLOBULES BLANCS DU SANG. — Ils comprennent quatre espèces distinctes. 1° Les lymphocytes, petites cellules dont le diamètre n'atteint pas toujours celui des hématies ; constituées presque exclusivement par un noyau rond très chromatique. Le protoplasma, à peine développé, prend médiocrement les matières tinctoriales (basiques). Chez l'homme adulte, on compte environ 3 lymphocytes sur 100 globules blancs. 2° Les mononucléaires, éléments volumineux à noyau excentrique, arrondi ou incurvé, vésiculeux, peu chromatique ; à protoplasma abondant et assez fortement colorable (35 pour 100 environ). 3° Les polynucléaires, reconnaissables à leur noyau multilobé, très chromatique, et à leur plasma incolore (après teinture par les composés basiques). Ils sont caractéristiques du sang des vertébrés et représentent des cellules adaptées spécialement à la diapédèse. (60 pour 100 environ). 4° Les éosinophiles, comprenant deux masses nucléaires arrondies, séparées ou réunies, mal colorables, et des granulations oxyphiles qui remplissent le corps cellulaire (2 pour 100 environ).

On compte environ 8 000 leucocytes par millimètre cube de sang chez l'homme adulte, soit 1 globule blanc pour environ 625 hématies. Les mononucléaires sont plus abondants chez l'enfant, les polynucléaires chez le vieillard.

M. Ehrlich a montré que les cellules migratrices contiennent diverses granulations, facilement décelables grâce à leurs réactions vis-à-vis des dérivés du goudron de houille. 1° Granulations α (éosinophiles ou oxyphiles), se colorant par les composés acides. On ignore leur origine exacte, mais on sait que dans l'intérieur des polynucléaires, les bactéries (et plusieurs produits organisés) se transforment souvent en grains éosinophiles. 2° Granulations β (pseudo-éosinophiles ou indulinophiles), faisant défaut chez l'homme et le singe, et se rencontrant au sein des polynucléaires du cobaye et du lapin. Elles manifestent plus d'affinité pour les dérivés acides peu diffusibles (induline) que pour les autres (éosine). 3° Granulations γ (basophiles), contenues dans certaines cellules spéciales du tissu conjonctif (Mastzellen de Ehrlich), et dans la lymphe des rats. Les éléments à granulations γ montrent un noyau clair, très peu chromatique et donnant l'impression d'un trou lorsque les grains ambiants sont fortement colorés. Nous avons rencontré les cellules de Ehrlich dans le sang des bovidés normaux. Elles y sont d'ailleurs peu abondantes. 4° Granulations ε (neutrophiles). Fine poussière que teintent électivement les mélanges de composés acides et basiques (dits couleurs neutres). On les trouve dans les polynucléaires de l'homme et du singe.

GLOBULES BLANCS DE LA LYMPHE. — Représentés par les gros mononucléaires de la rate, de la moelle osseuse et des ganglions lymphatiques. Très volumineux ; à noyau rond et vésiculeux, à protoplasma vraiment colossal. Ils contiennent des corps de toute espèce, notamment des hématies et des polynucléaires plus ou moins altérés. Ils peuvent s'agglomérer en certains points du système lymphatique (ampoule terminale des chylifères), mais on ne les rencontre dans le sang qu'à l'état pathologique.

CELLULES GÉANTES. — Sous ce nom, on entend des formations spéciales, caractérisées par un volume considérable et par la présence de noyaux multiples. Il faut en distinguer deux types principaux ; les cellules géantes normales de la moelle osseuse (myeloplaxes de Robin) résultant du bourgeonnement nucléaire des gros leucocytes lymphatiques — et les cellules géantes pathologiques. Ces dernières naissent presque toujours par confluence des gros mononucléaires, quelquefois par fusion de certains phagocytes fixes (cellules de Kupffer — ubi infra). On les a vues exceptionnellement devoir leur origine à une gemmation nucléaire. Elles sont comparables, dans les cas ordinaires, aux plasmodes des myxomycètes.

ORIGINE DES LEUCOCYTES. — Pour la plupart des auteurs, les lymphocytes constitueraient la source de tous les globules (du sang et de la lymphe) et les éosinophiles dériveraient des polynucléaires. Les lymphocytes se formeraient dans les ganglions et la rate ; les mononucléaires dans ces deux organes et dans la moelle osseuse ; les polynucléaires et les éosinophiles dans la moelle seule (les éosinophiles existent cependant chez des animaux dépourvus de moelle osseuse).

Les leucocytes se multiplient habituellement par division directe, rarement par mitose (mononucléaires). Lorsqu'ils sont détruits, ou simplement affaiblis, ils deviennent la proie des gros mononucléaires, subissant ainsi le sort de tous les éléments devenus incapables de se défendre.

2° **Éléments fixes.** — Ils comprennent 1° certaines cellules ectodermiques. Les unes n'interviennent que dans la phagocytose normale (ectoderme des larves de cœlentérés, ectoderme de l'œuf des mammifères) ; les autres ont un rôle dans les infections (cellules nerveuses humaines, susceptibles d'englober les bacilles de la lèpre — Soudakewitch) ; 2° divers éléments mésodermiques. Les uns n'intéressent que le naturaliste ou l'anatomo-pathologiste (cellules du sarcoplaste, cellules de la gaine de Schwann, cellules névrogliques), les autres doivent être bien connus du bactériologue (endothéliums vasculaires, notamment celui du foie constitué par les cellules de Kupffer, et endothéliums lymphatiques).

3° **Organes phagocytaires.** — On peut les diviser en 3 groupes. 1° Les amas cellulaires qui produisent les lymphocytes (follicules clos des vertébrés). 2° Les organes purement phagocytaires. Tels ceux des orthoptères, formés d'un système lacunaire placé sur le trajet que suit le sang pour retourner au cœur. Les lacunes sont occupées par des phagocytes. 3° Les organes à la fois globuligènes et phagocytaires, qui atteignent leur plus haute expression chez les vertébrés (rate, ganglions, moelle osseuse).

CHAPITRE II

Nous envisagerons dans l'histoire des phagocytes :
leur mobilité — leurs sensibilités et leurs migrations
— leurs propriétés digestives — leurs sécrétions.

A. *Mobilité et sensibilité. Migrations.*

MOBILITÉ

1° **Phagocytes libres.** — A l'exception des lymphocytes, ils sont tous doués de mouvements absolument analogues à ceux des amibes. Ces mouvements
se révèlent par l'émission de pseudopodes aboutissant,
selon les cas, soit à l'englobement de divers corpuscules, soit à la progression du leucocyte. Inutile
d'insister sur des phénomènes que nous connaissons
déjà (ubi supra — physiologie des protozoaires).

2° **Phagocytes fixes.** — Ils jouissent constamment
d'une mobilité partielle, qui leur permet de capter
les particules voisines. Citons, comme exemple, les
cellules de Kupffer du foie, dont les prolongements
étoilés peuvent oblitérer presque complètement la
lumière des capillaires hépatiques : il en résulte la
formation d'un véritable filtre. Citons encore les

éléments nerveux, capables d'allonger ou de raccourcir leurs expansions protoplasmiques.

SENSIBILITÉS

Les mouvements des phagocytes reconnaissent comme cause l'influence de divers excitants. Il existe donc, corrélativement, diverses sensibilités, lesquelles se traduisent, à nos yeux, par la seule réaction motrice. On sait, depuis longtemps, que les leucocytes ont besoin d'une certaine température pour manifester leur activité amiboïde, température qui varie selon qu'on a affaire aux globules des animaux à sang chaud ou à sang froid. On sait également que les cellules blanches se montrent fort avides d'oxygène et qu'elles se dirigent invariablement vers les endroits les plus aérés. Chaleur et oxygène constituent donc deux excitants puissants.

Ce qui nous intéresse, avant tout, ce sont les sensibilités tactile et chimique.

1° **Sensibilité tactile.** — Bien étudiée par MM. Massart et Bordet. Voici le résultat de leurs observations. Les leucocytes réagissent en prenant contact avec le corps excitant par la plus grande surface possible. L'étalement du protoplasma est proportionnel à la résistance rencontrée. Si l'on examine une goutte pendante de lymphe (grenouille), on constate que, contre la lamelle, les globules se sont complètement aplatis ; ils sont moins étalés au niveau de la surface libre, parce que la tension superficielle demeure toujours inférieure à la résistance du couvre-objet ; enfin, ils restent sphériques au sein de la goutte.

Quand on diminue la tension superficielle de celle-ci en plaçant un cheveu à la surface, beaucoup de leucocytes redeviennent arrondis dans le voisinage du poil.

De telles expériences rendent incontestable l'existence d'une sensibilité tactile.

2° **Sensibilité chimique.** (Chimiotaxie de Pfeffer). — Nous la connaissons déjà chez les bactéries et les protozoaires. Elle n'est pas différente chez les leucocytes. Certaines substances attirent les globules blancs, d'autres les repoussent (la partie mobile des phagocytes fixes réagit sans conteste aux excitants tactiles et chimiques, mais ses réactions n'ont été que peu étudiées jusqu'ici par l'observation directe).

Leber a fait voir (1888) que des tubes capillaires fermés à une extrémité, et contenant un extrait de cultures staphylococciques, se remplissaient de cellules blanches quand on les introduisait dans la chambre antérieure de l'œil des lapins. Depuis, plusieurs auteurs ont établi que l'injection sous-cutanée de divers produits (bactériens principalement) déterminent un afflux leucocytaire, et même des abcès. MM. Massart et Bordet, insérant dans le péritoine des grenouilles des tubes de Pfeffer pleins de solutions ou émulsions variées, ont constaté que tantôt les leucocytes venaient s'accumuler à l'orifice de ces tubes (sans le dépasser — car ils sont sollicités, d'un côté par l'oxygène extérieur, et de l'autre par l'excitant intérieur), tantôt ils n'apparaissaient point. Le résultat dépend des substances employées et de l'état, normal ou non, des phagocytes. Si l'on produit la narcose globulaire en anesthésiant les grenouilles, les agents d'appel demeurent sans effet.

Lorsque les cellules migratrices ne sont pas attirées, s'agit-il simplement d'une chimiotaxie indifférente, ou bien d'une véritable chimiotaxie négative? Cela dépend évidemment des cas, mais, pas plus que la chimiotaxie positive, on ne saurait nier (à l'exemple de quelques auteurs) la répulsion des leucocytes. Beaucoup de produits, qui paraissent laisser les globules indifférents quand on les fait agir à l'état concentré, les attirent énergiquement après dilution suffisante. Il est hors de doute que, sous forme concentrée, ils déterminaient un stimulus négatif. Nous aurons maintes fois l'occasion de prouver l'influence répulsive des bactéries et des toxines. M. Gabritschewsky a démontré celle de divers liquides : glycérine, acide lactique, bile, etc...

MIGRATIONS

Les expériences citées plus haut prouvent que, grâce à leur mobilité, les phagocytes libres se déplacent aisément sous l'influence des divers excitants (notamment des excitants chimiques). Il en résulte des migrations plus ou moins complexes — leucocytose générale, diapédèse, leucocytose locale — dont nous allons étudier le mécanisme.

1° **Leucocytose générale.** — (Le mot leucocytose n'est que l'abrégé courant du terme hyperleucocytose). L'injection intravasculaire de microbes, de cellules animales, de poudres inertes, de toxines, etc., détermine immédiatement de l'hypoleucocytose. Si le produit inoculé est susceptible d'amener la mort, le titre globulaire se maintient abaissé. Sinon, on voit ce titre redevenir d'abord normal, puis s'élever peu à peu. Comment expliquer ces oscillations dans le nombre des leucocytes ?

Pour M. Schultz, la leucocytose n'est qu'une apparence. Elle tient à l'augmentation périphérique des globules blancs, compensée par leur diminution centrale. L'hypoleucocytose reconnaît des causes inverses. M. Jacob a montré que cette théorie reposait sur des expériences insuffisamment bien conduites.

MM. Röhmer et Buchner supposent que les substances irritantes excitent les organes lymphoïdes et déterminent ainsi la formation rapide de nouveaux éléments. Mais la leucocytose devrait alors porter sur les lymphocytes (cellules jeunes) et non point sur les polynucléaires (éléments adultes), comme cela est la règle.

M. Löwit fait de l'hypoleucocytose initiale la condition *sine qua non* de l'afflux globulaire consécutif. L'hypoleucocytose serait due à la destruction brutale d'un grand nombre de phagocytes (leucolyse). Pour compenser cette perte, les organes lymphoïdes émettraient de nouvelles cellules en quantité suffisante et même exagérée. Une semblable manière de voir est inexacte. Il existe, ainsi que nous le démontrerons, des hyperleucocytoses d'emblée (animaux immunisés). De plus, la leucolyse n'a jamais été constatée directement (elle doit donc avoir, au cas échéant, fort peu d'intensité) ; et on ne la produit pas *in vitro* en faisant agir sur les leucocytes les substances accusées de l'engendrer *in vivo*.

M. Metchnikoff a donné de la leucocytose une interprétation simple, claire et paraissant absolument inattaquable. Toute injection intravasculaire (sauf chez les animaux immunisés) provoque d'abord la répulsion des phagocytes ; ceux-ci se réfugient au sein des viscères (poumon, foie, rate), c'est-à-dire là où une circulation plus lente réduit à son minimum le contact avec l'agent irritant pendant l'unité de temps. Si la substance peut entraîner la mort, les cellules blanches restent jusqu'à la fin confinées au centre des réseaux capillaires. Sinon, elles s'adaptent peu à peu (en vertu de leur plasticité fonctionnelle, aussi développée que celle des microbes) et reparaissent dans le courant sanguin. Bien plus, l'adaptation croissant, une chimiotaxie positive se développe progressivement et les leucocytes sortent en masse des organes globuligènes.

2° **Diapédèse.** — Découverte par Cohnheim en 1867. Nous la décrirons à propos de l'inflammation.

Les phagocytes peuvent traverser la paroi vasculaire normale, en vertu de leur sensibilité tactile et de leur mobilité amiboïde. C'est là un phénomène actif, commandé par la chimiotaxie. Si l'excitant extravasculaire attire les cellules blanches, celles-ci franchiront les capillaires, alors même que tout paraît devoir s'y opposer (vaso-constriction, vitesse du courant sanguin) ; dans le cas contraire, les conditions les plus favorables demeureront sans effet (vaso-dilatation, ralentissement circulatoire). Au niveau des vaisseaux distendus, on voit, chez les animaux narcosés, la diapédèse des leucocytes anesthésiés faire totalement défaut, alors que le passage (purement passif) des hématies peut être constaté sans peine.

3° **Leucocytose locale.** — On la comprendra bien

maintenant. Plaçons une substance excitante en un point quelconque de l'organisme. Cette substance (totalement ou partiellement diffusible) va déterminer d'abord une répulsion des phagocytes locaux (et parfois même généraux) — puis (sauf toujours le cas de mort rapide) une attraction successive : 1° de ces mêmes phagocytes, et 2° des cellules blanches du sang et des organes lymphoïdes. Le corps irritant (du moins lorsqu'il est suffisamment actif) peut donc atteindre les leucocytes jusque dans les profondeurs de l'organisme. La sensibilité des globules est telle que les moindres modifications chimiques du milieu intérieur mettent en jeu leurs propriétés.

A la leucocytose générale font suite la diapédèse et la leucocytose locale, cette dernière caractérisée par une accumulation plus ou moins abondante d'éléments mobiles. Ainsi s'explique facilement le résultat des expériences précédemment citées (Leber, Massart et Bordet) ; ainsi s'expliquent bien des faits sur lesquels nous aurons à insister par la suite.

Comme type de leucocytose locale, indiquons brièvement ce qui se passe lors des injections intra-abdominales. Si, à l'exemple de divers auteurs (notamment de M. Pierallini), on inocule, dans le péritoine d'un animal (cobaye, par exemple), des liquides inoffensifs (bouillon ou solution saline physiologique), il se produit d'abord de l'hypoleucocytose. Celle-ci n'est point due à la phagolyse, comme on l'a prétendu. Qu'un certain nombre de globules soient détruits, la chose est incontestable ; mais il n'en disparaît pas assez pour expliquer l'aspect absolument clair du liquide péritonéal prélevé peu après l'injection. Cet aspect tient à ce que la majorité des leucocytes, auparavant disséminés dans la lymphe, se réunissent en amas et vont adhérer aux replis séreux. Les cellules agglomérées sont devenues immobiles, et il faut les placer une heure à l'étuve pour les voir reprendre leurs mouvements.

L'inoculation a donc déterminé une chimiotaxie négative. Mais, bientôt, l'adaptation se manifeste ; le signe chimiotactique s'intervertit, et le liquide inoculé attire maintenant les leucocytes du péritoine et des vaisseaux sous-séreux. Les amas de tout à l'heure se désagrègent et, en même temps, de nombreux globules sortent par diapédèse. Une leucocytose locale s'établit ainsi, qui offre son maximum vers la vingtième heure. Le 3° jour tout est revenu à la normale.

L'hypoleucocytose initiale respecte à peu près complètement les lymphocytes. Elle est moindre avec la solution physiologique qu'avec le bouillon ; et, cependant l'afflux leucocytaire ultérieur se montre aussi intense. Elle est moindre quand on injecte des liquides à 33°-39° que si la température ne dépasse pas 10°-12°.

Sur un cobaye « préparé », par une première inoculation d'eau salée ou de bouillon, répétons l'injection le lendemain, c'est-à-dire au moment où la leucocytose bat son plein. Plus d'hypoleucocytose initiale : les cellules sont déjà habituées à la substance employée ; elles sont même « renforcées » d'une façon générale, comme nous le verrons plus tard.

Les microbes et les toxines provoquent une hypoleucocytose bien plus marquée, cela va sans dire, que les liquides inoffensifs. Cette hypoleucocytose peut aller croissant jusqu'à la mort des animaux ou céder la place à l'afflux globulaire.

Si l'on injecte de la teinture d'opium sous la peau des cobayes (1 centimètre cube par 200 grammes d'animal), les leucocytes sont anesthésiés pendant 5 heures environ. Durant ce laps de temps les agents excitants, introduits dans le péritoine, ne déterminent aucune réaction (Cantacuzène).

B. *Propriétés digestives.*

Les phagocytes se nourrissent normalement par absorption des principes dissous dans le plasma qui les baigne. Mais, en tant qu'amibes, ils possèdent le pouvoir de capter les particules voisines et de s'assimiler certaines d'entre elles. On donne le nom de phagocytose, avons-nous déjà dit, à cette double faculté d'englobement et de digestion. Les lymphocytes ne sont donc pas des phagocytes.

La phagocytose, entrevue par Lieberkühn, a été décrite, pour la première fois, par Häckel (1862). Puis Recklinghausen a fait voir que les cellules du pus s'incorporent les grains de cinabre et les gouttelettes graisseuses. En 1867, Cohnheim, cautérisant la cornée d'une grenouille après injection de poudre de carmin dans le sac lymphatique dorsal, trouva les leucocytes du pus cornéen remplis de grains colorés. La résorption phagocytaire des hématies, au sein des foyers hémorragiques, fut établie en 1870 par Langhans. En 1872, Wegner constata que, chez les hydrocéphales, la table interne des os crâniens est résorbée par des cellules géantes (identiques aux myéloplaxes de Robin). M. Kölliker montra ensuite que des chevilles d'ivoire, enfoncées dans le canal médullaire des os, disparaissent de la même façon. En 1876, M. Inns étudia les « cellules à poussière » du poumon sur lesquelles nous reviendrons. En 1883 M. Marchand, reprenant une idée de Langhans, prouva que les cellules géantes se forment par fusion des leucocytes, etc., etc. Parallèlement aux travaux précédents (et à beaucoup d'autres, qu'il nous est impossible de relater ici) s'est déroulée la longue série des recherches de M. Metchnikoff. Ce savant, poursuivant l'étude de la digestion intracellulaire dans la série animale, fut peu à peu conduit vers les lois générales de la phagocytose. Il les a appliquées, d'une façon lumineuse, à l'interprétation des phénomènes d'inflammation, d'atrophie et d'immunité.

Il résulte des études de M. Metchnikoff (études inaugurées dès 1865) et de celles qu'il a provoquées, que la digestion se trouve localisée dans l'entoderme chez beaucoup d'animaux inférieurs (spongiaires, cœlentérés, un certain nombre de turbellariés, quelques mollusques et vers rudimentaires). L'amphioxus et les cyclostomes possèdent encore un épithelium intestinal susceptible de phagocytose. Mais, peu à peu, les cellules du feuillet interne, au lieu d'élaborer les aliments en leur intérieur, déversent les diastases sécrétées par elles au sein d'une cavité digestive progressivement différenciée : la digestion est devenue extracellulaire.

Nous avons déjà vu que l'ectoderme perd plus vite que le feuillet interne la propriété phagocytaire. Reste donc, chez les animaux supérieurs, le seul mésoderme, avec les cellules mobiles et fixes que nous lui connaissons. Ces cellules produisent des enzymes variés, qui agissent en milieu tantôt acide, tantôt alcalin. Il y a déjà longtemps que Leber a découvert le pouvoir digestif du pus aseptique vis-à-vis de la gélatine et de la fibrine.

Les phagocytes sont donc capables d'englober et de transformer des corpuscules de nature fort diverse. Ce qui nous intéresse ici, c'est l'englobement et la transformation des cellules animales, et surtout des cellules microbiennes. Ces deux types de phagocytose se rencontrent dans la vie normale et dans la vie pathologique.

1° **Phagocytose dans la vie normale.** — Les phagocytes détruisent les micro-organismes qui tendent à envahir l'économie (voir Inflammation). Ils détruisent aussi, en pleine économie, les éléments usés incapables de se défendre contre eux. Cette élimination cellulaire peut surprendre dès l'abord ; elle accompagne cependant tous les stades de l'évolution. L'ectoderme des œufs de mammifères résorbe l'épithélium utérin (M. Duval et van Beneden). Pendant l'histolyse larvaire des insectes, les amibocytes font disparaître les différents tissus, à l'exception des disques imaginaux et des cellules de nouvelle formation (Kowalesky). La fonte de l'os cartilagineux est l'œuvre des osteoclastes de Kölliker (grands leucocytes à noyau vésiculeux qui arrivent, portés par des bourgeons vasculaires). Voici comment se manifeste la dégénérescence des muscles dans la queue des têtards de batraciens ; les noyaux du sarcoplasme augmentent de nombre, s'entourent de protoplasma et se transforment en cellules amiboïdes, lesquelles disloquent et mangent les fibres striées (Metchnikoff). Au cours de la trichinose et de plusieurs types d'atrophie musculaire, les phénomènes observés paraissent identiques. Ceci nous mène à la vie pathologique.

2° **Phagocytose dans la vie pathologique.** — Dans les névrites, les noyaux des gaines de Schwann se multiplient, s'approprient un peu du plasma environnant et deviennent de vrais phagocytes mobiles, susceptibles de dévorer la myéline et le cylindre-axe. On a vu parfois les cellules de la névroglie résorber les éléments nerveux affaiblis. Rien de moins rare que la destruction des hématies par les macrophages spléniques et les cellules de Kupffer ; rien de plus banal que l'englobement des leucocytes (surtout polynucléaires) par les mononucléaires, etc., etc.

Ici devrait se placer la « phagocytose microbienne ». Nous la retrouverons bientôt à propos de l'inflammation et de l'immunité. Il est bien plus intéressant de la schématiser dès maintenant en empruntant des exemples curieux à la « phagocytose cellulaire expérimentale ».

M. Metchnikoff a établi que les spermatozoïdes de l'homme et du taureau, injectés dans le péritoine du cobaye, sont absorbés vivants par les leucocytes (mononucléaires principalement) qui les digèrent. Souvent un leucocyte absorbe plusieurs zoospermes. Voilà le schéma amplifié de l'englobement des bactéries mobiles. Voyons le schéma de l'englobement des bactéries immobiles. Pour cela injectons, toujours avec M. Metchnikoff, du sang défibriné d'oie dans le péritoine du cobaye. Après une courte période de phagolyse, les leucocytes s'incorporent les hématies, les tuent et les digèrent. La mort des globules rouges se reconnaît à la colorabilité des noyaux sous l'influence du bleu de méthylène ; leur digestion, à l'émigration de l'hémoglobine vers les noyaux (parties les plus résistantes d'ordinaire). Cette digestion rappelle absolument celle qu'on observe quand on fait absorber les hématies de l'oie par l'entoderme des planaires (fig. 22).

Quelques phagocytes s'attaquent tout d'abord au noyau et respectent, pendant plusieurs jours, le reste

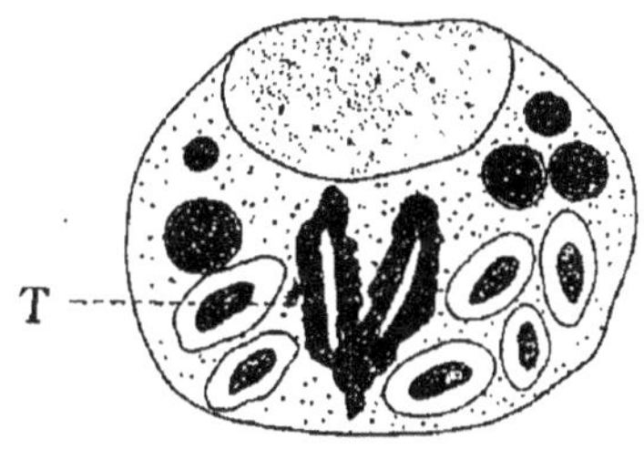

Fig. 22. — Macrophage de la cavité péritonéale du cobaye 22 heures après l'injection de sang d'oie. Digestion des hématies. Les noyaux de la plupart d'entre elles fixent l'hémoglobine. Dans les formes « en tonneau » le noyau, primitivement attaqué, demeure incolore (T) — d'après Metchnikoff.

de la cellule ; il s'ensuit un aspect spécial, en forme de tonneau, qui permet de reconnaître partout les leucocytes (mononucléaires) chargés d'hématies (fig. 22). Voici le sort de ces dernières : après 3 à 4 jours aucune ne demeure libre. Au sein de l'épiploon, d'apparence rouillée, on trouve des globules blancs remplis de débris caractéristiques. On trouve aussi de pareilles images, quand on examine les ganglions mésentériques, le foie, la rate, le sang de la circulation générale. Les éléments englobés sont donc transportés dans le système lymphatique, puis dans le système sanguin. Il ne faudrait pas croire que c'est là une conséquence forcée de l'injection intrapéritonéale : le carmin introduit en pleine séreuse s'y localise exclusivement (Ricoux). La phagocytose des hématies d'oie se fait presque uniquement à l'aide des mononucléaires. Les mononucléaires (mobiles ou fixes) sont surtout des mangeurs de cellules (macrophages), les polynucléaires surtout des mangeurs de microbes (microphages).

(C) *Sécrétions.*

Très variées. Nous insisterons principalement sur les alexines (lysines, ou substances bactéricides), auxquelles est due la mort des cellules englobées. Puis, nous dirons quelques mots des agglutinines et de diverses diastases. Il ne sera question ici que des sécrétions propres aux phagocytes mobiles (seules connues aujourd'hui).

SÉCRÉTION DES ALEXINES

M. Nuttall a démontré, le premier, que le sang défibriné de certains vertébrés est microbicide vis-à-vis de la bactéridie charbonneuse, et que cette action antiseptique disparaît par chauffage à 55°. Il s'agit bien là, d'après lui, d'une propriété humorale, puisque la sérosité oculaire du lapin détruit également la bactéridie.

M. Buchner, s'emparant de la question, lui a consacré de nombreux travaux. Il admit tout d'abord que le pouvoir bactéricide (dû à des substances qu'il nomma alexines) appartient au plasma lui-même. M. Denys ayant établi que les leucocytes constituaient la source unique des alexines, M. Buchner adopta cette manière de voir, mais soutint que les principes microbicides sont excrétés par les globules blancs vivants. M. Metchnikoff a prouvé au contraire que, seule la destruction des leucocytes permet l'issue des lysines.

Nous étudierons tour à tour les alexines du sérum et celles des leucocytes (comme nous avons étudié les diastases et toxines, extra et intracellulaires). Nous rapprocherons ensuite de ces substances microbicides les substances globulicides (ou lysines des hématies). On sait, depuis les travaux de M. Buchner, que le sérum de divers animaux jouit de la faculté de dissoudre les globules rouges d'autres espèces.

Enfin, nous mentionnerons l'action si curieuse du sérum de rat blanc sur la bactéridie charbonneuse.

1° **Substances bactéricides.** — A. LYSINES DU SÉRUM. — De nature inconnue, mais très voisines, certainement, des diastases. Détruites par le chauffage (55°); résistant aux basses températures ; rendues inefficaces par la dialyse (l'addition de sels au sérum dialysé fait reparaître l'activité) ; retenues partiellement par les filtres. Précipitables par l'alcool ; le précipité, redissous dans l'eau (suffisamment riche en sels), fournit un liquide aussi bactéricide que le sérum originel. L'action bactéricide débute à 2°, s'exalte progressivement vers 35°-40° (optimum) et fléchit rapidement au-dessus de cette température. En augmentant le titre salin des humeurs, on diminue leur sensibilité à la chaleur (Nuttall — Buchner).

Les lysines peuvent tuer les microbes sans les modifier extérieurement, c'est le cas le plus fréquent. Mais, parfois, elles altèrent la forme d'une manière caractéristique. Ainsi, on voit certains sérums normaux métamorphoser les vibrions en granules. Parfois aussi, l'acte microbicide est précédé d'agglutination (ubi infra).

Les alexines sont capables de s'attaquer aux spores elles-mêmes ; le sérum du lapin détruit celles du b. subtilis (Halban. Podbelsky).

L'influence bactéricide est d'autant moins marquée que le nombre des microbes est plus considérable. Les microbes fixent en effet les principes nocifs, comme ils fixent les antiseptiques, en vertu d'un véritable phénomène de teinture. Ils appauvrissent donc le liquide. Ce fait a été mis hors de doute par M. Bordet (sérums antihématiques normaux et spécifiques — sérums antimicrobiens spécifiques) et par M. Bail (sérums antimicrobiens normaux). M. Bail a prouvé que le vibrion cholérique, en se développant dans le sérum du lapin, lui enlève une partie de ses propriétés bactéricides (vis-à-vis du vibrion cholérique). Il est inutile de recourir aux organismes vivants pour établir la fixation des lysines. Les bactéries tuées (par la chaleur, l'éther ou le chloroforme) dépouillent les humeurs de leurs substances nuisibles. Cette spoliation est proportionnelle à la quantité des germes. Elle a lieu presque instantanément. Plus un microbe vivant se montre sensible à l'action d'un sérum, moins il faut de ce microbe pour abaisser le titre bactéricide. Les cultures filtrées, comparées aux corps bactériens, sont bien peu actives. La « teinture en alexine » est spécifique, car les humeurs, rendues inoffensives vis-à-vis de tel organisme, conservent leurs propriétés vis-à-vis des autres. En abandonnant quelques heures à 37° le mélange de sérum et de microbes morts (devenu totalement indifférent) on voit réapparaître une certaine proportion de lysines : la teinture n'était pas très solide (Bail).

Les bactéries s'accoutument aux alexines, quand on fait les premiers passages avec de fortes doses (afin d'appauvrir le milieu et d'augmenter le nombre des germes qui, survivant à l'action microbicide, assurent la persistance de l'espèce). Nous connaissons déjà l'exemple du bacille typhique et de l'humeur aqueuse du lapin. On peut citer aussi celui de la bactéridie charbonneuse. Il est possible d'adapter les bactéridies asporogènes à l'humeur aqueuse du lapin, en faisant des cultures successives dans du bouillon additionné d'une proportion croissante de sérosité. Il est bien plus facile d'ensemencer simplement des spores ; à mesure que celles-ci germent, les bactéridies mycéliennes, in statu nascendi, s'acclimatent au milieu qui les eût tuées adultes.

Les alexines proviennent des leucocytes. Les preuves abondent ; en voici quelques-unes. Le sérum, affaibli par filtration, reprend son activité si on lui restitue des globules blancs (addition d'un peu d'exsudat leucocytaire) — le sérum des animaux chez lesquels on a provoqué l'hypoleucocytose (injection intraveineuse de microbes, de toxines, de poudres

inertes) est moins bactéricide que le sérum normal —
tandis que le sérum du lapin détruit les spores du
subtilis, le liquide d'œdème et l'humeur aqueuse se
montrent inactifs. A propos de l'humeur aqueuse,
bactéricide dans certains cas, il convient d'admettre
que son principe antimicrobien ne provient point des
leucocytes : cette exception n'a, du reste, aucune
importance.

Les lysines ne sont pas excrétées par les globules
vivants. Nous le démontrerons avec M. Metchnikoff
en parlant du « phénomène de Pfeiffer ». Dès maintenant signalons ce fait caractéristique, que le subtilis
se développe parfaitement dans le péritoine du lapin
quand on se sert des sacs de collodion. Il n'y a donc
pas de lysines libres, au sein des humeurs, chez
l'animal vivant.

Nous voici amenés à l'étude des alexines des leucocytes.

B. Lysines des leucocytes. — Quand on injecte,
dans la plèvre du lapin, de la bouillie d'aleurone, des
nucléines, des staphylocoques tués par la chaleur
(2 heures à 70°), etc., on détermine d'abondants
exsudats. Nous savons que ceux-ci, ajoutés à un
sérum affaibli, font remonter son titre bactéricide. En
général, les exsudats se révèlent plus actifs que le
sérum du même animal ; il ne faut cependant point
généraliser : les épanchements du lapin sont supérieurs au sérum vis-à-vis du b. coli, du b. typhique,
du staphylocoque..., inférieurs vis-à-vis du vibrion
cholérique. L'épanchement total est ordinairement
plus microbicide que sa sérosité (le vibrion cholérique fait naturellement exception). On conçoit que

les leucocytes l'emportent habituellement sur les humeurs, puisqu'ils constituent la source des alexines. M. Schattenfroh s'est occupé de l'action microbicide des globules blancs, lavés avec l'eau physiologique. Il a constaté que, dans leur intérieur, les alexines, mieux protégées, se montrent plus résistantes à la chaleur et à la dessiccation. Exemple : à 60° (1/2 heure), le plasma d'exsudat perd ses propriétés, l'exsudat complet n'est pas sensiblement touché.

Plusieurs auteurs ont préparé des « extraits leucocytaires ». Un moyen très simple consiste à faire geler et dégeler 2 ou 3 fois l'épanchement total, puis à le laisser un ou deux jours dans la glacière : les alexines sont abondamment mises en liberté.

M. Löwit propose de triturer les leucocytes avec de la poudre de verre. Il pense avoir ainsi obtenu un extrait résistant à 100°. M. Schattenfroh a montré que l'action d'un tel extrait s'explique exclusivement par l'alcalinité de la poudre de verre. En broyant les ganglions lymphatiques du bœuf avec du sable quartzeux on ne récolte d'ailleurs rien de bon.

M. Schattenfroh recommande donc d'autres méthodes. On peut chauffer les leucocytes, lavés et suspendus dans l'eau physiologique, à 55°-60° pendant une demi-heure — on peut aussi faire geler et dégeler 2 à 3 fois les mêmes leucocytes (lavés) dans du plasma d'exsudat rendu inactif (au moyen du chauffage), puis on abandonne 2 à 3 jours le mélange au froid ; il ne faut pas que l'extrait soit trop concentré, car il existe un optimum de dilution — on peut enfin laisser macérer, 2 à 3 heures vers 37°, les leucocytes desséchés et triturés dans l'eau physiologique. Pour M. Schattenfroh, la force des extraits globulaires (tels quels, ou filtrés sur papier) ne dépend pas du titre salin ; c'est là une différence avec les alexines du sérum. On remplacera donc sans inconvénient la solution de sel à 0,75 pour 100 par l'eau distillée.

En soumettant les leucocytes à l'action de la leuco-cidine, M. Bail obtient un extrait qui supporte, comme ceux de M. Schattenfroh, des températures susceptibles de détruire les alexines du sérum. Faut-il donc admettre deux espèces de lysines ? faut-il admettre des « prolysines ? » Évidemment non, puisque nous savons que la résistance des diastases est intimement liée aux conditions ambiantes.

Concluons de cette étude rapide des substances bactéricides que celles-ci sont sécrétées et retenues normalement par les leucocytes (comme la zymase par la cellule de levure), — que la leucolyse constitue la condition sine qua non de leur mise en liberté — que cette mise en liberté n'est jamais totale, et qu'il reste toujours des lysines fixées au protoplasme.

Nous prévoyons déjà que la destruction des bactéries ne saurait être extracellulaire in vivo que dans le cas de leucolyse. Nous ajouterons qu'il n'y a aucun rapport entre la quantité d'alexines extraites d'un leucocyte et celle qu'il sécrète quand il est excité par un élément englobé.

2° **Substances globulicides.** — Le sérum d'un animal peut dissoudre les hématies d'une ou de plusieurs autres espèces (jamais celles de la même espèce). Voici quelques exemples, empruntés à M.

Bordet. Le S. de la poule dissout fortement les H. du lapin, moyennement les H. du rat, faiblement les H. du cobaye. — Le S. du chien dissout fortement les H. de la poule, faiblement les H. du cobaye. — Le S. du cobaye dissout fortement les H. de l'homme et de la poule. — Le S. du lapin dissout moyennement les H. du cobaye, faiblement les H. de la poule, de l'homme et du rat.

Les substances globulicides ne diffèrent en rien des substances bactéricides. Aussi est-on d'accord pour les identifier.

M. Schattenfroh a noté, ici encore, des différences entre les lysines du sérum et celles des leucocytes. Par exemple, le sérum du lapin détruit les H. du cobaye, tandis que les globules blancs sont inactifs. C'est affaire de milieu simplement.

3° **Action du sérum de rat blanc sur la bactéridie charbonneuse (Behring, Metchnikoff et Roux, Sawtchenko).** Le sérum du rat blanc contient une lysine spéciale qui jouit de la propriété de dissoudre la bactéridie charbonneuse. En observant le mélange de sérum et de bacilles maintenu à 37° voici ce que l'on constate. Après 10 à 15 minutes, les bactéridies ont augmenté de volume et sont devenues granuleuses ; après une heure, il n'existe plus que des grains libres ; après 7 heures, les réensemencements peuvent être déjà stériles ; enfin, après 24 heures, le microscope ne révèle aucune forme visible.

Faisons maintenant une série de préparations, colorées au bleu de méthylène phéniqué. Elles nous montreront d'abord des bacilles gonflés, plus ou moins arrondis, lesquels, primitivement teintés en bleu, passeront au violet de la périphérie vers le centre, — puis des amas de granules violets, dont le nombre diminuera progressivement.

Le premier vaccin est plus sensible que le second à l'action dissolvante, le second plus sensible que le microbe virulent. Le sérum chauffé à 61° est encore actif vis-à-vis du premier vaccin.

Mêmes réflexions que pour les alexines, en ce qui concerne le résultat des ensemencements massifs (fixation du principe nocif et développement des germes épargnés) et l'accoutumance (cultures successives dans des milieux où l'on augmente la proportion de sérum).

Le liquide d'œdème n'est nullement dissolvant. La lymphe péritonéale se comporte comme le sérum. Si l'on provoque la formation d'un exsudat intra-abdominal, on constate que celui-ci n'est pas plus bactéricide que le sérum du sang (alors même que les leucocytes y seraient infiniment supérieurs en nombre). Ceci prouve que la lymphe péritonéale doit exclusivement ses propriétés aux mononucléaires normaux de la cavité séreuse.

Les sérums du cobaye et du chien se montrent inactifs vis-à-vis de la bactéridie ; le sérum du pigeon peu nuisible, le sérum du cheval très dissolvant.

SÉCRÉTION DES AGGLUTININES

Les sérums normaux contiennent, en dehors des lysines et indépendamment d'elles, des substances dites agglutinantes qui ont, comme l'indique leur nom, la propriété de rassembler en amas les cellules éparses au sein des liquides.

On distingue des agglutinines microbiennes et des agglutinines globulaires (hématies).

Exemple des premières : le sérum de cheval agglomère les vibrions cholériques.

Exemples des secondes (Bordet) : le S. du cobaye agglutine moyennement les H. du lapin et de la poule ; faiblement les H. du rat. — Le S. du lapin agglutine faiblement les H. du cobaye, de l'homme, de la poule, du rat. — Le S. de la poule agglutine fortement les H. du chien, du rat, du lapin ; moyennement les H. du pigeon ; faiblement les H. du cobaye. — Le S. du pigeon agglutine faiblement les H. de l'homme, du lapin, de la poule. — Le S. du chien agglutine moyennement les H. du rat et du lapin ; faiblement les H. du cobaye et de la poule. — Le S. du rat agglutine faiblement les H. du lapin et du cobaye. — Le S. de la chèvre agglutine fortement les H. du rat ; moyennement les H. du cobaye, du lapin, de la poule.

Le chauffage à 55°, qui détruit les alexines, respecte les agglutinines. Si donc on porte à 55° le sérum de poule, lequel dissout et agglomère les hématies du lapin, la propriété dissolvante aura seule disparu. Les agglutinines se fixent sur les cellules sensibles à leur action. On peut accoutumer les microbes aux substances agglutinantes.

SÉCRÉTIONS DIVERSES

En dehors des enzymes digestifs, bactéricides et

agglutinants, les leucocytes sécrètent normalement plusieurs diastases, dont l'histoire appartient à la physiologie. Les principales sont : la plasmase, la thrombase, les oxydases et le ferment glycolytique.

Nous étudierons plus loin les sécrétions liées à l'immunité.

Les phénomènes d'assimilation ne sauraient trouver place ici. Nous laisserons donc de côté tout ce qui se rattache à la production des granules d'Ehrlich, du glycogène, etc...

Bornons-nous à indiquer que les leucocytes fixent les poisons et les toxines, les principes antimicrobiens et antitoxiques. Ce pouvoir fixateur sera démontré ultérieurement par de nombreuses expériences.

CHAPITRE II

On doit considérer l'infection comme un mode particulier d'agression. Telle est la conception formulée par M. Metchnikoff. Cet auteur a montré que des agents fort voisins peuvent, suivant les cas, se comporter comme des agresseurs purs et simples, ou comme des parasites au vrai sens du mot. Ainsi, dans le groupe des acinétiens, on rencontre des genres qui attaquent les infusoires ciliés pour sucer leur contenu (sphœrophrya magna) et d'autres genres, plus petits, qui pénètrent au sein de ces mêmes infusoires pour y mener la vie parasitaire (sphœrophrya paramœciorum).

L'organisme attaqué se défend. Il en résulte une lutte, parfois fort complexe comme apparence, mais toujours simple comme mécanisme intime : c'est l'inflammation.

I. — *Infection.*

Nous nous bornerons à une revue rapide, car l'histoire générale de l'infection, — qui comprend la plus grande partie de la médecine, — se trouve développée dans tous les ouvrages classiques.

1° **Nature des agents infectieux.** — Les uns, et c'est la majorité, appartiennent aux protophytes, les autres aux animaux inférieurs. Les moisissures occasionnent des maladies variées, selon leur espèce et leur siège ; citons simplement : les teignes de l'homme, des mammifères et des oiseaux, — la pseudotuberculose aspergillaire, — les muscardines de plusieurs insectes. Les levures produisent ; le muguet humain, la lymphangite épizootique du cheval, etc... Les affections bactériennes se montrent infiniment variées ; nous en rencontrerons des exemples à chaque instant. Les amibes semblent bien la cause de la dysenterie (Marchoux). Nous avons déjà signalé le rôle des micro et des myxosporidies et le pouvoir toxigène des sarcosporidies. Les coccidies habitent les cellules d'une quantité considérable d'animaux. Quant aux hématozoaires, parasites du plasma (trypanosomes) ou des globules rouges (organismes de la malaria, de la fièvre du Texas), leur importance apparaît de jour en jour plus notable. Indiquons, dès maintenant, que, seuls, les protozoaires sont susceptibles d'envahir les éléments non phagocytaires. Il existe, à la vérité, une exception, constituée par certains bacilles parasites des hématies de la grenouille (Kruse, Laveran), mais elle n'est pas pour infirmer la règle.

2° **Leur provenance.** — Les sources de l'infection sont multiples. Les pathogènes, qui vont attaquer l'économie, peuvent provenir directement d'un sujet malade (appartenant à la même espèce ou à une espèce différente) ; ils peuvent aussi provenir de l'économie. A la surface de la peau et de diverses muqueuses végètent normalement de nombreux microbes; s'ils franchissent les diverses barrières épithéliales (munis d'un degré suffisant de virulénce), ils détermineront ce qu'on appelle une auto-infection — mot qu'on ne doit pas prendre à la lettre, car toute invasion parasitaire est fatalement une hétéro-infection. Ils peuvent enfin provenir soit du milieu extérieur (air, eaux, sol, objets variés, aliments), soit de l'organisme de certains invertébrés (insectes et arachnides principalement). Quelques détails fixeront les idées.

CONTAGION DIRECTE. — Il existe tous les intermédiaires entre les contagions subtiles, comme celle de la rougeole, et les inoculations brutales, comme la morsure d'un chien enragé.

AUTO-INFECTION. — Le colibacille de l'intestin est capable de donner des entérites, des angiocolites... Le pneumocoque et le streptocoque des premières voies engendreront des otites, des pneumonies et bronchopneumonies... Le staphylocoque de la peau provoquera des folliculites, des furoncles et anthrax...

CONTAGION PAR L'AIR. — Les produits pathologiques desséchés (fausses membranes diphtériques, croûtes varioliques) demeurent plus ou moins longtemps virulents, suivant une foule de conditions. Ils ne constituent pas d'ailleurs les seuls facteurs de la contamination qui nous occupe. M. Flügge et ses élèves ont démontré, en effet, que les tuberculeux sont surtout dangereux par les fines particules de salive infectée qu'ils projettent en parlant, toussant, éternuant. Les crachats secs (dans lesquels le bacille

de Koch se conserve aisément 10 mois et davantage)
n'auraient qu'un rôle contestable dans la propagation
de la tuberculose (inhalation). Il en va sans doute de
même pour beaucoup d'autres affections.

CONTAGION PAR LES EAUX. — Les parasites stricts se
conservent un temps variable au sein des eaux (le bacille tuberculeux, au moins 120 jours; le bacille
diphtérique de 9 à 30 jours, selon que l'eau est im-
pure ou non) mais ne sauraient s'y multiplier. Les saprophytes facultatifs s'adaptent à la vie aquatique
lorsqu'ils peuvent surmonter les obstacles qu'ils rencontrent : changement de milieu, action de la
lumière et de la sédimentation, alimentation souvent
insuffisante, et, surtout, concurrence vitale. Aussi
Aoyons-nous les eaux justement incriminées dans la
propagation du choléra, de la fièvre typhoïde, de
plusieurs diarrhées.

CONTAGION PAR LE SOL. — Certains parasites sont
des hôtes du sol (b. tétanique, vibrion septique);
d'autres s'y acclimatent, au point de l'infecter durant des années (bactéridie charbonneuse); d'autres,
enfin, y doivent accomplir une partie de leur évolution (coccidium oviforme du lapin). Les pathogènes
stricts n'y prospèrent pas, bien entendu. Les microbes de la terre pénètrent dans l'organisme de différentes façons, notamment par effraction (b. tétanique, v. septique) et par ingestion (b. charbonneuse,
c. oviforme). On ne sait pas jusqu'à quel point
diverses bactéries, telles que le b. typhique et le vib.
cholérique sont susceptibles de s'adapter au sol,
mais on sait qu'ils y persistent parfois plusieurs
mois.

CONTAGION PAR LES OBJETS. — Très fréquente. On gagne la syphilis en fumant la pipe d'un individu atteint de plaques muqueuses buccales ; on s'inocule la pustule maligne en faisant usage d'une brosse dont les crins recèlent des spores charbonneuses.

CONTAGION PAR LES ALIMENTS. — Les aliments représentent tantôt de véritables produits pathologiques (viandes septiques, lait tuberculeux), tantôt des milieux de culture où se développeront des organismes pathogènes et surtout toxigènes (b. botulinus des viandes, bacilles de Flügge du lait). Ils peuvent, de plus, remplir l'office d'intermédiaires inanimés (légumes souillés par les microbes du sol ou des eaux).

CONTAGION PAR LES INSECTES ET ARACHNIDES. — Nombre d'insectes et d'arachnides, capables de sucer le sang de l'homme et des animaux, ou de s'alimenter sur les cadavres et les déjections, deviennent par là même des agents de contamination. Ils peuvent aller infecter les aliments ou les objets, mais, d'ordinaire, ils inoculent directement le virus dont ils sont porteurs (piqûre).

Le mécanisme de la contagion n'est pas aussi simple qu'on pourrait le croire tout d'abord. Rarement on a affaire à un simple transfert ; le plus souvent les parasites se développent dans l'organisme des invertébrés. C'est ainsi qu'on a rencontré des spores charbonneuses chez divers coléoptères recueillis à la surface des peaux d'animaux (Proust, Heim). Les microbes ingérés tuent parfois les insectes (M. Yersin a établi que le bacille pesteux est pathogène pour les mouches).

13.

Parmi les maladies transmises par piqûre, nous citerons la peste, la fièvre récurrente et l'affection de la mouche Tsé-tsé (ou nagana). La peste est proprement une infection du rat. Elle se propage d'habitude, du rat au rat et du rat à l'homme au moyen des puces. (Simond). Une fois sorti de l'organisme humain ou animal, le bacille d'Yersin ne survit peut-être qu'en se multipliant dans le corps des insectes (puces, punaises). Le spirille, strictement pathogène, du typhus à rechutes, persiste très probablement chez les punaises. Enfin plusieurs mouches, du genre glossina, convoient exclusivement le trypanosome de la nagana.

Parfois le parasite accomplit, comme nous le savons déjà, une partie de son évolution au sein des invertébrés (coccidie du paludisme et hématozoaires voisins). Parfois même, cette évolution est encore plus complète. Le piroplasma bigeminum (de la fièvre du Texas) en offre un curieux exemple. Les tiques (boophilus bovis — famille des arachnides) sucent le sang des bœufs infectés par cet hématozoaire. Puis elles tombent, pondent une semaine (ou plus) après leur chute, et meurent. Les larves éclosent ensuite (20-45 jours), se transportent sur de nouveaux bœufs et les infectent. Le parasite s'est donc transmis héréditairement d'une génération de tiques à la suivante. (Smith et Kilborne — Pound — Hunt — Koch).

3° **Leur pénétration et leur sort dans l'organisme.** — Les microbes sont capables de s'introduire par tous les points de l'organisme, mais la porte d'entrée, ainsi que nous le verrons, n'est pas indifférente.

La pénétration une fois accomplie, plusieurs éventualités sont possibles. Voici les principales.

1° Le parasite se trouve détruit presque immédiatement : l'infection est tuée dans l'œuf.

2° Le développement reste local et éphémère, mais, par ses sécrétions, le microbe détermine des phénomènes toxiques (bacille tétanique).

3° Le développement reste encore local ; toutefois, il se continue assez longtemps pour engendrer des lésions. Tantôt il s'agit d'organismes très toxigènes (b. diphtérique, vib. cholérique), tantôt on a affaire à des agents infectieux au sens courant du mot (streptobacille du chancre mou, bactéries des conjonctivites aiguë et subaiguë). La maladie est rapide ou lente suivant les circonstances.

4° Le pathogène est de ceux qui peuvent se généraliser, mais les conditions de l'infection le localisent au point de pénétration (abcès chauds, abcès froids).

5° Le parasite évolue d'abord localement, puis il se généralise, par la voie lymphatique, la voie sanguine, ou les deux. La propagation lymphatique est la moins rapide, car le virus rencontre dans chaque ganglion un obstacle à sa diffusion. Des lymphangites et adénites (farcin aigu, farcin chronique) traduisent parfois aux yeux le cheminement du microbe. Si celui-ci franchit les barrières échelonnées sur sa route, il aboutit en fin de compte à la circulation générale. La propagation sanguine, primitive ou secondaire, est suivie d'effets différents : tantôt le pathogène se trouve vite détruit, tantôt il se localise en certains points de l'économie et occasionne des « métastases », tantôt enfin il se multiplie librement

dans le sang et amène une mort rapide par septicémie. Faut-il citer des exemples? Chacun connaît la
marche variable des principales infections aiguës
(pneumococciques, streptococciques, staphylococciques...) ou chroniques (tuberculose, morve).

6° Le microbe ne peut vivre qu'à l'état d'agent
septicémique : c'est un parasite hématique pur (hématozoaires du paludisme, de la fièvre du Texas, etc.,
trypanosomes, spirilles de la fièvre récurrente et de
la maladie des oies de Sakharoff). L'affection est
aiguë ou chronique selon les cas.

7° Le parasite ne peut végéter que dans le système
nerveux. Il se propage le long des nerfs, sans donner de lésion au point inoculé, et finit par gagner
les centres où il se développe abondamment (rage).

8° Le pathogène, électif quant à son habitat, se
rend dans certaines cellules qui lui conviennent exclusivement et accomplit là tout ou partie de son évolution (protozoaires — les hématozoaires seraient
peut-être mieux placés ici).

En résumé, le sort des microbes se montre fort
variable. Suivant leur nature et celle de l'organisme
attaqué, on observe des accidents aigus (choléra des
poules) chroniques (lèpre) ou tantôt aigus, tantôt
chroniques (tuberculose, morve). Les parasites peuvent-ils s'éliminer par les glandes? Oui, mais à la
condition d'y déterminer préalablement des lésions.
On rencontre, dans l'urine, le bacille typhique, la
bactéridie charbonneuse... dans le lait, le bacille tuberculeux... dans la bile certains pathogènes, etc...
la présence du virus rabique, dans la salive, reconnaît une cause spéciale : le cheminement centrifuge

de l'agent pathogène, le long des nerfs qui vont aux glandes salivaires.

Notons que les sujets infectés succombent parfois après disparition complète des parasites. Cela tient à la quantité de toxine élaborée pendant la vie des microbes. Le tétanos en fournit un exemple typique. De même, quand on inocule des doses limites de divers virus, il n'est pas rare de voir les animaux mourir à la longue avec des symptômes cachectiques; l'ensemencement du sang et des organes donne alors des résultats négatifs.

4° **Conditions de l'infection.** — Les unes tiennent au microbe, les autres à l'organisme, les dernières au mode d'infection. Nous les examinerons brièvement, en nous attachant à ne pas empiéter sur un sujet très voisin (ubi infra, — Moyens de vaincre l'immunité naturelle). Puis nous mentionnerons les conditions qui localisent les infections.

CONDITIONS TENANT AU MICROBE. — Ce sont, avant tout, le degré de virulence et la dose. Plus la virulence est grande et plus il y a de tendance septicémique (pour les microbes susceptibles de généralisation, cela va de soi). Inversement, l'importance de la lésion locale décroît ordinairement à mesure qu'augmente l'activité du virus. Inoculons sous la peau de l'oreille des lapins une série de streptocoques de moins en moins virulents. Voici la gamme descendante que nous observerons : septicémie rapide, avec léger œdème hémorragique au point inoculé ; cet œdème est quelquefois à peine appréciable — érysipèle type suivi de septicémie — érysipèle sans scepticémie (les animaux peuvent mourir cachectiques après plusieurs semaines) — abcès local, compliqué ou non de cachexie ultérieure — induration transitoire, toujours bénigne — érythème fugace (Achalme). — L'augmentation des doses ne produit pas forcément les mêmes effets que l'augmentation de la virulence ; on l'oublie peut-être trop volontiers.

Conditions tenant a l'organisme. — 1º *Conditions physiologiques*. — L'espèce a une influence prépondérante : les animaux à sang froid résistent presque constamment aux maladies des animaux à sang chaud — dans une même espèce les races présentent assez souvent de grandes différences de réceptivité : le charbon et la clavelée, redoutables pour les moutons français, n'occasionnent guère de pertes chez le bétail algérien — l'âge offre son importance : les jeunes animaux, si sensibles vis-à-vis de la plupart des infections, se montrent dans certains cas réfractaires : les porcelets, au-dessous de 3 à 4 mois, ne contractent pas le rouget — la prédisposition individuelle est bien connue des médecins et des expérimentateurs — enfin, l'état gravide favorise l'envahissement de l'organisme.

2º *Conditions pathologiques*. — Nous les retrouverons plus tard. Elles rendent toutes l'économie plus vulnérable.

Conditions tenant au mode d'inoculation. — L'observation, et surtout l'expérience, nous montrent ce qui suit. L'inoculation intracérébrale est ordinairement la plus grave ; l'inoculation dans la chambre antérieure et dans les séreuses se révèle presque toujours comme très sévère ; on peut toutefois, d'après Manfredi et Viola, vacciner les cobayes et les lapins contre le charbon en employant la voie intra-oculaire ; d'autre part l'injection de cow-pox dans les séreuses engendre l'état réfractaire — l'inoculation intraveineuse, fréquemment redoutable, confère assez souvent l'immunité (clavelée, péripneumonie, charbon symptomatique, septicémie de Pasteur, rage chez les herbivores) — l'inoculation intramusculaire convient aux anaérobies. — il en va tout autrement des scarifications ; celles-ci, à leur tour, constituent quelquefois la seule ressource (cow-pox).

En matière d'inoculations, il ne faut pas confondre infection et maladie. Le vibrion cholérique, quand il se développe dans le tube digestif de l'homme, du spermophile et des jeunes rongeurs, produit le choléra type. Injecté sous la peau, dans les séreuses... il ne donne rien de semblable, quelles que soient d'ailleurs les manifestations qui peuvent s'ensuivre. Ceci nous conduit à étudier les localisations de l'infection.

CIRCONSTANCES QUI LOCALISENT L'INFECTION. — Quelle est la part du virus ? Certains microbes ont une électivité absolue pour tel ou tel système organique. Le claveau, injecté dans la trachée du mouton, se rendra toujours aux téguments ; le virus péripneumonique, inoculé sous la peau des jeunes bovidés, ira se fixer exclusivement sur les séreuses ; le horsepox introduit dans les veines des poulains n'engendrera que des déterminations cutanéo-muqueuses. Certaines races de microbes possèdent les mêmes tendances, à un degré plus ou moins marqué. Le colibacille de MM. Gilbert et Lyon aime l'endocarde et l'endartère, un staphylocoque, isolé par MM. Bezançon et Griffon, provoque presque fatalement des lésions articulaires. Enfin, on voit plusieurs pathogènes acquérir de l'affinité pour un système donné lorsque leur virulence vient à baisser. Le pneumocoque, médiocrement actif, attaquera volontiers les articulations (Bezançon et Griffon). — Quelle est la part de l'organisme? Les animaux jeunes sont prédisposés aux ostéomyélites de par le surcroît de nutrition (véritable inflammation physiologique) qui se manifeste au niveau des têtes osseuses. L'expérimentation est ici superposable aux faits cliniques ; si l'on injecte, en effet, dans les veines de jeunes lapins un staphylocoque modérément virulent, il se localisera vers les épiphyses (Lannelongue et Achard). Tous les lieux de moindre résistance, tous les organes surmenés constituent des points d'appel pour les agents infectieux. — Quelle est la part du mode d'inoculation? Ce qui précède prouve que tous les microbes ne se fixent pas forcément à l'endroit où on les dépose. Certaines lésions seront réalisées par un procédé quelconque d'infection ; d'autres par un mode déterminé (choléra, érysipèle), plusieurs échapperont à la reproduction expérimentale (péripneumonie) — quelques-unes, enfin, ne seront provoquées que par un artifice. En traumatisant les articulations des animaux tuberculeux, on obtient parfois l'éclosion de tumeurs blanches (Max Schüller) ; en lésant les jointures, les os, les valvules cardiaques... des sujets qui viennent de subir une injection intraveineuse, on parvient parfois aussi à engendrer les altérations locales désirées.

5° **Manifestations de l'infection.** — L'infection se traduit par des signes et des lésions. Les décrire, les énoncer même sommairement, nous entraînerait sans profit hors de notre sujet. Nous renvoyons à l'excellent ouvrage de M. Roger (Introduction à l'étude de la médecine), où toutes ces questions générales sont présentées avec clarté et compétence.

Au point de vue clinique, rappelons les modalités infinies de l'évolution morbide : aiguë ou chronique — cyclique ou irrégulière — intermittente ou continue. Notons les différences profondes qui séparent une affection « disciplinée » comme la syphilis, d'une affection protéiforme comme la tuberculose. Signalons encore les crises, les rechutes, les récidives de certaines infections.

Au point de vue anatomique le tableau n'est pas moins varié. Il est des maladies qui n'engendrent pas de lésions apparentes ; d'autres sont exprimées par la congestion généralisée des organes ; il peut s'y joindre de l'hypertrophie splénique (septicémies), des ecchymoses multiples (septicémies hémorragiques)... Voilà pour les lésions d'ensemble ; les altérations locales appartiennent à plusieurs catégories qu'il suffira d'énumérer.

1° EXSUDATIONS SÉREUSES. — Sans éléments figurés. Exemple : l'œdème charbonneux, les épanchements pleuraux citrins.

2° CATARRHES (muqueux et mucopurulents). — Caractérisés par la congestion, l'hypersécrétion glandulaire, les altérations épithéliales, avec infiltration leucocytaire plus ou moins abondante. Souvent provoqués par des microbes qui ne se développent qu'en surface (gonocoque).

3° FAUSSES MEMBRANES. — Il faut distinguer entre

celles des muqueuses (diphtérie), qui se reproduisent et s'étendent tant que l'agent pathogène demeure présent, puis se désagrègent et sont éliminées — et celles des séreuses, liées à une inflammation fibrino-purulente (pleurésie purulente pneumococcique), qui s'organisent toujours, ne fût-ce que partiellement.

4° SUPPURATIONS. — Exsudats leucocytaires, aboutissant à la liquéfaction. On peut les observer sous forme métastatique (pyohémie). La suppuration reconnaît des causes multiples : microbes vivants bactéries, moisissures, levures, amibes (abcès dysentériques), microbes morts (Pasteur et Joubert), substances chimiques. Elle peut évoluer rapidement ou lentement. Dans ce dernier cas il n'est pas rare de voir le foyer d'infection devenir stérile : l'effet survit à la cause.

5° GANGRÈNES. — Primitives, ou dépendant d'une oblitération vasculaire. La gangrène, c'est la nécrose compliquée de putréfaction ; c'est la pourriture in vivo. Les anaérobies stricts (vibrion septique, b. Chauvœi) et divers anaérobies facultatifs sont les agents de cette fermentation de la matière vivante.

6° GRANULOMES (Tuberculose et pseudo-tuberculoses). — Nodules leucocytaires, aboutissant suivant les cas : à la sclérose, à la calcification, à la caséification suivie de ramollissement aigu ou chronique (la sclérose peut interrompre, curativement, l'évolution caséeuse à ses divers stades). Les granulomes sont dépourvus de vaisseaux.

7° SCLÉROSE. — Toute lésion un peu accentuée se termine par sclérose. Le tissu inodulaire, pauvrement irrigué et essentiellement rétractile, offre les avantages et aussi les inconvénients bien connus des cicatrices. Certaines infections évoluent électivement vers la fibrose (rhinosclérome).

8° DÉGÉNÉRESCENCE AMYLOÏDE. — On sait que cette curieuse transformation de la trame conjonctivo-vasculaire est fréquente au cours des cachexies.

Pendant que se manifestent les exsudations séreuses et leucocytaires et qu'évoluent les altérations mentionnées plus haut, les cellules fixes sont le siège de modifications variées : dégénérescences granuleuse, graisseuse (qu'on ne doit pas confondre avec la surcharge graisseuse), granulo-graisseuse, vacuolaire, susceptibles de guérison parfois complète, mais souvent partielle (atrophie) — dégénérescences cireuse, vitreuse (nécrose de coagulation de Weigert), caséeuse, absolument irréparables. Dans les infections il n'est pas rare d'observer une atrophie primitive des cellules, due à des troubles mécaniques ou nutritifs.

6° **Infection héréditaire.** — La variole, le charbon... peuvent passer de la mère au fœtus. Ce n'est pas là ce qu'il convient d'appeler infection héréditaire. Pour qu'il y ait hérédité vraie, il faut qu'un des générateurs soit déjà malade avant la procréation. L'influence paternelle n'est démontrée que dans la syphilis ; l'influence maternelle se manifeste dans les cas d'ailleurs très rares, de tuberculose fœtale. Mais le plus bel exemple de transmission nous est fourni par l'histoire de la pébrine des vers à soie, où l'agent pathogène pénètre en plein ovule, et peut être décelé par l'examen microscopique des œufs (Pasteur). Le piroplasma bigeminum ne se comporte pas autrement, mais on n'a point encore suivi son évolution dans le corps des tiques. Contrairement à l'organisme de la pébrine, il semble inoffensif à l'égard des jeunes larves.

Les bactéries ne traversent le placenta que si celui-ci présente des lésions (Malvoz).

7° **Infections mixtes.** — On doit distinguer entre les infections associées et les infections secondaires.

INFECTIONS ASSOCIÉES. — Elles sont ordinairement plus graves que les infections simples (voir Moyens de vaincre l'immunité naturelle). C'est en faisant ingérer avec le vibrion cholérique trois autres microbes « favorisants » (colibacille, torula et sarcine) que M. Metchnikoff a pu réaliser le choléra expérimental des jeune rongeurs. Le même auteur a d'ailleurs vu que s'il existe des favorisants, il existe aussi des empêchants. Pasteur avait déjà établi l'antagonisme de certaines bactéries à l'égard du bacille charbonneux ; nous y reviendrons bientôt (Immunité artificielle).

INFECTIONS SECONDAIRES. — La plupart des « auto-infections » sont des infections secondaires, et beaucoup d'infections secondaires sont des « auto-infections ». Ces nouvelles maladies, surajoutées à une première, en assombrissent presque toujours le pronostic. M. Emmerich a cependant pu guérir des lapins charbonneux par injection intraveineuse de streptocoques. Ce curieux exemple de bactériothérapie ne saurait malheureusement inspirer de grandes espérances pour le traitement des infections par les infections.

8° **Infection et intoxication.** — Toute infection se

double d'une intoxication. Que deviennent les poisons d'origine microbienne? Dans les affections plus ou moins généralisées, leurs localisations électives se trouvent masquées par celles des microbes envahisseurs. Dans les affections à type toxique, ou dans les inoculations expérimentales de toxines, on peut se rendre mieux compte de ce qui se passe. Encore cette étude est-elle fort difficile, puisqu'on ne saurait suivre l'évolution des poisons in vivo.

Nous nous bornerons donc à mentionner ce que l'on connaît au sujet de certaines toxines solubles, au sujet de la tuberculine et de la malléine, et au sujet des corps microbiens.

Toxines solubles. — Suivant la dose inoculée, on obtient une lésion locale (œdème, aboutissant souvent à l'escharification) compliquée, ou non, d'empoisonnement général. Le mode d'introduction n'est pas indifférent. D'ordinaire, l'injection intracérébrale se montre particulièrement sévère, mais c'est affaire d'animal : le lapin est plus sensible à la tétanine dans le cerveau que sous la peau, le cobaye et le rat se comportent d'une façon opposée. M. Morax a établi que la diphtérine, déposée sur la conjonctive saine, produit des fausses membranes typiques. Cet effet rappelle les phénomènes réactionnels violents qui accompagnent l'inoculation conjonctivale des venins et de l'abrine. Les toxines microbiennes sont inoffensives quand on les fait ingérer. Il en va de même pour certains poisons. M. Carrière a prouvé que la tétanine est très affaiblie par la ptyaline, le suc gastrique et la bile, et détruite par la pancréatine — que le curare est détruit par la bile et les microbes intesti-

naux, et atténué par l'épithelium de l'intestin — que
le venin des serpents est très atténué par la ptyaline,
presque complètement détruit par le suc gastrique et
la bile, et détruit par la pancréatine. Nous avons cité
ces derniers exemples pour compléter les notions
trop rudimentaires concernant les toxines microbiennes et pour montrer la variété des agents nuisibles
que celles-ci rencontrent dans les voies digestives.

Les toxines sont susceptibles d'altérer les divers
éléments anatomiques, mais on peut dire que leur
action principale se porte sur le système nerveux.
Rien de plus évident en ce qui concerne le botulisme,
le tétanos, la diphtérie. Comment les poisons attei-
gnent-ils les cellules des centres ? M. Marie a fait voir
que la tétanine parvient au cerveau non seulement par
la voie sanguine, mais, encore et surtout, par la voie
nerveuse. Voici des expériences particulièrement démonstratives : quand on injecte la dose mortelle minima de toxine dans le sciatique d'un lapin, l'animal
meurt, après avoir présenté de la contracture au niveau de la patte inoculée — quand, après avoir
sectionné le deuxième nerf cervical d'un lapin, on
introduit la dose mortelle minima dans un muscle de
la patte paralysée, l'animal n'offre rien d'anormal —
enfin, il faut 7 à 8 fois plus de tétanine pour tuer le
lapin lors de l'inoculation intraveineuse que lors de
l'inoculation sous-cutanée ou intranerveuse. L'inoculation sous-cutanée ne serait-elle pas, en réalité, une
inoculation intranerveuse des filets cutanés ? On est
porté à le croire. On croirait volontiers aussi que la
plupart des poisons microbiens cheminent électivement le long des nerfs. Comment la tétanine agit-elle

sur la cellule nerveuse ? elle se combine avec elle (ubi supra — recherches de MM. Wassermann et Takaki) déterminant des altérations particulières dont M. Marinesco a poursuivi la genèse.

Les toxines diffusent lentement in vivo, comme in vitro, et, pendant leur diffusion, il « s'en perd » beaucoup dans l'économie, c'est-à-dire que celle-ci en détruit et en élimine la majeure partie. Nous venons de constater qu'il faut plus de tétanine pour provoquer la mort par injection intraveineuse que par injection sous-cutanée ; la différence mesure assez exactement la perte. M. Marie a mesuré également la diffusion dans l'expérience suivante : quand on introduit la tétanine dans le système sanguin du lapin, le sang demeure toxique pendant 17 heures ; quand l'injection est faite dans le tissu cellulaire, le pouvoir toxique persiste 25 heures.

Les poisons microbiens agissent-ils par eux-mêmes ? MM. Courmont et Doyon ont pensé qu'ils se comportaient comme des sortes de ferments, susceptibles d'engendrer les toxines vraies aux dépens des humeurs, en vertu d'un acte enzymotique. Ils appuyaient leur opinion sur deux faits : le sang des animaux tétaniques donne le tétanos sans incubation ; les grenouilles ne prennent pas la maladie pendant l'hiver (la température n'étant pas assez élevée pour permettre à l'acte enzymotique de se produire). M. Marie a réfuté leur théorie, montrant que le sang des animaux tétaniques donne un tétanos à incubation normale, et qu'à 13°-18° les grenouilles prennent parfaitement la maladie. Quelle est la signification de l'incubation lors de l'injection des toxines ? Elle traduit certainement la faible diffusibilité des poisons microbiens ; rien de tel avec les alcaloïdes.

On ignore la façon dont peuvent s'éliminer les toxines bactériennes. M. Stépanof, étudiant une toxine végétale, la ricine, a établi que celle-ci circule plus ou moins longtemps dans le sang, puis s'évacue par l'intestin (diarrhée). C'est là une indication intéressante. Nous verrons plus tard comment l'organisme détruit les poisons d'origine microbienne.

Malléine et tuberculine. — Elles provoquent, au niveau des lésions morveuses et tuberculeuses, une congestion, parfois très violente. Cette localisation élective est tout à fait pathognomonique.

Poisons du corps des microbes. — Les microbes morts, inoculés aux animaux, peuvent déterminer des abcès (b. typhique, vibrion cholérique), des granulomes (b. tuberculeux), et un empoisonnement général. L'injection intracérébrale est ordinairement la plus sévère. M. Morax a montré que diverses bactéries stérilisées, le gonocoque notamment, produisent une vive inflammation quand on les dépose sur la conjonctive.

IIo. — *Inflammation.*

C'est la lutte de l'organisme contre l'agent infectant. Nous étudierons : la pathologie comparée de l'inflammation — l'inflammation d'origine microbienne (chez les vertébrés supérieurs) — et l'inflammation d'origine toxique (chez les mêmes animaux). Comme les microbes agissent sur l'économie par leurs sécrétions, il est utile de mettre en parallèle le mécanisme de l'infection et celui de l'intoxication.

A. PATHOLOGIE COMPARÉE DE L'INFLAMMATION

Nous n'avons pas la prétention de résumer ici l'ouvrage classique de M. Metchnikoff. Un simple coup d'œil d'ensemble suffira pour démontrer que l'élément constant de protection, dans toute la série animale, est représenté par la cellule phagocytaire.

Nous savons déjà que les amibes sont susceptibles d'englober activement les microbes. Le plus souvent elles les tuent et s'en nourrissent (ubi supra — culture des amibes) ; mais, parfois, le rôle est renversé : les microbes se multiplient au sein du rhizopode, qui périt et leur sert de milieu de culture. C'est qu'alors les micro-organismes ont sécrété des substances soit toxiques, soit antagonistes des sucs amibiens (peut-être les deux).

Le protozoaire, qui représente un phagocyte isolé, se défend donc par le phénomène de la digestion intra-cellulaire. Les métazoaires, dont les éléments protecteurs ont conservé le type amibien, se défendent de même, grâce au pouvoir digestif de leurs phagocytes. Prenons comme exemples, d'une part les invertébrés, chez lesquels le rôle des vaisseaux (quand ils existent) se montre absolument nul, et d'autre part, les larves de batraciens, chez lesquelles la réaction d'une région donnée varie du stade invasculaire au stade vasculaire.

1° Nous mettrons en parallèle les invertébrés à téguments mous (vers) et les invertébrés à téguments résistants (crustacés, insectes). Les premiers sont très exposés aux infections de toute espèce. Aussi possèdent-ils, ordinairement, un système défensif bien développé. La lutte de la naïs proboscidea contre certaines microscoporidies met en jeu les cellules de l'endothélium péritonéal ; la lutte du lombric contre les grégarines du genre microcystis (parasites des organes mâles) s'opère au moyen des amibocytes mésodermiques (fig. 23). Ceux-ci entourent les sporozoaires, qui s'enkystent pour échapper à leur attaque.

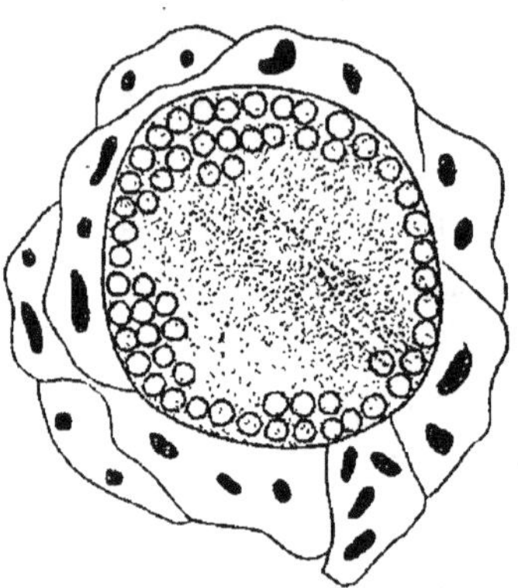

Fig. 23. — Phagocytes du lombric entourant un kyste de grégarine (Metchnikoff).

Parfois la grégarine triomphe et se développe librement, mais souvent elle meurt dans son kyste. On voit alors les phagocytes se transformer en éléments fixes, édifiant un sac conjonctif minuscule autour du protozoaire dégénéré.

Les seconds sont infiniment moins exposés, mais ils se trouvent presque sans défense lorsque l'infection est réalisée : du moins, la plupart du temps, voit-on la lutte tourner au profit de l'envahisseur. Les daphnies, petits crustacés d'eau douce, ne résistent guère à la saprolegnia, à la pasteuria, au spiro-bacillus Cienkowskii, à divers protozoaires. Elles résistent à la monospora bicuspidata (sorte de levure) quand le nombre des parasites ingérés n'est pas trop considérable. Les spores acuminées de la monospora traversent la paroi digestive, tombent dans la cavité générale et sont captées par les phagocytes, qui en détruisent rapidement une proportion déterminée (fig. 24). Que la proportion s'élève, et certaines des spores germeront avant d'avoir pu être englobées. Les conidies, ainsi

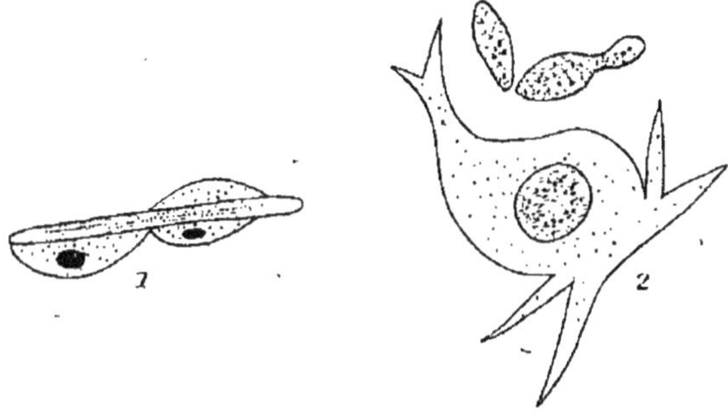

Fig. 24. — 1. Conidie de la monospora entourée par deux leucocytes de la daphnie. — 2. Leucocyte de cleonus punctiventris incapable d'englober les conidies de l'isaria destructrix (Metchnikoff).

produites, deviennent difficilement la proie de phagocytes (comparer — ubi infra — la lutte des leucocytes contre les spores tétaniques pures et le bacille de Nicolaier) et déterminent une infection générale mortelle. — La plupart des insectes sont pauvres en globules blancs, d'où la gravité des muscardines (fig. 24), de la flacherie..... M. Balbiani a démontré que la résistance aux infections expérimentales marche pari passu avec le développement du système phagocytaire.

2° A l'aide d'une aiguille trempée dans l'émulsion de carmin, piquons le rudiment invasculaire de la nageoire, chez la larve jeune de l'axolotl. Les cellules migratrices du mésoderme affluent vers le point irrité et englobent les grains colorés ; les cellules fixes ne prennent aucune part à la réaction. C'est encore l'image de l'inflammation des invertébrés, pivotant tout entière autour de la double propriété chimio-tactique et digestive des leucocytes.

Faisons, maintenant, la même expérience sur une larve plus âgée, dont le système vasculaire est déjà bien développé. Les vaisseaux voisins de l'endroit lésé se dilatent ; la circulation se ralentit ; les leucocytes (polynucléaires principalement) s'accolent contre les cellules enthothéliales, écartent les bords de celles-ci et traversent les stomates ainsi formés, qui se referment bientôt après. Telle est la diapédèse (fig. 29). Une fois sortis, les phagocytes gagnent la région irritée et s'y accumulent. Que deviennent-ils ensuite? Les uns dégénèrent et sont englobés par les mononucléaires ; les autres rentrent dans la circulation ; les derniers, enfin, se transforment en cellules fixes, rameuses.

L'exemple précédent schématise admirablement l'inflammation des vertébrés supérieurs. Chez ceux-ci, le système sanguin se comporte comme un appareil de perfectionnement, permettant à l'organisme d'envoyer rapidement de nombreux leucocytes vers les points menacés. Mais, dans ces points, la lutte offrira les mêmes péripéties que chez les invertébrés. Des exemples variés vont nous le prouver.

B. Inflammation d'origine microbienne chez les vertébrés supérieurs

La question à résoudre est donc la suivante : quel est le rôle respectif des phagocytes, des vaisseaux, du système nerveux (qui commande à la circulation sanguine) et des cellules fixes ? Il suffit de procéder analytiquement pour y répondre. C'est ce que nous ferons, nous basant toujours sur les recherches de M. Metchnikoff et de ses élèves.

1º **Rôle des phagocytes.** — Il doit être examiné, tour à tour, dans les inflammations aiguës et dans les inflammations chroniques.

A. Inflammations aiguës. — Nous distinguerons quatre cas : les infections tuées in ovo — les infections toujours locales — les infections tantôt locales, tantôt généralisées, selon les circonstances — les infections toujours hématiques. Ces quatre cas sont les principaux parmi ceux qui ont été signalés plus haut (voir Infection).

1º *Infections tuées in ovo.* — Elles ne figurent pas ici par un simple artifice d'exposition et pour jouer sur les mots, car elles se relient intimement aux autres modes de l'infection et de la lutte inflammatoire.

Comment l'organisme est-il incessamment défendu contre les germes qui tendent à l'envahir ? Comment les surfaces, normalement souillées (fosses nasales, bouche, intestin), résistent-elles à l'invasion microbienne toujours imminente ? Prenons, comme exemple, la muqueuse buccale, dont la protection a été bien

étudiée par M. Hugenschmidt. On sait que les opéra-
tions sur la bouche sont rarement suivies de complications, malgré la flore bactérienne si nombreuse et
si variée de la région. Faut-il invoquer la soi-disant
propriété bactéricide de la salive? Non, car la salive
ne possède point ce pouvoir ; elle n'agit qu'en diluant
et en agglutinant les microbes et les débris fermentescibles, qui sont déglutis et éliminés mécaniquement. Ce rôle toutefois n'est pas sans importance ;
on sait que la diminution de la sécrétion salivaire,
dans les affections graves, amène souvent à sa suite
des infections secondaires. Faut-il alléguer l'influence
de l'épithélium buccal? Oui, mais dans une certaine
mesure seulement. Les cellules épithéliales s'opposent
fortement à la pénétration des germes ; de plus, elles
se renouvellent après chaque repas, condition précieuse
d'asepsie mécanique. Que de penser la concurrence
microbienne? elle a son importance évidemment, ici
comme ailleurs, mais pas plus qu'ailleurs. Reste le
système phagocytaire, facteur essentiel de la protection
buccale. Sous la barrière épithéliale se trouve disposé
un véritable lac lymphatique, d'où s'échappent sans
cesse des globules blancs. Ceux-ci sont attirés par la
salive, en proportion de la quantité de microbes présents (la salive filtrée n'a plus aucun pouvoir chimio-
tactique). Ils cheminent entre les cellules épithéliales
et saisissent, pour les détruire, tous les germes qui
vont pénétrer dans l'épaisseur de la muqueuse. On
peut dire qu'à chaque moment l'infection est imminente et qu'à chaque moment une réaction inflammatoire élémentaire prévient l'invasion des tissus.

Mêmes réflexions au sujet de la muqueuse digestive, et notamment de la muqueuse intestinale où la migration interépithéliale atteint son maximum près des follicules clos (Ruffer). — Mêmes réflexions, encore, pour les alvéoles pulmonaires, dont la « police » est faite par les « cellules à poussière », c'est-à-dire par ces phagocytes bien connus qui englobent également les poussières et se fixent ensuite dans la trame alvéolaire donnant lieu aux taches anthracosiques.

2° *Infections toujours locales*. — Le choléra humain en fournit un type parfait ; le nom de « culture locale » lui conviendrait presque mieux que celui d'infection locale. Les vibrions se développent dans le mucus intestinal comme dans les milieux artificiels. Les cellules épithéliales, dont la partie profonde s'est vacuolisée sous l'influence de la toxine cholérique, s'exfolient par lambeaux, ouvrant la porte à l'envahissement microbien. Celui-ci reste toutefois limité, et si la maladie ne revêt pas l'allure foudroyante, on constate, à l'examen microscopique de l'intestin, que nombre de vibrions sont englobés par les leucocytes, au sein de la muqueuse infectée. D'autre part, dans les cas curables, l'étude journalière des selles permet d'affirmer l'importance de la phagocytose. Les préparations histologiques montrent, en effet, une quantité croissante de globules blancs remplis d'organismes virgulaires (Metchnikoff).

Mêmes phénomènes, lorsqu'on s'adresse au choléra expérimental des jeunes lapins.

M. Cantacuzène a suivi parallèlement la réaction de l'intestin, après ingestion vibrionienne (v. de Massaouah), chez le cobaye neuf et chez le cobaye narcosé. Chez le premier on observe de la congestion, une vacuolisation modérée des cellules épithéliales, dont le plateau demeure intact, et l'englobement, par les leucocytes, de tous les germes qui tendent à pénétrer vers le chorion. C'est en plus grand, le mécanisme, déjà indiqué, de la défense normale. Chez le second, l'opium amène la paralysie de l'intestin et la stagnation de son contenu. Les vibrions croissent librement, comme in vitro ; l'épithélium tombe, et l'invasion microbienne se précipite. Lorsque cesse la narcose, la diapédèse commence, mais la phagocytose, trop tardive, ne saurait désormais sauver l'animal. (Nous avons cité l'exemple précédent, malgré la terminaison septicémique, parce que l'action locale des autres vibrions n'a pas été aussi bien étudiée).

3° *Infections tantôt locales, tantôt généralisées.* — M. Metchnikoff les a prises comme types dès ses premières recherches, et il a fait voir que l'issue de l'infection dépend exclusivement de la réaction phagocytaire. Rappelons certaines de ses constatations. Dans l'érysipèle bénin de l'homme, les streptocoques sont saisis par les polynucléaires ; dans l'érysipèle malin, ils restent en dehors des globules. — Si l'on inocule la bactérie du hog choléra sous la peau du lapin, les doses faibles amèneront une diapédèse abondante, suivie d'une phagocytose énergique et complète (abcès et guérison) ; les doses fortes provoqueront une exsudation séreuse, sans diapédèse, et un développement exubérant des germes, qui se généraliseront en quelques heures. — Chez les animaux peu sensibles, la bactéridie charbonneuse, injectée sous la peau, est détruite totalement ou presque *in situ*, par les leucocytes ; les bacilles qui envahissent la circulation deviennent la proie des macrophages hépatiques et spléniques, etc., etc...

Examinons, de plus près, les quelques exemples suivants, sur lesquels nous possédons des détails très complets.

Inoculation des vibrions cholériques dans le péritoine du cobaye. — Les phénomènes inflammatoires, consécutifs à cette infection, ont été parfaitement étudiés par M. Cantacuzène. Nous ne saurions mieux faire que de transcrire le résumé qu'il donne de ses observations «... une dose non mortelle de vibrions cholériques est injectée dans le péritoine d'un cobaye. Ce changement brusque du milieu fait périr un certain nombre de vibrions ; mais l'immense majorité y trouvent un milieu favorable, s'y multiplient et sécrètent leurs toxines. Celles-ci vont impressionner les leucocytes qui, surpris par cette modification subite du milieu, se mettent à l'abri dans les organes à circulation ralentie, d'où hypoleucocytose du sang. Les leucocytes, présents dans la cavité générale, également mal à l'aise, séjournent au milieu des vibrions sans les englober. Mais bientôt l'accoutumance se fait ; les leucocytes rentrent dans les vaisseaux en grand nombre (hyperleucocytose); la dilatation vasculaire autour du foyer infecté devient de plus en plus forte ; la diapédèse commence ; pendant quelque temps, l'afflux leucocytaire dans le péritoine est faible et l'englobement aussi. — Puis ces deux phénomènes s'accentuent et les leucocytes englobent rapidement les microbes qui, parvenus à l'intérieur des cellules, prennent la forme de granulations sphériques. — Les vibrions intracellulaires enfermés dans une vacuole deviennent éosinophiles puis se résolvent en fines granulations éosinophiles. Un certain nombre de vibrions restent longtemps, souvent 24-48 heures, dans l'exsudat sans être englobés. Ce sont les plus virulents : ils luttent contre les phagocytes et les éloignent par leurs sécrétions. Cultivés, ils donnent une race plus virulente que celle dont ils dérivent. Mais, finalement, l'accoutumance des phagocytes se faisant, les derniers parasites survivants sont englobés et détruits. — On n'observe jamais de destruction extracellulaire des vibrions. — Au bout d'un nombre assez variable d'heures, de gros leucocytes mononucléaires pénètrent dans l'exsudat : une lutte s'établit entre les microphages bourrés de microbes et les macrophages, lutte dans laquelle les polynucléaires les moins résistants, les plus affaiblis sont saisis et digérés à l'intérieur des vacuoles. Le résultat de cette deuxième phase dans la lutte est la constitution, par sélection, d'une race de leucocytes plus adaptés à la lutte contre les vibrions... Si nous injectons à un animal une dose forte de vibrions, ceux-ci sécrètent des toxines très abondantes, l'hypoleucocytose a lieu dans le sang, mais persiste jusqu'à la mort ; la dilatation vasculaire se produit, mais n'est suivie d'aucune diapédèse... »

Inoculation du streptocoque dans le péritoine du cobaye (Bordet). — 1° A dose mortelle (péritonite purulente et généralisation). En examinant au microscope des prises successives de l'exsudat péritonéal, on reconstitue facilement les divers stades de l'infection. Après la période inévitable de phagolyse, apparaissent des polynucléaires, qui englobent une certaine proportion de streptocoques. Mais la phagocytose s'arrête bientôt. Vers la troisième heure, malgré l'abondance croissante des globules blancs, il reste toujours des microbes extracellulaires. Ceuxci représentent une nouvelle race, que la sélection a rendue plus résistante, mieux adaptée à lutter, et qui revêt des caractères morphologiques spéciaux (grains petits, ordinairement géminés, et entourés de capsules — moyen de défense). Cette race, très toxigène, écarte les leucocytes présents et se multiplie sans encombre dans la séreuse abdominale. De là elle envahit rapidement l'organisme entier. Chose curieuse, au moment où les globules blancs sont devenus impuissants vis-à-vis des streptocoques, ils peuvent s'emparer aisément d'autres bactéries (b. diphtérique, proteus). — 2° A dose non mortelle. Ici la phagocytose suit une marche progressive. Après 1 ou 2 jours, les microbes injectés ont disparu entièrement. On note que les derniers cocci englobés sont tous munis d'une aréole. — Quand on inocule un streptocoque de virulence donnée, l'issue des accidents dépend donc exclusivement de la dose employée. Si celle-ci s'élève trop, les bactéries les plus résistantes ont le temps de végéter abondamment, avant que les leucocytes ne se soient accumulés en quantité suffisante. Cette « quantité suffisante » se révèle illusoire au bout de peu de temps ; la guérison étant uniquеment liée à la précocité de la phagocytose : c'est là un fait général sur lequel nous devons insister.

Inoculation du streptocoque dans le péritoine du lapin (Bordet) [Dose mortelle]. L'épanchement est rouge, et moins riche en leucocytes que celui du cobaye. Après 4 à 5 heures, la généralisation commence déjà. On peut fixer exactement le moment précis où cesse la lutte. C'est lorsque l'exsudat devient rouge, c'est-à-dire lorsque la toxine résorbée vient porter son action délétère sur les hématies du lapin (les hématies du lapin sont excessivement sensibles aux sécrétions du streptocoque).

Inoculation du bacille charbonneux dans le péritoine du rat blanc (Sawtchenko). [Dose mortelle]. — Dès les premières heures, on assiste à deux modes de destruction des bactéridies. Les unes périssent hors des leucocytes, en vertu de la propriété dissolvante spéciale du plasma des rats (ubi supra) ; les autres sont englobées. Mais il reste toujours des individus libres et particulièrement résistants. Leur multiplication, très apparente vers la 5e–6e heure, se poursuit rapidement. Cette nouvelle race, capsulée et non phagocytable, ne tarde point à se généraliser.

L'exemple précédent montre que la destruction extracellulaire n'est qu'un épiphénomène sans importance au cours de l'inflammation. Nous verrons plus loin qu'en matière d'immunité son rôle demeure également secondaire.

Inoculation du pyocyanique dans le péritoine du cobaye (Georghiewski). — 1° A dose mortelle. Ici se manifestent les effets de cette « leucocidine » dont nous avons parlé à propos des toxines. Après 15 à 20 minutes, nombre de globules blancs sont immobilisés et s'entourent d'un anneau clair. Leur protoplasma devient transparent et leur noyau vésiculeux (les noyaux des polynucléaires se fusionnent en une masse mal colorable et réticulée). Au bout de 4 à 5 heures, presque tous les leucocytes ont péri. On conçoit que la phagocytose soit infiniment réduite et que la septicémie évolue rapidement. — 2° A dose non mortelle. On observe d'abord la dégénérescence d'une certaine quantité de globules. Vers la 2ᵉ ou 3ᵉ heure s'établit la phagocytose (due principalement aux polynucléaires). Après 6 à 7 heures elle est complète et l'on ne trouve plus de leucocytes altérés. Le lendemain, le péritoine se montre stérile au microscope et les cultures ne donnent que des colonies isolées. Les bacilles englobés se transforment partiellement en boules dans les phagocytes. — Chez la grenouille, la lutte s'engage plus ou moins vite, mais elle n'est jamais précédée de nécrose leucocytaire.

Inoculation du saccharomyces de Curtis dans le péritoine du cobaye (Skchiwan). — 1° A dose non mortelle. Après le stade de phagolyse, on voit les leucocytes affluer dans le péritoine. La phagocytose a surtout pour agents (au début) les polynucléaires ; ceux-ci englobent individuellement les cellules de levure, ou bien forment autour d'elles des amas circulaires. Les « rosaces », ainsi produites, représentent de vraies cellules géantes, identiques à celles que nous trouverons en étudiant le tubercule expérimental. Les blastomycètes attaqués dégénèrent ; ils se colorent de plus en plus mal (bleu de méthylène) et finalement prennent la teinte de contraste (éosine). Au bout de 24 heures, le rôle des mononucléaires, jusque-là secondaire, devient prédominant. Les parasites libres, qui s'étaient entourés de capsules métachromatiques, sont peu à peu captés par les macrophages ; l'incorporation est terminée en 2 à 3 jours. Notons spécialement la formation de cellules géantes, caractéristique de la résistance des levures à la digestion intra-leucocytaire. — 2° A dose mortelle. La phagocytose est tardive et incomplète ; les microbes libres augmentent sans interruption. Une nouvelle race, reconnaissable à ses grandes dimensions et à ses capsules souvent énormes, envahit la séreuse abdominale, puis l'organisme entier. — Avec d'autres variétés de levures, on observe des phénomènes analogues. La réaction leucocytaire apparaît donc la même que dans le cas des bactéries.

Inoculation du bacille charbonneux dans les veines du lapin (Werigo) [Dose mortelle]. L'infection charbonneuse met en jeu les phagocytes viscéraux (et surtout hépatiques), quelle que soit la porte d'entrée du virus. Aussi choisit-on volontiers, pour l'étudier, la voie intraveineuse ; on « généralise » d'emblée les bactéridies. Que deviennent-elles ? Elles sont très rapidement englobées (après 7 minutes dans le foie, 8 minutes dans le poumon, 1 heure dans la rate). Il est facile de suivre leur évolution ultérieure, quand on inocule plusieurs animaux et qu'on les sacrifie à des intervalles variés. Voyons ce qui se passe au sein des trois viscères indiqués. — 1° F oie. Les cellules de Kupffer détruisent très vite la presque totalité des microbes englobés ; elles détruisent même nombre de ceux qui s'échappent des autres organes ; mais elles succombent finalement à la lutte (fig. 25). — 2° R a t e. Les polynucléaires ne digèrent qu'une partie des germes qu'ils ont captés ; ils faiblissent bientôt ; d'autres phagocytes les remplacent et faiblissent à leur tour. — 3° Poumon. Les polynucléaires manifestent tout d'abord assez d'énergie, puis ils fléchissent de plus en plus. — C'est donc, à un moment donné, la septicémie fatale. On sait avec quelle exubérance la bactéridie se cultive alors in vivo.

4° *Infections toujours hématiques*. M. Vincent a étudié la phagocytose dans le paludisme (aigu et chronique) ; nous l'avons constatée dans la fièvre du Texas. Mais rien ne vaut, pour démontrer le rôle

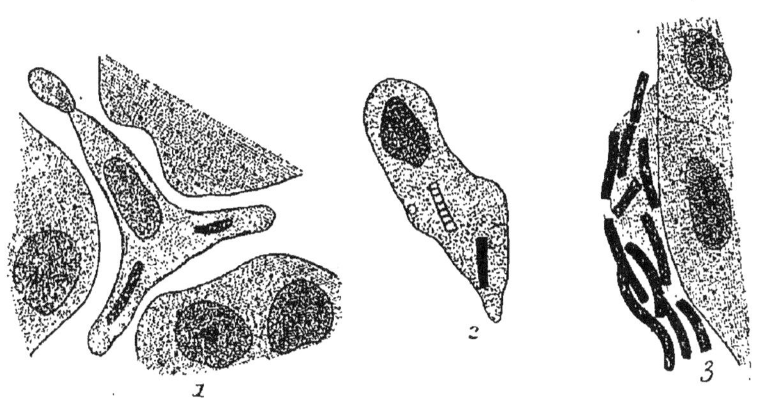

Fig. 25. — Lutte de la bactéridie charbonneuse avec les cellules de Kupffer. — 1. Englobement. — 2. Destruction (parmi les deux bactérides englobées, l'une est en voie de digestion intracellulaire). Multiplication finale, lorsque les cellules de Kupffer ont faibli (les bactérides remplissent et débordent la cellule phagocytaire dont elles masquent les contours) — d'après Werigo.

des cellules protectrices, les observations faites par M. Metchnikoff et ses élèves sur la fièvre récurrente et la spirillose des oies (Sakharoff), affections dues à des organismes fort voisins, bien que distincts.

Phagocytose dans la fièvre récurrente (Metchnikoff, Soudakewitch). — Chez l'homme, la maladie se complique ordinairement d'une ou de plusieurs rechutes ; chez les singes (de l'ancien Continent), infectés expérimentalement, elle se réduit toujours à un seul accès. Les spirilles apparaissent dans le sang pendant la fièvre et disparaissent lors de l'apyrexie. Comment disparaissent-ils? On ne les a jamais vus périr au sein des vaisseaux ; les leucocytes circulants ne les englobent pas, le plasma n'exerce sur eux aucune influence nuisible. Ils vont se réfugier dans la rate seule, et là deviennent la proie des polynucléaires (notamment au niveau des corpuscules de Malpighi). — Chez les singes dératés, l'affection se termine par septicémie ; la phagocytose fait alors complètement défaut.

Phagocytose dans la spirillose des oies (Cantacuzène). — L'infection tue 9 fois sur 10. Les parasites se montrent dans le sang au moment de l'acmé fébrile ; ils augmentent ensuite de nombre pendant que la température commence à baisser ; ils disparaissent enfin, le plus souvent avant la mort des animaux (Sakharoff). Ils ne sont détruits que dans la rate et la moelle des os. — 1° R a t e. Les spirilles s'y rencontrent dès le début de la maladie ; ils sont déjà attaqués par les macrophages spléniques, tandis que se produit l'envahissement sanguin. A mesure que celui-ci rétrocède, la phagocytose s'accentue de plus en plus. En dernier lieu, la majorité des parasites se trouvent inclus au sein des mononucléaires ; une proportion variable se dissout dans les vacuoles digestives sécrétées autour d'eux (fig. 26). — 2° M o e l l e. L'englobement, également dû aux macrophages, est plus tardif et souvent incomplet lors de la mort. — La spirillose des jeunes poussins affecte les allures d'une septicémie très rapide ; on peut la comparer à la fièvre récurrente des singes dératés.

B. Inflammations chroniques. — La tuberculose en représente le type le plus important et aussi le mieux étudié. M. Baumgarten, on le sait, pensait avoir établi que le tubercule naît constamment aux dépens des éléments fixes des tissus. Son opinion, admise pendant plusieurs années, a été complètement

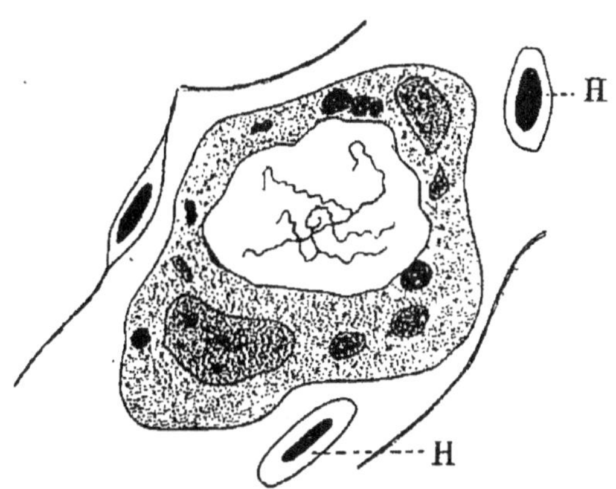

Fig. 26. — Spirillose des oies (Cantacuzène). Sinus de la rate au début de la lyse. Macrophage renfermant des spirilles à l'intérieur d'une énorme vacuole digestive. — II. H. hématies.

réfutée par les travaux de MM. Yersin, Metchnikoff, Borrel, etc... Ces auteurs ont démontré que le tubercule constitue un produit exclusivement leucocytaire et que les cellules épithélioïdes et géantes dérivent des macrophages libres ou fixes (les cellules de Kupffer prennent la part principale à la genèse des follicules hépatiques).

Nous choisirons comme exemples (d'ordre expérimental) : la tuberculose pulmonaire du lapin, la tuberculose du spermophile, et celle de la gerbille (meriones Schawi), puis nous dirons un mot de l'actinomycose et de la lèpre.

Tuberculose pulmonaire du lapin (Borrel). —

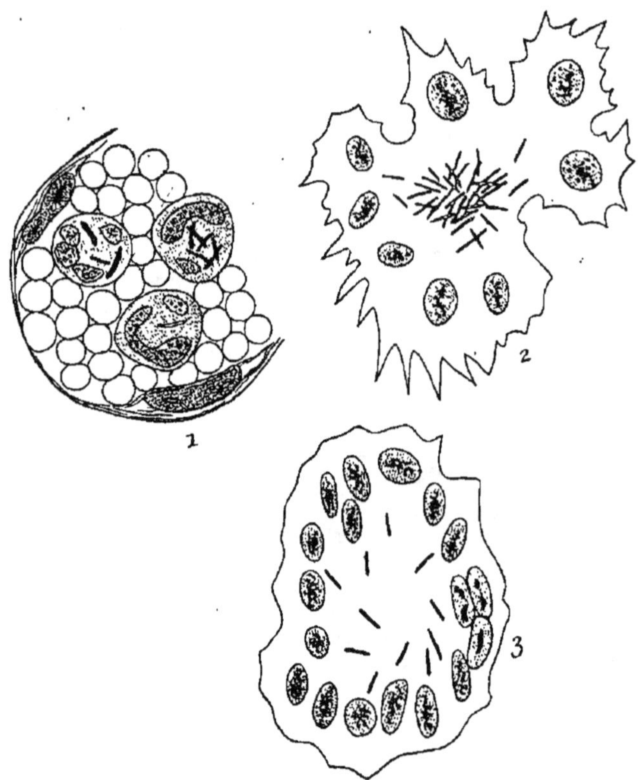

Fig. 27. — Tuberculose pulmonaire expérimentale du lapin (Borrel). 1. Englobement instantané des bacilles tuberculeux par les polynucléaires des capillaires du poumon. — 2. Formation d'une cellule géante par fusion de mononucléaires. — 3. Cellule géante constituée.

Quand on injecte des bacilles de Koch dans les veines, ils sont instantanément englobés par les polynucléaires, au sein des capillaires du poumon (fig. 27). — Pendant deux jours environ, la lutte se poursuit entre les parasites et les microphages, puis ces derniers faiblissent. — Vers le troisième jour, arrivent de nombreux mononucléaires, qui s'emparent des bacilles et des restes des polynucléaires. Aux dépens des macrophages s'édifient alors les follicules élémentaires intracapillaires. Les mononucléaires se fusionnent pour engendrer les cellules géantes (fig. 27) ou bien demeurent isolés sous forme de cellules épithélioïdes. — Au début de l'infection, certains microphages, chargés de bacilles, pénètrent dans les alvéoles pulmonaires ; après une courte lutte, ils fléchissent, ici encore, et sont remplacés par les mononucléaires. Ainsi se forment les tubercules intra-alvéolaires, absolument superposables aux tubercules intracapillaires.

Les follicules élémentaires s'accroissent, grâce à l'adjonction de nouveaux nodules d'origine phagocytaire, sans que les cellules fixes du poumon interviennent. Vers le 20° jour commence la caséification. Les parasites, libérés lors de la dégénérescence des macrophages, se généralisent au poumon (en suivant la voie lymphatique — tubercules périvasculaires et péribronchiques) et au reste de l'économie (en suivant la voie sanguine).

Les travaux de M. Borrel, sur lesquels nous ne pouvons insister davantage, nous fournissent donc une conception claire, simple et conforme aux lois déjà connues de l'inflammation. Ils nous montrent, de plus, que dans les affections chroniques (où la lutte se prolonge, à cause de la résistance des agents pathogènes), les mononucléaires jouent le rôle dominant.

Tuberculose du spermophile (Metchnikoff). — Le spermophile succombe en quelques semaines quand on lui injecte de fortes doses de cultures (inoculation intrapéritonéale). Les organes renferment beaucoup de cellules géantes, dont la plupart doivent leur développement à un bourgeonnement nucléaire des macrophages. Ces cellules géantes engagent le combat avec les microbes qu'elles contiennent. Tantôt le parasite triomphe et l'élément phagocytaire est détruit — tantôt c'est l'inverse. Dans ce dernier cas, on assiste à un mode de défense très curieux des bacilles englobés. Ils sécrètent des membranes épaisses, dont la superposition exagère énormément leur volume. On voit alors les parasites se présenter sous l'aspect méconnaissable de cylindres ambrés. Ces cylindres confluent souvent et donnent naissance à des blocs irrégulièrement bosselés, rappelant les « massues » de l'actinomyces (ubi infra).

Tuberculose de la gerbille (Metchnikoff). — Rongeur encore plus résistant que le précédent. Si on le sacrifie, huit mois après l'avoir infecté, on rencontre dans ses organes de nombreux tubercules, constitués par des cellules bien vivantes, et offrant à leur intérieur des corps calcaires en forme de 8. La décalcification montre que ces corps sont formés de membranes emboîtées, au centre desquelles on retrouve quelquefois un bacille plus ou moins caractéristique. L'étude comparée de plusieurs formations calcaires prouve que, pendant la lutte entre le parasite et la cellule géante, le premier se défend en sécrétant des enveloppes successives et la seconde en calcifiant ces enveloppes au fur et à mesure.

Actinomycose. — La genèse du nodule actinomycotique se laisse facilement schématiser comme il suit (Pawlowsky et Maksutoff — fig. 28). Le parasite est englobé par les mononucléaires. Quand il ne périt pas dans leur protoplasma, il les détruit et s'accroît en se ramifiant. Mais de nouveaux macrophages l'attaquent bientôt sur toute sa périphérie. S'il parvient à les vaincre, il continue son développement excentrique et rayonné. Après avoir forcé plusieurs barrières pha-

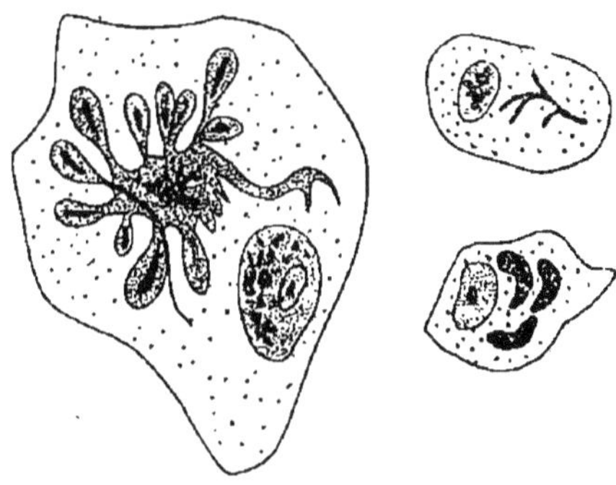

Fig. 28. — Phagocytose dans l'actinomycose (Pawlowsky et Maksutoff).

gocytaires, il se trouve enfin arrêté à son tour. Le follicule, ainsi constitué, offre trois zones distinctes : centrale ; formée de filaments entremêlés, plongeant dans un tissu amorphe ; — moyenne ; où les mailles du réseau s'élargissent progressivement ; — périphérique : caractérisée par la présence de « massues » terminales, reconnaissables à leur aspect en fleurons et à leur couleur ambrée. Ces « massues », comme les corps jaunes indiqués plus haut, représentent des épaississements de la membrane microbienne. C'est le dernier moyen de défense contre la couronne leucocytaire ambiante. Une fois ce moyen épuisé, le strep-

15.

tothrix dégénère et se convertit en un bloc amorphe. Les cellules qui l'entourent passent alors à l'état d'éléments fixes (comparer l'évolution précédente avec la lutte des phagocytes du lombric contre les grégarines).

Lèpre. — Dans la lèpre, ce sont encore les mononucléaires qui protègent l'organisme. Nombre d'entre eux se présentent sous la forme de cellules volumineuses (cellules lépreuses), susceptibles de renfermer une quantité énorme de bacilles. La destruction de ceux-ci s'opère souvent au sein de vacuoles digestives. Rappelons que la bactérie de Hansen est souvent englobée par les éléments nerveux.

C CONCLUSIONS. — Au cours des infections, tant aiguës que chroniques, l'importance des phagocytes apparaît donc capitale. Grâce à leur sensibilité chimique et à leur mobilité, les phagocytes peuvent se diriger vers les parasites (ceci concerne naturellement les seuls globules libres) et les capter ; grâce à leurs sécrétions, ils se montrent capables de les tuer et de les digérer. La digestion n'est pas toujours aisée, car certains microbes se défendent énergiquement (ubi supra).

Les macrophages paraissent élaborer des enzymes infiniment plus actifs que ceux des microphages (Soudakewitch n'a-t-il pas vu les cellules géantes des lupus solubiliser les fibres élastiques ?). Aussi sont-ce les mononucléaires que nous voyons intervenir dans les infections chroniques, dans certaines infections expérimentales aiguës (levures) et dans la réaction consécutive à l'inoculation des spores. Les germes des saprophytes, injectés aux animaux, ne périssent

souvent qu'après fort longtemps, tellement la destruction en est pénible. Chez le lapin, Wyssokowitch a
retrouvé vivantes, au bout de trois mois, des spores
de subtilis introduites par la voie intra-veineuse.

Une méthode élégante de M. Bordet rend possible
l'étude de la phagocytose, on pourrait dire de l'inflammation élémentaire, in vitro. Elle consiste à mettre
en présence les leucocytes et les bactéries, et à observer
leur lutte, dans des conditions convenables de température. Pour cela, on se procure un exsudat péritonéal de
cobaye (par injection de bouillon, pratiquée la veille)
et on mélange des gouttes de cet exsudat à des gouttes d'émulsions bactériennes variées. Le tout est maintenu vers 35°-37°, en chambre humide. Après
4 heures, nombre de microbes sont déjà englobés.
Les organismes libres n'offrent aucune modification
anormale (nous savons que les globules blancs vivants
ne sécrètent pas de lysines diffusibles). Au contraire,
beaucoup d'entre les organismes intracellulaires ont
péri et montrent de profondes altérations. La mort,
suivant les espèces étudiées, se traduit ou non par la
transformation granulaire (les vibrions, le bacterium
du choléra des poules... sont convertis en sphères
plus ou moins arrondies — le bacille diphtérique, le
proteus... conservent leur aspect extérieur). La
digestion est ou non précédée de transformation éosi-
nophile. Somme toute, c'est absolument ce que nous
avons observé in vivo.

Les expériences de M. Bordet permettent de « fer-
mer le cercle » des phénomènes inflammatoires. En
transportant, sous le champ du microscope, la lutte
des bactéries et des leucocytes (d'un vertébré supé-

rieur) ne nous trouvons-nous pas ramenés à l'englobement des microbes par les amibes?

2° **Rôle des vaisseaux.** — Cohnheim faisait jouer le
rôle essentiel, dans l'inflammation, aux altérations de
la paroi vasculaire. Pour lui la diapédèse ne représentait qu'un élément passif. Exemple : chez la grenouille, on supprime pendant 48 heures, le cours du
sang dans la langue, en liant l'organe près de sa base.
Lorsqu'on enlève la ligature, la circulation se rétablit
suivant le type inflammatoire (diapédèse). Mais, pendant les 48 heures, ne s'est-il pas produit diverses
modifications cellulaires, capables de déterminer l'issue

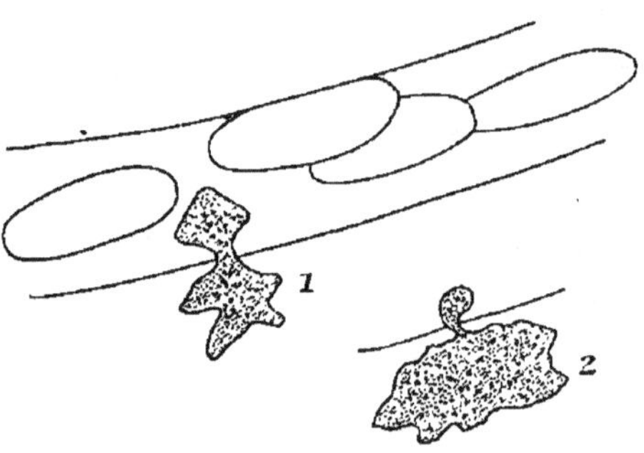

Fig. 29. — 1 et 2. Deux stades de la diapédèse (Metchnikoff).

des globules blancs (les tissus dégénérés mettent en
liberté des substances qui attirent les leucocytes).

D'autre part, chacun sait que tel microbe, qui inoculé sous la peau provoque une violente réaction,
n'occasionne rien de semblable quand on l'injecte
directement dans le courant sanguin.

Inutile de revenir sur la diapédèse (fig. 29). Rappelons que l'endothélium vasculaire intervient lors de
la formation des stomates. Rappelons aussi qu'il est phagocytaire. Chez les animaux atteints de rouget (pigeon,

souris) la phagocytose endothéliale atteint des proportions incroyables. C'est au point que les préparations des viscères, colorées par la méthode de Gram, équivalent à de véritables injections des réseaux capillaires par le bleu de Prusse (fig. 3o). On n'a pas oublié, non plus, le rôle des cellules de Kupffer dans l'infection charbonneuse.

3° **Rôle du système nerveux.** — Cohnheim l'a nié à tort. Il coupe la langue de la grenouille, en respectant l'artère et la veine, et constate que la diapédèse n'est

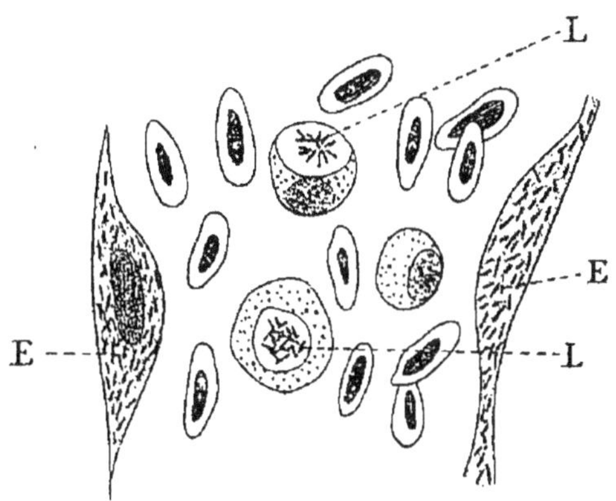

Fig. 3o. — Phagocytose dans le rouget (pigeon). Bacilles accumulés dans les leucocytes (L) et les cellules endothéliales des capillaires (E). — D'après Metchnikoff.

pas entravée. Mais il y a des appareils nerveux en pleine paroi vasculaire.

Samuel a bien montré l'influence des vaso-moteurs sur l'inflammation. Voici son expérience classique, ou plutôt ses trois expériences.

1° Chez un lapin, on sectionne le sympathique cervical, par exemple du côté droit, et on plonge l'oreille droite dans l'eau chaude (54°) : l'oreille devient le siège d'une fluxion active, violente et transitoire. Chez le même lapin, on sectionne les nerfs auriculaires gauches, puis on trempe l'oreille gauche dans l'eau chaude ; l'organe manifeste une stase sanguine aboutissant au sphacèle. Donc : à droite, vaso-dilatation, due à la section du sympathique ; à gauche, vaso-constriction, due à la section du sympathique opposé et à celle des nerfs auriculaires (laquelle abolit le réflexe vaso-dilatateur).

2° Chez un autre animal, on coupe le sympathique d'un seul côté et on plonge les deux oreilles dans l'eau à 54°. L'inflammation se montre plus bénigne du côté opéré.

3° Enfin, chez un troisième animal, on pratique la section unilatérale des nerfs auriculaires et l'on trempe les deux oreilles dans l'eau chaude. La réaction du côté opéré est moins grave que dans la première expérience (où le sympathique opposé avait été coupé).

M. Roger a repris, comme il suit, l'expérience de Samuel. Il injecte le streptocoque sous la peau de l'oreille de trois lapins. Le premier, servant de témoin, offre un érysipèle d'intensité moyenne qui évolue sans complications, — le second subit la section des nerfs auriculaires du côté inoculé : la guérison traîne, et s'accompagne de nécrose, — le troisième est sympathotomisé du côté infecté : l'évolution se trouve activée.

MM. Charrin et Gley attribuent aux sécrétions des microbes le pouvoir d'empêcher la vaso-dilatation (par voie réflexe) ; d'où entrave apportée à la diapédèse, et toutes ses conséquences.

M. Metchnikoff, qui ne nie pas l'influence, acces-soire, des réactions nerveuses, a démontré le non fondé de la théorie précédente. Citons seulement quelques expériences. On inocule une culture de pyocyanique sous la peau de l'oreille de deux lapins, l'un vacciné contre ce microbe, l'autre neuf. Chez le second on constate plus de dilatation vasculaire, de chaleur locale, d'exsudation séreuse que chez le premier, et cependant la diapédèse est infiniment moins marquée. Mêmes différences avec deux cobayes, l'un vacciné et l'autre non vacciné contre le vibrio Metchnikowii. Pour ne point anticiper davantage sur ce qui concerne l'immunité, mentionnons un autre exemple. On injecte des bacilles tuberculeux sous la peau de l'oreille d'un cobaye : peu de dilatation vasculaire et forte diapédèse ; on injecte des vibrions avicides sous la peau de l'oreille d'un second cobaye : peu de diapédèse et forte dilatation vasculaire.

Donc, si l'on peut attribuer une influence favorable à la paralysie vaso-motrice, il serait erroné d'y voir la cause essentielle de l'issue leucocytaire. Celle-ci n'est commandée que par les lois de la chimiotaxie, absolument comme les simples migrations au sein des tissus des animaux invasculaires.

4. **Rôle des cellules fixes.** — N'étant pas phago-cytaires, elles ne sauraient jouer un rôle important dans l'inflammation. Le plus souvent elles dégénè-rent, parfois elles se multiplient pour réparer, au moins partiellement, leurs pertes. On sait que la faculté de réparation est en raison inverse de la « noblesse » des éléments atteints.

Inutile de revenir sur la fausseté des théories émises par M. Baumgarten au sujet de la formation des tubercules.

C. Inflammation d'origine toxique chez les vertébrés supérieurs.

L'inoculation de toxines détermine des phénomènes variables. Nous avons vu que les leucocidines constituent de puissantes lysines des globules blancs. Les toxines proprement dites produisent de l'hypoleucocytose, suivie ou non d'hyperleucocytose, selon la dose injectée (Chatenay). La tuberculine et la malléine se comportent de même. Les corps microbiens, tués par la chaleur ou les antiseptiques, engendrent des réactions proportionnelles à la quantité inoculée et à la toxicité de l'organisme employé. Avec les bacilles tuberculeux morts on provoque la formation de granulomes typiques.

Dans les maladies infectieuses, les modifications de l'équilibre leucocytaire traduisent fidèlement la marche de l'empoisonnement général. L'absence d'hyperleucocytose constitue habituellement un signe très grave. Mais il faut savoir que cette hyperleucocytose peut porter exclusivement sur les polynucléaires (polynucléose). M. Stienon divise l'évolution de la fièvre typhoïde en trois stades : augmentation des polynucléaires, diminution, retour à la normale. M. Besredka a fait des constatations analogues pour la diphtérie humaine ; il considère l'absence de polynucléose comme fatale. Expérimentalement, il a reproduit l'augmentation des microphages en injectant de la toxine diphtérique aux animaux.

Un schéma excellent de l'action des poisons sur l'économie nous est fourni par d'autres recherches de M. Besredka. Ce savant a comparé les composés arsenicaux solubles et insolubles, assez superposables dans leurs effets aux toxines et aux corps microbiens. Résumons brièvement ses expériences.

Inoculations d'un composé arsenical insoluble. — Ou mieux peu soluble. Il s'agit du trisulfure rouge, émulsionné et introduit dans le péritoine du cobaye.

— *Injection à dose non mortelle.* On observe d'abord de l'hypoleucocytose, puis de l'hyperleucocytose (mononucléaire). Les macrophages absorbent les grains de sulfure, qui se fragmentent et disparaissent au sein du protoplasma. Vers le 12ᵉ jour il n'en reste plus de traces. L'élimination du poison se fait surtout par les reins. Elle ne commence qu'au déclin de la phagocytose et évolue lentement. Il faut bien admettre que l'arsenic passe à l'état de composé inoffensif, puisque la guérison arrive sans encombre.

— *Injection à dose mortelle.* La phagocytose est entravée. Cette entrave constitue la cause déterminante de la mort, comme le prouvent les deux expériences suivantes : si l'on injecte, en péritoine, d'abord du carmin, puis du sulfure à dose non mortelle, l'animal succombe, — si l'on place une dose non mortelle dans un sac de collodion, inséré en péritoine, l'animal succombe également. Ces expériences démontrent encore la solubilité du composé (d'ailleurs on notera que les émulsions fines sont toujours, à poids égal, plus dangereuses que les émulsions grossières).

Inoculations d'un composé arsenical soluble. —

L'acide arsénieux à 1 pour 1 000 (dans le carbonate de potasse à 1 pour 1 000). — Quand on injecte, sous la peau du lapin ou du cobaye, une dose rapidement mortelle, l'hyperleucocytose débute dès la 2ᵉ heure et se continue jusqu'à la mort. — Quand on injecte une dose lentement mortelle, on voit se succéder l'hypoleucocytose, l'hyperleucocytose et l'hypoleucocytose. — Enfin, s'il s'agit d'une dose non mortelle, l'hyperleucocytose fait suite à une hypoleucocytose transitoire.

L'acide arsénieux est emmagasiné dans les leucocytes lorsqu'il y a hyperleucocytose, et dans ce cas seulement.

Nous ne pouvons insister davantage sur l'inflammation d'origine toxique. Comme l'inflammation d'origine microbienne, avec laquelle elle se combine si fréquemment, elle met en jeu l'activité phagocytaire. De cette activité dépend, avant tout, l'issue des phénomènes réactionnels.

CHAPITRE III

IMMUNITÉ

Le mot n'a pas besoin d'être défini. Nous distinguerons l'immunité envers les microbes et l'immunité envers les toxines ; mais leur étude sera menée parallèlement. Sept cas principaux se présentent à nous ; ils sont résumés dans le tableau suivant :

Immunité naturelle (1).

Immunité acquise.
- Non spécifique (2).
- Spécifique.
  - Conférée expérimentalement.
    - par les microbes ou les toxines (3)
    - par les sérums (4)
  - Conférée par la maladie (5)
  - Conférée par l'hérédité (6)
  - Conférée par la lactation (7)

Ces divisions rendront quelque peu aride l'exposé que nous allons faire ; elles se trouvent cependant nécessitées par la complexité de la question. Ce sont d'ailleurs celles qu'a suivies M. Metchnikoff, dans un récent travail d'ensemble dont nous nous inspirerons.

Rapprochons, dès maintenant, l'immunité acquise des phénomènes d'accoutumance que nous ont montrés les microbes : adaptation des bactéries aux antiseptiques et aux substances microbicides — adaptation des levures aux fluorures — adaptation des infusoires aux alcalis… L'immunité acquise nous apparaîtra, elle aussi, comme l'adaptation des phagocytes aux microbes et à leurs toxines.

I. — *Immunité naturelle.*

A. Immunité contre les microbes

L'homme se montre réfractaire à plusieurs affections animales (péripneumonie, peste bovine) ; les animaux résistent à diverses maladies humaines (fièvre jaune, lèpre) ; certaines espèces sont épargnées par des infections qui en frappent d'autres (la morve, redoutable pour les solipèdes, respecte les bovidés). Quelle est la cause de cette immunité? Faut-il la chercher du côté des humeurs ou du côté des cellules ?

Rôle des humeurs. — On a pensé, tout d'abord, que les humeurs des animaux réfractaires constituaient de véritables antiseptiques au regard des microbes inactifs. Mais on s'est aperçu bien vite qu'il n'existait aucun rapport entre le pouvoir bactéricide et l'immunité. Voici quelques exemples, suffisamment démonstratifs : le bacille charbonneux est tué par les humeurs du lapin, animal sensible, et se développe, au contraire, dans celles de la poule, animal réfractaire (Pasteur) — en sac de collodion, on cultive aisément diverses bactéries chez les espères immunes — enfin, toute une série de liquides (mucus variés, albumine d'œuf...), provenant d'organismes sensibles, jouissent de facultés microbicides parfois très marquées.

On a invoqué les singulières propriétés du sérum des rats blancs, vis-à-vis de la bactéridie charbonneuse, pour expliquer l'immunité de ces rongeurs. Mais, d'abord, cette immunité n'existe pas (les rats meurent après inoculation du premier vaccin) ; ensuite les lysines des rats, dont nous avons déjà parlé, constituent des secrétions d'un genre absolument spécial. Comment baser des théories générales sur de telles exceptions ?

Donc, ni les alexines vulgaires, ni certaines lysines ne sauraient être invoquées à l'appui de la doctrine humorale. Comme nous savons déjà que les substances bactéricides ne diffusent jamais in vivo, il est facile de prévoir que l'immunité naturelle doit constituer une propriété cellulaire.

Rôle des cellules. — Ou, plus exactement, une propriété phagocytaire, puisque seuls les phagocytes se trouvent en rapport avec les microbes. Quand on inocule, en effet, des pathogènes chez les animaux réfractaires, les organismes injectés sont rapidement englobés et détruits par les cellules protectrices. Les preuves abondent. M. Mesnil introduit des bactéridies dans la cavité générale du corps des poissons : la phagocytose se manifeste activement et le lendemain, tous les microbes ont disparu — le même auteur infecte la grenouille dans le sac lymphatique dorsal : résultat identique ; il injecte les bactéridies dans une veine qui se rend au foie ; après deux heures, presque tous les bacilles sont captés par l'endothélium vasculaire de cet organe ; il injecte, enfin, les bactéridies dans la crosse aortique : l'englobement ne tarde pas à se produire ; le foie (cellules de Kupffer) joue encore le rôle dominant dans la digestion microbienne, la rate et la moelle des os ne viennent qu'en second lieu (Comparer ces dernières expériences avec celle de M. Werigo — ubi supra). Faut-il citer d'autres exemples : ce serait sans intérêt. Notons que la destruction des spores est toujours plus lente que celle des formes végétatives. Dans les tissus de la poule et de la grenouille, les germes charbonneux restent fort longtemps en vie, mais ils sont incapables de se développer.

Les phagocytes s'emparent des microbes vivants et virulents. Les humeurs n'étant pas bactéricides, on pouvait le deviner d'avance. M. Metchnikoff a voulu cependant l'établir par l'expérience directe. Il inocule la bactéridie au pigeon ; lorsque tous les bacilles ont été englobés, il isole un leucocyte contenant des microbes et le dépose, dans du bouillon, en goutte suspendue. La goutte, mise à l'étuve, est examinée de temps en temps. On voit alors le leucocyte mourir et la bactéridie s'accroître in situ. Elle perce bientôt le protaplasme globulaire et continue à se développer, donnant une culture abondante et virulente. Du reste, point n'est besoin de manipulations aussi délicates pour démontrer la parfaite vitalité et virulence des microbes intracellulaires. Il suffit de prélever des traces d'exsudat, chez les animaux qui ont reçu un virus inactif à leur endroit. Ces prises, ensemencées et inoculées, fournissent constamment des résultats positifs.

Moyens de vaincre l'immunité naturelle. — Ils ont

tous comme effet, en dernière analyse, d'affaiblir les leucocytes avant la destruction totale des microbes. Quand on se propose de vaincre l'immunité, on peut s'adresser — séparément ou conjointement — au microbe, à l'organisme, au mode d'inoculation. Mais on ne réussit pas toujours, car il existe des immunités si solides que rien ne parvient à les détruire.

Résumons succinctement les moyens les plus connus, d'après les trois facteurs en jeu. — 1° FACTEUR MICROBE. On le choisira le plus virulent possible et l'on n'hésitera pas devant l'emploi de fortes doses. Parfois il sera bon de l'adapter préalablement (ubi supra — expériences de M. Dieudonné et de M. Nocard). — 2° FACTEUR ORGANISME. Indiquons les conditions physiologiques et pathologiques spécialement favorables. — A. *Conditions physiologiques.* Les jeunes animaux, les femelles pleines, constituent souvent les meilleurs sujets. — B. *Conditions pathologiques.* — *Débilitation antérieure.* Le porc malade peut prendre la morve (Cadéac), le lapin affaibli, le charbon symptomatique (Galtier). —*Jeûne.* On confère le charbon au pigeon, en le laissant à jeun après l'inoculation (Canalis et Morpurgo). — *Saignées.* Elles rendent le lapin plus sensible au staphylocoque (Gärtner). — *Surmenage.* Quand on fait tourner longtemps des rats dans un cylindre (à la manière des écureuils), on leur donne plus facilement ensuite le charbon et le charbon symptomatique (Charrin et Roger). — *Refroidissement.* Les poules, dont on abaisse la température à l'aide de l'eau froide (Pasteur) ou des antithermiques (Wagner), contractent aisément le charbon. — *Réchauffement.* La

vipère prend la peste à 26°-28°, le lézard à 21°-26°
(Nuttall). — *Diabète expérimental.* L'ingestion de
phlorhydzine accroît la sensibilité de la souris blanche
vis-à-vis de la morve (Léo — la souris blanche, contrairement à cet auteur, n'a nullement l'immunité).
— *Intoxications proprement dites.* Les pigeons chlo-
ralisés, les chiens alcoolisés... meurent du charbon
(Platania). — *Injection de toxines solubles ou de
cultures stérilisées. Injection de cultures vivantes.*
Souvent employées pour vaincre l'immunité, et surtout pour remonter la virulence : le mode d'action est
le même dans les deux cas. On confère le charbon
symptomatique au lapin, en lui injectant de la sérosité
filtrée dans les veines et du virus dans les muscles.
Ou bien, en lui injectant des cultures, soit vivantes,
soit stérilisées, de prodigiosus, associées au bacterium
Chauvœi (Roger). — *Entraves apportées évidemment à la leucocytose.* Le lapin prend le charbon
symptomatique, quand on lui introduit préalablement
une grande quantité d'eau dans les veines (Galtier).
Le chien prend le charbon, quand on lui introduit
préalablement une émulsion fine de charbon de bois
dans les veines (Platania). Le lapin dératé devient
plus sensible au charbon (Bardach). Le singe dératé
meurt de la fièvre récurrente (ubi supra). — *Entraves
apportées évidemment à la phagocytose.* Le cobaye
est réfractaire aux spores pures du bacille tétanique
et du vibrion septique (Vaillard-Besson), c'est-à-dire
aux spores débarrassées de la toxine adhérente (par
chauffage — 3 heures à 80° — par lavage, etc.).
Rien de plus simple que de constater le rôle des leucocytes dans cette immunité si curieuse. On injecte

des spores pures sous la peau, et l'on examine systé-matiquement l'exsudat qui se forme. Voici ce que l'on observe. L'inoculation provoque l'apparition de nombreux phagocytes. Ceux-ci s'emparent des germes introduits et les digèrent, au sein de vacuoles intraprotoplasmiques. Après quelques jours, il ne reste plus trace de spores dans le point inoculé (des unités persistent cependant, durant 2 à 3 semaines, comme le démontre l'inoculation de l'exsudat addi-tionné d'acide lactique). Entravons l'action phago-cytaire, et les spores vont germer ; les bacilles formés se multiplieront et empoisonneront l'organisme par leurs sécrétions. Les moyens ne manquent pas pour écarter les leucocytes ; on peut envelopper les spores dans du papier, les placer au milieu de petits cubes de gélose ; on peut pratiquer l'inoculation sous une eschare, en pleine ecchymose, etc..., ce sont là des procédés purement mécaniques. On peut également repousser les globules par injection concomitante d'acide lactique, de toxines tétanique ou septique, de divers microbes vivants ou morts, dits favorisants. Ce sont là des procédés biologiques, agissant sur la chimiotaxie leucocytaire. Inutile de dire qu'on peut associer moyens mécaniques et biologiques (une telle association se produit couramment dans l'infection tétanique ou septique naturelle). — Autre exemple : la poule et la grenouille, réfractaires au charbon, conservent longtemps, avons-nous dit, des spores vivantes au sein de leurs tissus. Si, avant la digestion complète de celles-ci, on refroidit la première ou l'on réchauffe la seconde, la germination se produit et la septicémie en résulte. — 3° FACTEUR MODE D'INOCU-

LATION. Nous renvoyons à ce qui a été dit plus haut (conditions de l'infection).

B. Immunité contre les toxines

Encore mal connue. Aussi serons-nous obligés de faire appel (ici, comme ailleurs) aux recherches concernant les toxines non microbiennes, et même d'autres poisons.

L'immunité n'est pas due à la propriété « toxinicide » des humeurs. Il est vrai que le serum des serpents et des scorpions détruit le venin correspondant; il est vrai que le serum du hérisson (réfractaire, ainsi que les animaux précédents, à l'un et l'autre venin) se comporte pareillement; mais il est également hors de doute que le serum du rat et celui de la poule — respectivement insensibles à la diphtérine et à la tétanine — se montrent totalement inactifs au regard de ces deux toxines.

L'immunité peut reconnaître comme cause le manque d'affinité du système nerveux pour le poison injecté. Ainsi la tortue, réfractaire à la tétanine et à la diphtérine, conserve celles-ci dans ses humeurs, pendant plusieurs mois, sans en pâtir.

De tels cas demeurent, malgré tout, exceptionnels. Il faut donc nous demander, puisque le rôle des humeurs doit être écarté, si les leucocytes ne jouiraient pas de la propriété de fixer et de détruire les toxines. Le fait semble aujourd'hui plus que vraisemblable. Si l'on injecte de la tétanine à une poule, les exsudats, provoqués chez cette poule, seront toujours plus toxiques que le sang (Metchnikoff). Si l'on injecte du sulfate d'atropine à un lapin, et qu'on centrifuge le sang oxalaté de cet animal, on trouvera plus de poison dans la couche leucocytaire que dans le plasma (Calmette).

On peut vaincre parfois au moins, l'immunité naturelle envers les toxines. Les grenouilles, habituées à la température de l'étuve, contractent facilement le tétanos (Marie).

C. Rapports des deux immunités

La résistance aux microbes n'est, dans certains cas, que la traduction d'une résistance aux poisons bactériens. Le rat et la souris ne prennent pas la diphtérie, la poule ne prend pas le tétanos, parce que les premiers sont insensibles à la diphtérine, la seconde à la tétanine. Mais, ordinairement, il n'en va point ainsi, car l'immunité contre les toxines est presque toujours limitée. Par conséquent, du fait qu'on peut tuer un animal avec des doses massives de culture, on ne saurait conclure que l'animal a été infecté. Fort souvent les mêmes doses de culture stérilisée amènent également la mort.

M. Metchnikoff met en parallèle les deux sortes d'immunité dans une expérience saisissante. La grenouille se montre sensible à la toxine cholérique, la larve de l'oryctes nasicornis résiste. La grenouille possède un système phagocytaire bien développé, celui de l'oryctes est rudimentaire. Injectons des vibrions cholériques aux deux animaux. La grenouille les détruit rapidement et évite ainsi l'intoxication, l'oryctes se laisse envahir et succombe à la quantité énorme de poison sécrété.

II. — *Immunité acquise non spécifique.*

A. IMMUNITÉ CONTRE LES MICROBES

Nous avons vu que, par certains moyens, on réussit à vaincre l'immunité naturelle. Des moyens inverses permettent de renforcer l'organisme, sans user de vaccinations spécifiques. Il est vrai qu'on « escamote » pour ainsi dire ainsi l'infection et que l'animal protégé n'acquiert pas d'état réfractaire ultérieur.

On peut agir soit sur le microbe, soit sur l'organisme.

1° **Procédés qui agissent sur le microbe.** — Le b. pyocyanique, antagoniste de la bactéridie charbonneuse *in vitro*, empêche aussi son développement *in vivo* (lapin). Mais il faut, si l'on veut obtenir un bon résultat, injecter les deux bactéries mélangées (M. Emmerich affirme, cependant, que les inoculations répétées de pyocyanique dans les veines vaccinent contre le charbon). L'« antiseptique » du microbe de Gessard supportant parfaitement la chaleur, on emploiera les cultures stérilisées à 100° avec autant de succès que les cultures vivantes.

2° **Procédés qui agissent sur l'économie.** — Ils ont tous pour effet d'amener une phagocytose précoce. Pasteur, le premier, constata que la bactéridie, inoculée avec divers microbes, pouvait ne pas végéter chez les animaux sensibles. Parmi les bactéries associées, les unes se comportaient peut-être comme le pyocyanique, d'autres certainement comme le pneumobacille. M. Buchner a reconnu que le mélange (en proportion convenable) de bacilles encapsulés et de bactéridies se révèle toujours inoffensif. Le microbe de Friedländer n'étant point antagoniste de l'autre *in vitro*, il faut admettre qu'il porte son action sur l'économie. Par quel mécanisme ? Inoculons au lapin la bactéridie seule : elle provoquera un œdème local ; inoculons le pneumobacille seul : il déterminera un afflux leucocytaire ; inoculons le mélange des deux : l'exsudat local sera, encore ici, riche en globules blancs, et ceux-ci détruiront les bacilles injectés, après 18-24 heures. Le microbe de Friedländer protège donc l'économie parce qu'il produit un afflux leucocytaire rapide. Lorsque M. Emmerich guérit le lapin charbonneux par inoculation intraveineuse de streptocoques, il augmente sans doute aussi et le nombre et l'activité des cellules phagocytaires. M. Klein a noté que les cobayes, immunisés à l'aide d'injections intrapéritonéales, contre le proteus, le colibacille, le b. typhique et le pyocyanique, ne meurent pas lorsqu'on leur inocule les vibrions cholériques dans le péritoine. Il s'agit toujours d'un appel phagocytaire, car l'immunisation renforce la résistance de la séreuse abdominale. M. Issaëff a prouvé que point n'est besoin de s'adresser aux microbes ; le bouillon, l'eau physiologique, divers sérums, la tuberculine..., introduits en péritoine 24 heures avant les vibrions (ou le b. typhique), enrayent l'infection. Ils l'enrayent tout simplement par la leucocytose locale à laquelle ils donnent lieu (voir, plus haut, les expériences de

16.

M. Pierallini). M. Bordet a pu faire supporter aux cobayes « préparés » une dose deux fois mortelle de streptocoques. On influence parfois le système phagocytaire en injectant certains sérums (d'animaux sensibles cependant), sérums susceptibles de se comporter comme des principes spécifiques (nous prévoyons dès maintenant combien la limite entre les actions spécifiques et non spécifiques sera difficile à tracer). M. Voges, inoculant sous la peau du cobaye $0^{cc},1$ de sérum de cobaye ou de lapin, le protège contre 1000 doses mortelles de bacille de la pneumonie contagieuse (des porcs) introduites sous la peau, ou contre 50 doses mortelles introduites dans le péritoine [24 heures après]. Un mot sur certaines expériences de MM. Walther, Filehne, Löwy et Richter. Ces auteurs ont constaté que l'élévation artificielle de la température renforce la résistance des animaux infectés. On sait que les modifications thermiques retentissent sur l'équilibre leucocytaire : on verra donc dans ce nouveau groupe de faits des phénomènes analogues à ceux qui précèdent.

B. Immunité contre les toxines

Diverses substances protègent contre les toxines animales et végétales (Calmette et Deléarde) — les solutions de nucléo-histone immunisent contre la tétanine et la diphtérine (Freund, Grosz et Jelinek) — le sérum de l'écrevisse, animal sensible au venin de scorpion, préserve pourtant la souris de l'intoxication par ce venin — le sérum normal de cobaye rend le cobaye réfractaire aux bacilles morts de la pneumonie contagieuse des porcs (Voges) — le sérum normal de chèvre protège le cobaye contre les vibrions cholériques morts (Pfeiffer). Le sérum normal du cheval, et celui de l'homme, empêchent l'action de la leucocidine staphylococcique sur les globules blancs (van de Velde), etc... En fait de toxines solubles et de poisons du corps des microbes, il est donc aussi dificile de savoir où commence la spécificité, que lorsqu'il s'agit de microbes vivants. Les composés les plus différents peuvent influencer le système phagocytaire à des doses si minimes que leur activité ne reste pas au-dessous de celles des antitoxines proprement dites ; nous y reviendrons bientôt.

Pour le moment, indiquons des expériences particulièrement démonstratives. Nous savons que les toxines, fixées sur certains corps (substance nerveuse, carmin), deviennent inoffensives au regard des espèces sensibles. C'est là une vraie immunité artificielle. Prenons comme type le phénomène de Wassermann et Takaki. Nous y trouvons deux conditions qui favorisent la résistance de l'organisme. D'abord, la matière cérébrale jouit de la propriété d'attirer les globules blancs : on s'en convainc facilement par l'expérimentation directe ; ensuite, lorsqu'elle est « teinte en tétanine » elle ne laisse diffuser que lentement son poison, et ce poison diffusé (peu abondant), loin d'écarter les leucocytes, contribue précisément à les attirer. Pour bien élucider le mécanisme du phénomène de Wassermann et Takaki, inoculons comparativement l'émulsion tétanifère dans le péritoine et dans les muscles. Dans le péritoine, l'infection est complètement « escamotée » ; les mononucléaires s'emparent des particules solides et détruisent parallèlement substance nerveuse et toxine ; la digestion est lente, mais toute diffusion de tétanine se trouve rigoureusement empêchée et c'est l'essentiel. Dans les muscles, ce sont surtout les polynucléaires qui affluent ; or ils ne peuvent englober la pulpe nerveuse ; la phagocytose étant retardée, des quantités non négligeables de toxine ont le temps de se libérer et l'animal contracte un tétanos grave, dont il peut mourir. Varions l'expérience fondamentale, en injectant le poison 24 heures après la substance cérébrale : l'intoxication fait défaut. La tétanine rencontre dans le péritoine non seulement la bouillie nerveuse, mais encore les leucocytes attirés par elle. Les conditions ne sont-elles pas les mêmes que dans les recherches de M. Issaëff ? — En provoquant chez le cobaye une mononucléose péritonéale, par injection de pilocarpine (1/3 de milligramme) ou par la laparotomie, M. Besredka a pu augmenter la résistance de l'organisme vis-à-vis du trisulfure d'arsenic (introduit deux jours après). L'organisme n'a dû, ici encore, sa protection qu'à l'intensité de la leucocytose locale, unique raison d'une phagocytose précoce.

Les animaux artificiellement protégés contre les toxines n'acquièrent nullement l'état réfractaire.

III. — *Immunité acquise spécifique conférée expérimentalement par les microbes et les toxines.*

A. Immunité conférée par les microbes

Depuis les mémorables travaux de Jenner, la question des vaccinations avait fait peu de progrès dans le domaine pratique et n'existait pas réellement au point de vue doctrinal. En découvrant les moyens d'atténuer et d'affaiblir les virus, Pasteur a fait reposer la prophylaxie des maladies infectieuses sur des bases rigoureusement scientifiques. La vaccination du choléra des poules, du charbon et du rouget, d'une part ; celle de la rage, de l'autre, constituent des modèles classiques que seule la sérothérapie a pu égaler.

On connait aujourd'hui de nombreuses méthodes, permettant de conférer l'immunité au moyen des microbes. Le problème se caractérise d'un mot : donner la maladie légère, pour préserver de la maladie grave. Or, donner la maladie légère, c'est proprement doser l'infection. Nous prévoyons donc qu'ici encore on agira (isolément ou conjointement) sur le microbe, l'organisme, le mode d'inoculation, afin de diminuer l'attaque ou d'augmenter la défense.

On peut faire usage de cultures atténuées ou affaiblies — de produits pathologiques affaiblis — de cultures ou produits stérilisés (nous arrivons ainsi, graduellement, à l'immunité conférée par les toxines).

On peut inoculer des doses ménagées de cultures ou produits virulents.

On choisit, si les circonstances le permettent, le moment où l'économie offre sa résistance maxima (la vaccination contre le rouget se pratique avantageusement chez les porcelets).

Enfin, dans certains cas, on introduit les virus, normaux ou affaiblis, en suivant une voie déterminée (vaccination du charbon symptomatique et de la péri-

pneumonie à la queue, vaccination du charbon symptomatique et de la rage dans les veines).

L'infection vaccinante se trouve parfois si bien
« dosée » qu'elle ne provoque aucune réaction apparente de l'organisme (vaccination de la peste bovine
au moyen de la bile).

Non seulement il est aisé d'immuniser les animaux
vis-à-vis de divers microbes, mais on parvient souvent
à leur faire supporter des quantités croissantes de
virus. L'hyperimmunité, ainsi réalisée, atteint quelquefois un degré étonnant.

Quel est le rôle respectif des humeurs et des cellules (phagocytaires) dans l'immunité acquise?

1° **Rôle des humeurs.** — Laissant de côté les anciennes hypothèses de l' « épuisement » et de la « substance ajoutée » (Pasteur, Chauveau), qui assimilaient
inexactement l'économie à un milieu de culture, nous
nous demanderons si les doctrines humorales récentes
se montrent plus satisfaisantes.

THÉORIE BACTÉRICIDE. — MM. Behring et Nissen,
constatant que le sérum des cobayes, vaccinés contre
le vibrio Metchnikowii, devient bactéricide à l'égard
de ce microbe, ont pensé qu'il en allait de même pour
toutes les infections. Cette généralisation hâtive est
contredite par la majorité des faits. Le sérum des
animaux immunisés contre la bactéridie charbonneuse, le pneumocoque, le streptocoque, le bacille
du hog choléra,... ne jouit d'aucune propriété microbicide vis-à-vis du pathogène correspondant. D'autre
part, les vibrions avicides, inoculés à un cobaye
vacciné, demeurent plusieurs jours vivants dans le
corps de celui-ci. — Enfin, on peut cultiver, par

le procédé des sacs, diverses bactéries chez les sujets immuns.

THÉORIE ATTÉNUANTE. — MM. Charrin et Roger ont montré que le streptocoque, le pneumocoque et le pyocyanique, développés en sérum de vacciné, ne tuent plus les animaux neufs. Ils voient là une preuve incontestable de l'atténuation d'origine humorale. M. Metchnikoff a fait justice de cette hypothèse. Les cultures inoculées contiennent : 1° les microbes, 2° le sérum de vacciné. Or ce dernier possède le pouvoir d'immuniser les animaux neufs (comme nous le verrons tout à l'heure). Le mélange « sérum de vacciné + microbe » doit donc être inoffensif. Au contraire, les microbes, débarrassés du sérum par lavage, doivent manifester leur virulence initiale : c'est ce qu'on observe avec le bacille du hog choléra (Metchnikoff), le vibrion avicide (Sanarelli), le pneumocoque (Issaëff).

En somme, ni la théorie bactéricide, ni la théorie atténuante ne sont capables d'expliquer la production de l'état réfractaire. La théorie de M. Pfeiffer et la théorie agglutinante, dont il sera parlé plus loin, doivent être pareillement rejetées.

2° **Rôle des cellules.** — Les travaux de M. Metchnikoff et de ses élèves ont établi que l'immunité résulte de l'accoutumance des phagocytes aux microbes inoculés. Donnons quelques exemples :

Inoculation des vibrions cholériques dans le péritoine du cobaye immunisé (Cantacuzène). — Mêmes phénomènes que si l'on injecte une dose non mortelle chez le cobaye neuf. Mais ici la phagocytose se montre encore plus énergique : après 10 heures elle est terminée, après 25 heures on trouve le contenu du péritoine stérile.

Inoculation des vibrions cholériques sous la peau du cheval hyperimmunisé (Salimbeni). — Les vibrions sont rapidement immobilisés ; puis apparaissent de nombreux leucocytes, qui englobent les microbes en 10-12 heures. L'exsudat ne donne pas de cultures positives passé le second jour. Les vibrions prennent l'aspect sphérique dans les seuls polynucléaires. Une certaine proportion est transformée en grains neutrophiles (les granulations éosinophiles manquent constamment chez le cheval).

Inoculation du streptocoque sous la peau du cheval hyperimmunisé (Salimbeni). — Vers la quatorzième heure, au plus tard, les phagocytes sont abondants et s'emparent des streptocoques. L'englobement, purement mononucléaire, prend fin après 24 heures. Mais les macrophages n'arrivent point à digérer complètement les bactéries ; ils dégénèrent et diminuent régulièrement de nombre (le quatrième jour ils ont disparu). On voit arriver alors les polynucléaires, qui détruisent les cocci en 5 à 6 jours. Il survient ensuite une nouvelle génération de mononucléaires, dont le rôle est de capter les débris cellulaires épars. Même transformation neutrophile partielle que dans le cas précédent. — Chez le lapin immunisé, M. Salimbeni a observé des phénomènes identiques.

Inoculation du pyocyanique dans le péritoine du cobaye immunisé (Georghiewski). — Tout d'abord une certaine quantité de leucocytes dégénèrent. D'autres affluent déjà au bout de deux heures. La phagocytose est terminée vers la 4e-5e heure ; les polynucléaires jouent le rôle dominant. Le 3e jour, le péritoine semble stérile ; mais, si l'on fait l'autopsie de l'animal, on trouve dans le tissu sous-séreux des amas leucocytaires contenant encore des germes vivants.

Inoculation du pyocyanique sous la peau du cobaye ou de la chèvre hyperimmunisés (Georghiewski). L'englobement débute après 2 heures environ ; il est complet aux abords de la 15e heure. Peu à peu se développe un petit abcès bénin, où la culture seule révèle des bacilles vivants pendant quinze jours.

Il résulte de ces expériences, et de bien d'autres, que les leucocytes protègent l'animal vacciné, comme ils protégeaient l'animal naturellement immunisé. La vaccination a eu pour effet d'accoutumer les globules blancs aux bactéries. Loin d'être maintenant repoussés par elles, ils sont au contraire puissamment attirés. Ajoutons qu'ils sont englobés vivants et virulents (des travaux, superposables à ceux qui ont été mentionnés en parlant de l'immunité naturelle, le démontrent surabondamment).

La vaccination change donc le signe de la chimiotaxie. N'y a-t-il jamais de destruction extracellulaire des microbes, chez les sujets devenus réfractaires ? Oui, dans quelques cas rares. Nous parlerons bientôt du « phénomène de Pfeiffer » et nous discuterons alors sa signification : inutile de faire des redites.

3° **Peut-on vaincre l'immunité acquise ?** — Certainement, mais la résistance est parfois très marquée. M. Marchoux n'a vu céder l'immunité charbonneuse (pastorienne) que devant le refroidissement et la gestation. M. Sanarelli a tué les cobayes vaccinés contre le vibrion avicide en les soumettant au froid après l'inoculation d'épreuve. M. Cantacuzène s'est adressé à la narcose, dans ses recherches sur les vibrions. Voici son expérience.

Inoculation des vibrions dans le péritoine du cobaye immunisé et narcosé. (On injecte sous la peau 1 centimètre cube de teinture d'opium pour 200 grammes, lors de l'infection). — La diapédèse est retardée; la phagocytose fait défaut pendant 5 à 6 heures. On se croirait en présence d'un cobaye neuf qui a reçu la dose mortelle de virus. Cependant la mort arrive plus lentement et l'englobement se montre complet au moment où l'animal succombe. — M. Georghiewski a obtenu les mêmes résultats chez les cobayes immunisés contre le pyocyanique.

M. Deléarde a étudié l'influence de l'alcool sur l'immunité. Les lapins alcoolisés, au cours de la vaccination contre la rage ou le charbon, ne sauraient être rendus réfractaires. Les lapins, déjà réfractaires, ne perdent pas leur immunité du fait de l'alcoolisme. Enfin, les lapins, déjà alcoolisés, ne sont vaccinables que si l'on suspend l'empoisonnement éthylique pendant l'immunisation.

B. Immunité conférée par les toxines

Le mithridatisme est connu depuis bien longtemps. On sait aussi que, dans les pays chauds, les indigènes parviennent fréquemment à se rendre réfractaires aux venins (serpents, scorpions). Les montagnards de Styrie s'accoutument à l'arsenic. M. Jac-quet citait récemment le cas d'un individu supportant quotidiennement 14 grammes de chlorhydrate de morphine et 1 gramme de chlorhydrate de cocaïne, etc.., etc..

Les travaux de MM. Fränkel, Behring, Roux et Vaillard... ont permis d'entreprendre la vaccination par les toxines solubles (nous connaissons déjà la vaccination par les corps microbiens). Suivant les cas, on emploie pour commencer les poisons normaux à doses ménagées, ou bien les poisons affaiblis (chaleur, solution iodo-iodurée et autres substances chimiques). On se sert plus rarement des produits pathologiques stérilisés ou filtrés. Le résultat est l'immunité, et même l'hyperimmunité lorsque la tolérance a été poussée très loin. Quelle sera la cause de cette tolérance?

Le sérum des animaux vaccinés devient ordinairement « toxinicide » (ou, comme on dit, de préférence, « antitoxique »). Mais il n'y a point là une règle fatale. MM. Calmette et Delearde ont vu que les humeurs des grenouilles et des tortues, immunisées contre l'abrine, ne préservent pas les souris : bien plus, elles les tuent. M. Vaillard vaccine deux lapins contre le tétanos (c'est-à-dire contre la toxine tétanique), l'un avec des spores pures additionnées d'acide lactique, l'autre avec du poison affaibli : le sérum du premier n'acquiert aucune antitoxicité, le sérum du second devient toxinicide. M. van de Velde immunise deux lapins contre le staphylocoque, l'un avec des exsudats d'animaux inoculés dans la plèvre, l'autre avec ces mêmes exsudats chauffés (1/2 heure vers 60°) : le sérum du premier devient seul antileucocidique, et cependant les deux animaux se montrent également réfractaires.

Il faut donc chercher l'explication de la tolérance du côté des cellules (phagocytes). Comme on ne voit pas les toxines, on est obligé de tourner la difficulté de diverses manières. Mentionnons l'artifice suivant, auquel a eu recours M. Calmette. Le noir animal retient l'abrine, et la « teinture » ainsi obtenue résiste au lavage. Si, dans le péritoine d'un cobaye « préparé » (par injection de bouillon, pratiquée la veille), on introduit l'émulsion d'abrine toxifère, on n'observe pas de phagocytose, malgré l'abondance des leucocytes présents. Si dans le péritoine d'un cobaye vacciné et préparé, on pratique la même inoculation, on voit les globules blancs englober rapidement les grains de noir animal.

L'immunité vis-à-vis des toxines nous apparaît donc comme l'accoutumance des phagocytes aux poisons microbiens.

Les lapins, vaccinés contre la tétanine, perdent l'état réfractaire quand on les alcoolise. Les lapins, alcoolisés au cours de la vaccination, deviennent difficilement immuns. Enfin, les lapins, déjà alcoolisés, ne peuvent être vaccinés que si on suspend l'intoxication par l'alcool (Deléarde).

C. Rapports des deux immunités.

Les sujets vaccinés par les microbes n'ont le plus souvent aucune immunité vis-à-vis des toxines, ils peuvent même se montrer plus sensibles que les sujets neufs. Cela résulte des expériences de M. Metch-

nikoff et de ses élèves (b. pyocyanique, b. du hog
choléra, v. avicide — cultures stérilisées) ; de MM.
Metchnikoff, Roux et Salimbeni (les animaux vaccinés contre les vibrions cholériques ne résistent pas à
la toxine soluble) ; et de M. Wassemann (mêmes observations au sujet du b. pyocyanique).

Les sujets vaccinés par les toxines possèdent l'immunité vis-à-vis de la toxine et vis-à-vis des microbes.
Voici, d'après M. Salimbeni, comment sont détruits
les bacilles diphtériques sous la peau des chevaux
hyperimmunisés par la diphtérine : on voit apparaître
très vite de nombreux leucocytes (polynucléaires
principalement).; la phagocytose est complète après
64 heures. Une certaine quantité des bactéries captées
se transforment en grains neutrophiles. Si l'on fait
l'inoculation d'épreuve au bout de l'oreille et si, vers
la fin de la première heure, on résèque le point inoculé, l'examen microscopique montrera une diapédèse
intense (même au niveau des petites artères) ; il montrera ainsi que les lymphatiques sont gorgés de leucocytes.

IV. — *Immunité acquise spécifique conférée expérimentalement par les sérums.*

MM. Richet et Hericourt ont établi (1888) que le
sérum des chiens, vaccinés contre le staphylococcus
pyosepticus, peut immuniser les lapins vis-à-vis du
microbe (découverte des sérums anti-microbiens).
MM. Behring et Kitasato ont reconnu ensuite (1890)
que le sérum des animaux, vaccinés contre les toxines

diphtérique et tétanique, jouit de la triple propriété préventive, antitoxique et curative à l'égard de ces toxines (découverte des sérums antitoxiques). On sait l'importance capitale de ces dernières recherches.

Nous étudierons successivement : les sérums anti-microbiens ; les sérums antitoxiques ; les rapports de ces deux anticorps ; puis le « phénomène de Pfeiffer » et les découvertes auxquelles sa discussion a donné lieu.

A. Sérums antimicrobiens.

Le sérum des sujets immunisés — et surtout hyper-immunisés — contre divers microbes (pas contre tous, malheureusement) jouit de la faculté d'immuniser d'autres sujets, appartenant ou non à la même espèce. L'état réfractaire ainsi communiqué — plus ou moins solide selon l'activité du sérum — revêt toujours un caractère transitoire : il s'évanouit après 2 ou 3 semaines environ (sauf si l'on inocule des doses énormes). C'est une résistance d'emprunt, qui fléchit au fur et à mesure que s'élimine l'anticorps injecté.

Comment agissent les sérums antimicrobiens ? Ils ne sont pas bactéricides dans la majorité des cas ; ils ne sont qu'exceptionnellement antitoxiques. Il faut donc bien qu'ils influencent le système phagocytaire. Les expériences suivantes vont le prouver.

Inoculation du b. pyocyanique dans le péritoine du cobaye immunisé par le sérum. (Georghiewski). — Mêmes phénomènes que si l'on fait l'inoculation chez un cobaye vacciné par les microbes. — On peut schématiser in vitro ce qui se passe in vivo. Mélangeons, à du sérum antipyocyanique, des bacilles du pus bleu et des leucocytes de cobaye neuf : ces derniers, stimulés par l'anticorps, vont englober avidement les bactéries et les transformer en granules dans leur protoplasma.

Inoculation du streptocoque et du sérum de Marmorek (S. antistreptococcique) dans le péritoine du cobaye préparé. (Bordet). — Il est nécessaire de préparer le cobaye, à cause de la virulence du streptocoque employé. *Dose mortelle.* La phagocytose se manifeste rapidement et l'animal guérit sans encombre. *Dose plusieurs fois mortelle.* Selon la quantité inoculée le cobaye meurt ou résiste. Dans le premier cas la phagocytose est tardive et incomplète. L'englobement n'a lieu que vers la 22ᵉ heure, et encore reste-t-il partiel. Les leucocytes sont cependant très nombreux, puisque l'animal a été préparé : il ne sont pas assez stimulés pour détruire la totalité des microbes présents. Après 28 heures, l'exsudat très riche en cellules, épais, pyoïde, constraste avec l'inertie fonctionnelle de l'organisme ; les mononucléaires montrent un peu plus d'activité que les polynucléaires, mais cette activité est bien insuffisante. Au bout de 34 heures, les streptocoques, nombreux et encapsulés, se multiplient abondamment et envahissent l'économie. — Dans le second cas on voit les leucocytes augmenter de quantité pendant près de 20 heures sans que la phagocytose soit marquée ; puis, tout à coup, celle-ci débute et se parfait en peu de temps (crise phagocytaire). Le cobaye guérit d'ordinaire ; parfois une rechute l'enlève. C'est qu'alors on était à la dose limite.

Inoculation de la bactéridie dans le péritoine du lapin immunisé par le sérum (Marchoux). — On injecte le sérum anticharbonneux dans le péritoine et, le lendemain, une émulsion bactérienne (sans spores). L'englobement est terminé en 10 minutes ; après 24 heures la séreuse se révèle stérile. — Quand on éprouve les animaux avec du sang charbonneux, il est nécessaire de leur injecter infiniment plus de sérum que si l'on fait usage de cultures, car la présence de petits caillots gêne beaucoup la phagocytose. Pour le démontrer, inoculons les bactéridies ou sein d'une ecchymose : il sera impossible de sauver le lapin. — Le sérum ne vaccine pas contre l'infection par les spores parce que les spores résistent énormément à la digestion intracellulaire et qu'il faudrait pouvoir stimuler davantage l'énergie des leucocytes.

Les exemples précédents justifient donc bien le nom de stimulines, que M. Metchnikoff a donné aux sérums antimicrobiens (ainsi qu'aux sérums antitoxiques et aux substances vaccinantes non spécifiques). Ils nous font assister à toutes les péripéties de la lutte entre les bactéries et l'organisme suffisamment ou insuffisamment renforcé. De tels faits dictent, pour ainsi dire, leur interprétation.

Les sérums méritent-ils le nom de spécifiques que nous avons choisi dans notre classification? Pas absolument. Nous savons déjà que des sérums quelconques, ainsi que des corps très variés, protègent parfois l'économie à des doses minimes (aussi minimes que celles auxquelles on emploie les anticorps). D'ailleurs, spécifiques ou non, les stimulines n'agissent-elles pas toujours d'une façon identique?

On réussit souvent à vaincre l'état réfractaire, quand on injecte de grandes quantités de virus,

quantités qui dépendent de la virulence du microbe
d'une part, de l'activité du sérum de l'autre ; les
chiffres varient avec chaque cas particulier. La vaccination par les anticorps est fréquemment inférieure,
comme solidité, à la vaccination par les microbes.
M. Marchoux a eu facilement raison de la séro-
immunité charbonneuse, en associant au bacillus
anthracis diverses bactéries ou toxines ; ces moyens
sont restés sans effet vis-à-vis de l'immunité pastorienne. Celle-ci ne disparait pas non plus lorsqu'on
inocule du sang virulent ou des spores.

B. Sérums antitoxiques

Le sérum des animaux vaccinés — et surtout
hypervaccinés — contre les toxines (animales, végétales, microbiennes) et contre certains poisons, possède une triple propriété. Inoculé avant la toxine, il
préserve — inoculé avec la toxine, il préserve
encore — inoculé après la toxine, il guérit (tant que
l'intoxication n'est point trop avancée). On sait
quels merveilleux résultats a donnés la sérothérapie
(Behring, Roux). On sait aussi que le sérum antitétanique, injecté en pleine substance cérébrale, peut
guérir le tétanos déclaré (Roux et Borrel). Nous ne
pouvons insister sur ces questions, qui se rapportent
à la thérapeutique spéciale.

Comment agissent les antitoxines ? M. Behring a
d'abord pensé qu'elles neutralisaient chimiquement
les poisons bactériens. M. Buchner réfuta cette
manière de voir en montrant qu'un mélange de toxine
et d'antitoxine tétaniques, inoffensif pour la souris,

tuait parfaitement le cobaye ; il conclut que poison et contre-poison coexistent simplement dans le mélange, sans offrir trace de combinaison mutuelle. M. Behring n'admit pas l'explication ; il soutint qu'il reste un excès de toxine, indifférent vis-à-vis de la souris et mortel pour le cobaye. M. Roux établit que le mélange « neutre », supporté par les cobayes sains, fait périr les cobayes débilités. M. Behring répondit que l'excès de toxine (non combinée) suffit à entraîner la mort des animaux affaiblis, dont les cellules sont hypersensibles. MM. Roux et Calmette chauffèrent vers 80° un mélange « neutre » de venin et d'antivenin, et purent ainsi détruire l'antitoxine, tout en respectant la toxine. M. Wassermann opéra de même pour le poison et le contrepoison pyocyaniques. M. Behring vit là un simple dédoublement de son composé chimique, sous l'influence de la chaleur.

Pour savoir si les antitoxines portent leur action sur les toxines ou sur l'organisme il faut donc invoquer encore d'autres considérations. Faisons d'abord remarquer que certaines substances non spécifiques (ubi supra : Immunité non spécifique) se comportent absolument comme les antitoxines les plus légitimes. D'autre part, rappelons que le sérum antitétanique vaccine contre le venin des serpents et qu'il en va de même pour le sérum des lapins immunisés contre la rage — bien que ce dernier ne préserve pas les animaux neufs de l'infection rabique. Si des corps non spécifiques exercent, dans certains cas, une pareille action protectrice, c'est évidemment parce qu'ils s'adressent à l'organisme. Les contrepoisons spécifiques ne sont sans doute aussi que des stimulines leucocytaires. Les travaux suivants, entre autres, confirment cette manière de voir.

Expériences de M. Calmette sur l'abrine. — Le noir animal « teint en abrine » et émulsionné dans l'eau physiologique, est englobé par les phagocytes péritonéaux des cobayes préparés et immunisés 24 heures auparavant (l'immunisation se fait à l'aide du sérum antiabrique). Résistance et phagocytose marchent de pair, pour cette toxine rendue visible.

Recherches de M. Besredka sur la diphtérine. — Les animaux guéris de l'intoxication, grâce au sérum, offrent une polynucléose qui se prolonge pendant quelque temps ; quand la polynucléose manque, le pronostic est fatal. Mêmes constatations chez les diphtéritiques traités avec l'antitoxine.

Recherches de M. Besredka sur l'acide arsénieux. — Le sérum des lapins qui ont pu supporter la dose mortelle de ce composé (administrée par fractions) présente, après 6-8 jours, les deux propriétés préventive et antitoxique (il n'est point curatif). On constate que son administration amène de l'hyperleucocytose. Il agit donc sur le système phagocytaire et renforce la résistance des globules blancs.

Nous ne voulons pas nier a priori l'existence de contrepoisons réels, d'antidotes au vrai sens du mot. Mais le seul exemple connu d'une véritable neutralisation chimique, l'action de l'hyposulfite de soude sur les dinitriles normaux (Lang ; Heymans et Masoin), appartient précisément à l'immunité non spécifique et ne saurait être comparé aux stimulations leucocytaires d'origine antitoxique.

C. Rapports des séro-immunités antimicrobienne et antitoxique

Les sérums antimicrobiens ne sont généralement pas antitoxiques (expériences sur le bacille du hog choléra — Metchnikoff ; sur le vibrio Metchnikowii — Sanarelli ; sur le pneumocoque — Issaëff ; sur les vibrions cholériques — Pfeiffer et Wasserman etc.) ; il faut faire une exception pour le sérum antipesteux (Roux). N'étant pas antitoxiques, ils jouissent d'un pouvoir curatif nul ou peu marqué ; peut être, cependant, a-t-on trop exagéré cette nullité thérapeutique (le sérum de Marmorek guérit parfaitement l'anasarque du cheval). Les sérums antimicrobiens sont parfois préventifs à dose plus faible que les sérums antitoxiques correspondants (sérums cholériques, pyocyaniques).

Les sérums antitoxiques se montrent préventifs, antitoxiques et curatifs vis-à-vis des toxines et des microbes. (Metchnikoff, Roux et Salimbeni — Wassermann).

D. Phénomène de Pfeiffer

Quand on inocule une émulsion de vibrions cholériques dans le péritoine des cobayes hyperimmunisés, on observe, d'après M. Pfeiffer, le phénomène suivant : les vibrions sont immobilisés, se transforment en granules et se dissolvent peu à peu, sans que les phagocytes interviennent. La destruction bactérienne serait donc extracellulaire (fig. 31).

Quand on inocule la même émulsion, mêlée a du sérum anticholérique (choléra-sérum), dans le péritoine des cobayes neufs, les apparences sont identiques, mais, de plus, les vibrions immobilisés se réunissent quelquefois en amas.

M. Bordet a établi qu'on peut reproduire le phénomène in vitro. Ses recherches marquent l'origine

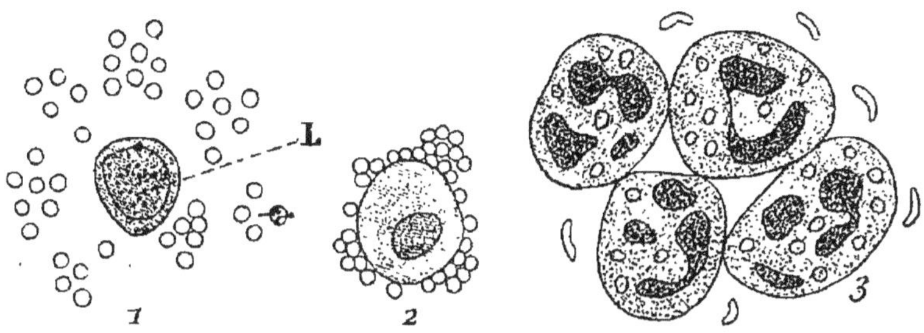

FIG. 3r. — 1. Transformation extracellulaire des vibrions en granules dans le péritoine du cobaye hyperimmunisé (L = lymphocyte). — 2. Accumulation de granules autour d'un globule blanc. — 3. Transformation intracellulaire des vibrions en granules dans les polynucléaires de l'exsudat péritonéal (cobaye hyperimmunisé, « préparé » par injection de bouillon). La destruction des vibrions a lieu grâce à la seule phagocytose ; les organismes non englobés conservent la forme virgulaire. — D'après Metchnikoff.

d'une série de travaux très importants, qui se rapportent aux sérums antimicrobiens, anticellulaires, antihumoraux, antidiastasiques. Nous les résumerons pour terminer.

1º *Réaction de Pfeiffer.*

A. **Phénomène bactéricide.** — Exprimé par la transformation granulaire (la dissolution ultérieure paraît douteuse). Le choléra-sérum possède donc, en dehors de sa faculté préventive, un pouvoir microbicide intense. Ce pouvoir est spécifique. Les expériences suivantes (Bordet et Cantacuzène) vont nous indiquer comment il s'exerce.

Expériences in vitro. — Le choléra-sérum frais, mêlé aux vibrions, les convertit en granules (et les agglutine). — Le C. S., vieux ou chauffé (1/2 heure à 55°), ne modifie plus la forme des vibrions (mais il les agglutine parfaitement). — Le C. S., vieux ou chauffé, additionné d'un sérum frais quelconque, recupère ses propriétés originelles.

Le C. S. contient, par conséquent, trois substances : S. agglutinante (que nous laisserons momentanément de côté) — S. bactéricide normale (ubi supra) — S. préventive. Cette dernière résiste à 70°. Elle possède ce singulier privilège de transformer l'alexine normale en lysine spécifique. Pour obtenir l'effet bactéricide caractéristique, il faut le concours des deux substances. L'alexine, isolée, se montre fort peu active ; le C. S. vieux ou chauffé, permet le développement des vibrions ; au contraire, le mélange provoque les altérations découvertes par M. Pfeiffer. M. Bordet admet que la substance préventive sensibilise les vibrions à l'action de la lysine normale.

Expériences in vivo. — Le C. S., même vieux ou chauffé, mêlé aux vibrions et injecté dans le péritoine du cobaye neuf, détermine le phénomène type.

Voici plusieurs tableaux empruntés à M. Cantacuzène.

Injection de sérum et de vibrions mélangés. — La majorité des bactéries se transforme en gra-

nules. La plupart des polynucléaires, altérés, s'entourent d'une atmosphère glaireuse ; tous les vibrions
compris dans cette aréole sont sphériques (fig. 31). —
Après 1/2 heure, on voit s'élever notablement le nombre des microphages. Ils commencent à englober les
granules. — Vers la 3ᵉ heure, il reste peu de grains
libres. Parfois ceux-ci semblent disparaître très vite ;
aussi M. Pfeiffer croyait-il à une dissolution rapide.
Il est probable qu'une telle dissolution doit être au
moins limitée, car on retrouve les granules, évanouis
en apparence, sur les parois péritonéales. Là ils sont
captés par les leucocytes, et la séreuse se montre stérile au bout de 30 heures.

*Injection de vibrions et, 3 heures après, de
sérum.* — (Dans ces conditions, l'animal succombe
toujours). Avant l'injection du sérum on n'observe
ni leucocytose, ni phagocytose. Peu après l'injection,
les polynucléaires montrent l'aréole muqueuse indiquée plus haut, et les vibrions deviennent sphériques.
— Au bout d'une heure, leucocytose et phagocytose.
— Vers la 3ᵉ heure, l'englobement est presque
complet. — Si l'animal meurt en 12-15 heures, la
phagocytose est terminée lors de la mort ; s'il meurt
en 24-30 heures, nombre de granules intracellulaires
ont germé (ce qui prouve qu'ils avaient été captés
vivants).

*Injection de sérum et vibrions mélangés à des
animaux narcosés.* — Dans les quatre cinquièmes
des cas les cobayes succombent, avec un retard il
est vrai. Si la mort survient en 20 heures, la transformation granulaire est lente, et les grains disparaissent lentement. Il reste toujours des vibrions

libres qui infectent l'animal. — Si la mort survient en 70 heures, tous les granules sont englobés vers la 8ᵉ heure, mais il persiste des formes virgulaires qui augmentent peu à peu de nombre. De leur côté, les leucocytes sortent peu à peu de leur torpeur et, vers la 40° heure, captent presque tous les vibrions présents ; il est trop tard alors et le cobaye périt.

Théorie de Pfeiffer. Discussion. — M. Pfeiffer explique ainsi la réaction qu'il a découverte : le C. S. contient des anticorps spécifiques (non bactéricides, non antitoxiques), formés sous l'influence de la vaccination, et capables de donner naissance à des corps bactéricides actifs. Ces derniers traduisent leur présence par la destruction extracellulaire des microbes inoculés. Généralisant les faits observés avec les vibrions, le savant allemand pense que la phagocytose est loin de représenter l'unique mode de défense de l'organisme.

M. Metchnikoff et ses élèves, approfondissant la réaction de Pfeiffer, ont ramené à leur juste valeur les apparences qui la caractérisent. Voici la théorie qu'ils ont proposée. Chez les animaux vaccinés « activement » (c'est-à-dire par les vibrions), les leucocytes contiennent les deux substances : bactéricide normale et préventive — chez les animaux neufs, ils ne contiennent, bien entendu, que l'alexine de Buchner. Nous savons, d'autre part, que l'injection de liquides ou d'émulsions variées, dans le péritoine, provoque la phagolyse des globules de la séreuse. Rien de plus simple que d'expliquer le phénomène de Pfeiffer à l'aide de ces données.

Nous inoculons des vibrions chez un animal

hyperimmunisé (il faut qu'il soit hyperimmunisé; il faut que ses leucocytes renferment beaucoup de substance préventive) : la phagolyse amène mécaniquement l'issue des corps bactéricide et préventif, et l'association de ceux-ci détermine, comme in vitro, l'état granulaire des vibrions inoculés. Nous inoculons des vibrions, mêlés au C. S. chez un animal neuf; la phagolyse met en liberté l'alexine normale, qui vient s'associer à la substance préventive introduite avec des microbes, et ceux-ci sont encore transformés, comme in vitro.

La théorie de M. Metchnikoff se base sur de nombreuses preuves. Tout d'abord, il est aisé de démontrer que les deux principes actifs résident dans les leucocytes. Le liquide d'œdème des sujets hyperimmunisés n'influence pas les vibrions; le sérum de ces même animaux perd de son énergie après injection intraveineuse de carmin, injection qui provoque l'hypoleucocytose. Il est non moins facile d'établir le caractère exceptionnel, et pour ainsi dire artificiel, de la réaction de Pfeiffer. L'inoculation des vibrions dans les régions pauvres en leucocytes ne saurait produire de phagolyse appréciable : elle ne s'accompagne pas davantage de transformation granulaire. On peut injecter l'organisme cholérique sous la peau, dans la chambre antérieure... sans jamais observer de destruction extracellulaire. Enfin, augmentons le nombre et la résistance des phagocytes péritoneaux, grâce à la méthode de « préparation » déjà plusieurs fois mentionnée : le phénomène de Pfeiffer n'aura plus lieu (fig. 3r). Cette expérience prouve aussi que les globules blancs n'excrètent pas les produits élaborés par eux, car, dans l'hypothèse de M. Buchner, la destruction extracellulaire devait devrait atteindre précisément son maximum chez les animaux préparés.

Concluons que la phagocytose représente bien le mode essentiel de protection de l'économie. Là où elle semble en défaut, il s'agit d'un simple accident et ce sont encore les produits leucocytaires auxquels on doit rapporter la mort des microbes inoculés.

Le phénomène de Pfeiffer ne paraît pas — quoi qu'on ait dit — avoir été véritablement constaté avec d'autres bactéries que les vibrions.

B. Phénomène agglutinant. — Nous avons indiqué que le C. S. agglutine les vibrions in vitro (et quelquefois in vivo). D'autres sérums spécifiques jouissent de la même propriété vis-à-vis des microbes correspondants. La faculté agglutinante est donc infiniment plus répandue que la faculté bactéricide.

MM. Charrin et Roger avaient montré jadis que le b. pyocyanique se développe sous forme d'amas dans le sérum des vaccinés. M. Metchnikoff et ses élèves ont fait pareille constatation pour le vibrio Metchnikowii, le pneumocoque, le bacille du rouget. On a remarqué aussi que le sérum des animaux immunisés contre le b. typhique, le colibacille, le b. aerogenes... se comporte identiquement. Enfin, on s'est aperçu que les individus ou les animaux infectés par les bactéries que nous venons d'indiquer (et par d'autres encore) présentent un sérum agglutinant. M. Widal a fondé sur ce fait sa précieuse méthode du sérodiagnostic. Nous voyons déjà qu'agglutination et immunité n'ont entre elles aucun rapport forcé.

CARACTÈRES DE L'AGGLUTINATION. — On peut la

réaliser de deux façons différentes : soit en mélangeant au sérum une émulsion microbienne, soit en additionnant de sérum le bouillon ensemencé. Dans le premier cas, le liquide trouble s'éclaircit et les microbes se réunissent à la partie inférieure ; dans le second, la culture se développe d'après le type streptococcique (liquide limpide, avec dépôt floconneux) ; elle offre d'ailleurs sa virulence normale. Certains organismes se laissent agglomérer à l'état naissant, mais point à l'état adulte : le pneumocoque, par exemple. Plusieurs espèces bactériennes sont agglutinables même après leur mort.

L'activité du sérum varie beaucoup suivant les circonstances ; parfois il existe un degré de dilution optimum (le sérum des animaux immunisés contre le rouget se comporte ainsi — Mesnil). M. Salimbeni a établi que l'air favorise l'agglutination. Il a constaté également — fait important — que l'agglomération manque in vivo. On ne l'observe pas quand on injecte les vibrions chez les animaux qui ont reçu le sérum la veille ; on l'observe, au contraire, chez ceux qui reçoivent un mélange de vibrions et de sérum ; et elle s'accuse d'autant plus qu'on a attendu davantage avant de pratiquer l'inoculation. Lorsqu'on introduit les vibrions sous la peau des chevaux hyperimmunisés et qu'on prélève de temps en temps une goutte d'exsudat, il faut bien se garder de léser les vaisseaux capillaires, sinon le sang extravasé suffirait pour déterminer l'agglutination (et la transformation granulaire). La seule modification des vibrions qui se produise au sein de l'organisme hypervacciné, c'est l'immobilisation.

La substance agglomérante, contrairement à la substance préventive, peut passer dans les diverses humeurs (sérosités, lait, urine…). Elle résiste à 60° (sérum) et se détruit à 75°-80° (lait) — Widal.

THÉORIES DE L'AGGLUTINATION. — MM. Gruber et Durham ont soutenu que les corps agglutinants spécifiques gonflent la membrane des microbes et sensibilisent, par là même, ceux-ci à l'action des alexines. On rencontre parfois la tuméfaction indiquée (vibrion cholérique — Trumpp ; bacille de la peste — Zabolotny ; oïdium — Roger), mais c'est un pur effet de l'alexine et non de l'agglutinine. Après chauffage (55°) le sérum agglomère parfaitement et ne modifie plus l'aspect des microbes (Bordet). M. Krauss a noté que les cultures filtrées s'agglutinent sous la forme d'un coagulum, colorable au moyen des matières basiques. M. Ch. Nicolle s'est occupé spécialement de ce « coagulum de Krauss » et a publié de nombreuses expériences sur le sujet. Il pense que, lors de l'agglomération, les microbes sont entraînés par la coagulation qui se produit dans le liquide et au niveau des membranes bactériennes. M. Bordet distingue deux éléments : le phénomène de Krauss et l'agglutination proprement dite. Le premier sera étudié plus tard ; il ne saurait rendre compte de la rapidité avec laquelle se manifeste souvent l'éclaircissement des émulsions, car sa production est toujours lente ; du reste, on ne voit pas, englobant les bactéries, le réseau, colorable par les matières basiques, qui devrait se révéler constamment. Le second s'expliquerait ainsi ; les agglutinines agissent sur les microbes, en modifiant leurs propriétés d'adhésion moléculaire. Si la composition saline du milieu est convenable, l'agglomération se produit; sinon, elle fait défaut. (M. Duclaux avait déjà beaucoup insisté sur le rôle des sels dans les coagulations et dans les actions diastasiques). M. Bordet invoque, à l'appui de son opinion, plusieurs expériences, dont la suivante: une émulsion de vibrions, en eau physiologique, est traitée par le C. S : l'agglutination a lieu. On centrifuge, on décante, on dilue le dépôt avec un peu d'eau et l'on fait deux portions. L'une (A) est additionnée d'eau physiologique, l'autre (B) d'eau distillée. On centrifuge: la précipitation est plus rapide pour (A) que pour (B). On recommence l'opération avec les dépôts (A)′ et (B)′ : (A)′ montre une précipitation (B)′ n'en montre pas. Si l'on ajoute 0,7 pour 100 de sel à (B)′, l'agglutination apparaît. Les agglutinines sont donc des diastases coagulantes ; il faut toutefois les distinguer des autres coagulines dont il sera question ultérieurement.

L'agglomération « spontanée » des cultures doit reconnaître pour cause la sécrétion d'agglutinines par les microbes, au cours du développement (Ch. Nicolle). M. Malvoz a montré que le liquide de culture du premier vaccin charbonneux agglomère la bactéridie atténuée.

C. **Caractères généraux des lysines et agglutinines spécifiques.** — Elles succèdent à l'injection des microbes vivants ou morts et des toxines. En inoculant le vibrion cholérique et le bacille typhique chez un même animal, on obtient les anticorps correspondant aux deux bactéries. Ainsi que les lysines et agglutinines normales, les lysines et agglutinines spécifiques sont fixées par les microbes sensibles, lesquels peuvent s'accoutumer à elles. MM. Ransom et Kitashima ont établi que les vibrions cholériques, après ensemencements répétés dans le C. S., sont bien moins influencés in vivo et in vitro. On transmet le double pouvoir bactéricide et agglomérant à un animal neuf, quand on lui injecte tel ou tel sérum en proportion de la masse du sang.

Les sérums sont-ils aussi spécifiques que leur nom semble l'indiquer? Non. Divers corps chimiques agglutinent le bacille typhique et lui font même subir la transformation granulaire (sublimé, acide picrique, et surtout safranine — la safranine, injectée dans les veines du lapin, lui confère ses propriétés tant que l'élimination n'a pas pris fin — Sabrazès et Brengues). D'autres composés agissent sur les vibrions. Le sérum humain normal agglomère le premier vaccin charbonneux (Lambotte et Maréchal). Nous savons déjà que le sérum normal du cheval agglutine les vibrions; M. Bordet a prouvé qu'ici encore les sels jouent un rôle essentiel.

Il n'existe aucun rapport entre l'agglomération et le pouvoir préventif. Après ingestion de grandes quantités de cultures typhiques, le sérum du chien devient très agglutinant et n'est point capable de vacciner (Fränkel et Otto). Pas de rapport non plus entre la faculté agglutinante et l'immunité. Le sérum des typhiques offre son activité maxima pendant la maladie; dès la première semaine de la convalescence, cette activité commence à fléchir. La réaction de Widal est donc une réaction d'infection et non d'immunité, (de même pour le sérum des cholériques, des pestiférés... et pour le sérum des animaux infectés avec diverses bactéries). Ce n'est pas parce que les animaux devenus réfractaires jouissent de l'immunité qu'ils possèdent un sérum agglutinant, c'est parce qu'il a fallu les hyperinfecter avant d'obtenir cette résistance solide.

Enfin, l'agglomération n'est pas liée au pouvoir bactéricide. Le sérum du chien, traité par le premier vaccin charbonneux; agglomère fortement la bactéridite, mais n'influence ni sa forme, ni sa vitalité (Gengou).

2° *Lysines et agglutinines des hématies.*

Nous entrons maintenant dans la série des travaux provoqués par l'interprétation du phénomène de Pfeiffer.

De même qu'en immunisant les animaux contre les vibrions on fait naître chez eux une substance préventive (sensibilisant les vibrions à l'alexine normale) et une substance agglutinante, substances dont l'action s'exerce sur les organismes cholériques — de même, en immunisant (si l'on peut ainsi s'exprimer) les animaux contre les hématies d'autres espèces, on fait naître chez eux des anticorps, dont l'action s'exerce sur les hématies de ces espèces.

Voici deux exemples caractéristiques :

Propriétés du sérum des cobayes traités par le sang de lapin (Bordet). — Le sérum de ces cobayes agglutine, puis dissout les hématies des lapins neufs ; aussi comprend-on que 2 centimètres cubes de cet hémosérum tuent le lapin dans les veines. — L'hémosérum chauffé (1/2 heure à 55°) agglutine encore les H. mais ne les dissout plus. — L'H. S. chauffé, additionné de sérum frais (lapin ou cobaye), agglutine et dissout. — Le liquide d'œdème des cobayes traités est inactif. — L'agglutinine, spécifique, est fixée par les H. Si l'on fait agir l'H. S. chauffé sur les H., que l'on centrifuge, puis qu'on décante le liquide clair, celui-ci n'agglomère plus de nouvelles H. — L'H. S. mêlé aux H et injecté dans le péritoine d'un cobaye neuf, provoque la dissolution *in vivo*. Les H injectées dans le péritoine d'un cobaye traité sont pareillement détruites (sous la peau la destruction est lente).

Mêmes phénomènes, si l'on étudie les propriétés du sérum des lapins traités par le sang de poule (Bordet).

Propriétés du sérum des cobayes traités par le sang d'oie (Metchnikoff). — Phénomènes encore identiques. La dissolution des H. de l'oie, *in vitro* et *in vivo*, ne porte point sur le noyau (de même, dans le cas des H. de la poule mêlées au sérum du lapin traité par le sang de poule).

Quand on inocule, en péritoine de cobaye traité, le sang d'oie saturé de CO_2, il se manifeste une forte leucocytose. Les H. aviaires sont agglutinées, mais la plupart échappent à la destruction extracellulaire. Quand on inocule le sang d'oie, en péritoine de cobaye traité et préparé, on diminue également la dissolution extracellulaire, mais on ne la réduit jamais à zéro, contrairement au cas des vibrions. Enfin, quand on injecte le sang d'oie sous la peau, on observe de la phagocytose sans destruction extracellulaire.

3° *Anticorps des lysines et agglutinines précédentes.*

Si l'on veut considérer les substances préventive et agglutinante du C. S. comme des « toxines artificielles » des vibrions, on pourra, par analogie, considérer les lysines et agglutinines des H. S. comme des « toxines artificielles » des hématies. Ces dernières ne diffèrent en rien des « toxines naturelles » des hématies que nous connaissons déjà.

Est-il possible d'obtenir des sérums, neutralisant l'effet des lysines et agglutinines hématiques ? On y est arrivé pour les « toxines naturelles des hématies » ; nul doute qu'on y arrive, quand on voudra, pour les « toxines artificielles ».

Le sérum de la poule, nous le savons, agglutine et dissout les H. du lapin. Le sérum des lapins, traités par le sang de poule, protège (à un faible degré, il est vrai) les H des lapins neufs (Bordet).

Le sérum d'anguille va nous révéler une multitude de faits des plus curieux. Il a été étudié dans de nombreux travaux (Mosso, Calmette, Phisalix, Héricourt et Richet, Camus et Gley, Kossel, Wehrmann, Tchistowitch). Ce sérum jouit de trois propriétés distinctes : il empoisonne le cobaye et le lapin — il agglutine leurs hématies — et les dissout. Le chien est sensible, le hérisson très résistant, la poule réfractaire. Le sérum d'anguille, injecté dans les veines du lapin, détermine de l'hémoglobinurie. Les H. du cobaye et du lapin, introduites en péritoine d'anguille, sont détruites rapidement. Les H. du hérisson ne sont altérées, ni *in vivo* ni *in vitro*.

Le chauffage à 55° supprime la propriété globulicide, mais laisse absolument intacte la toxicité (Tchistowitch. — MM. Camus et Gley n'admettent pas l'intégrité toxique du sérum chauffé). Celle-ci disparaît à 68° (Calmette), à 58° (Phisalix). La bile d'anguille et la bile de bœuf, qui neutralisent le poison par mélange, ne sont ni préventives ni curatives. Le sérum antidiphtérique et le sérum de hérisson se montrent préventifs et antitoxiques (ils ne sont pas curatifs). Le sérum antivenimeux, préventif à dose modérée, est antitoxique et curatif à forte dose. Le sérum de hérisson ne protège pas les H. du lapin.

On peut immuniser les animaux sensibles, en leur inoculant la toxine avec précaution. Le sérum des sujets ainsi vaccinés offre de nombreuses propriétés : d'une part il est antitoxique et préserve les H. des espèces sensibles contre l'agglutination et la dissolution ; — d'autre part il devient lui-même agglutinant et dissolvant pour les H. de l'anguille ; — enfin il coagule le sérum d'anguille (nous reviendrons bientôt sur ce fait). Les H. des lapins immunisés se révèlent plus résistantes au sérum d'anguille que les H. des lapins neufs (Kossel — pas toujours, disent MM. Camus et Gley). Le sérum de la poule traitée par le poison est antilysique mais pas antitoxique.

Comme on le voit, l'histoire du sérum d'anguille nous fournit des schèmes de tous les modes d'immunité.

4° *Lysines et agglutinines des leucocytes.*

M. Metchnikoff a fait remarquer depuis longtemps que dans les lésions diverses des organes importants, des organes « nobles », les mononucléaires résorbent les cellules affaiblies et s'organisent en éléments fixes pour prendre leur place. Cette phagocytose, qui domine l'atrophie sénile, se manifeste chaque fois que les cellules cessent de sécréter des substances susceptibles d'écarter les leucocytes : c'est là la condition nécessaire et suffisante du phénomène. Les organes rudimentaires persistent, bien qu'inutiles, parce qu'ils sont composés d'éléments sains.

Peut-on empêcher l'englobement et la destruction des cellules nobles, à l'aide d'un sérum antileucocytaire ? M. Metchnikoff pense qu'on arrivera peut-être un jour. Dans tous les cas, il est parvenu à préparer des « toxines artificielles » agissant sur les globules blancs, des « leucocidines artificielles » si l'on veut. Quand on traite les cobayes par l'émulsion splénique des rats, le sérum de ces cobayes acquiert rapidement la propriété d'agglutiner et de dissoudre les leucocytes des rats contenus dans un exsudat péritonéal. Les mononucléaires sont altérés les premiers et transformés en vésicules claires à noyau visible, les polynucléaires dégénèrent ensuite, les Mastzellen résistent un peu plus longtemps. La leucocidine artificielle est inoffensive pour les globules blancs des autres animaux.

Quand on traite les cobayes par l'émulsion des ganglions mésentériques du lapin (lesquels ne contiennent que des mononucléaires), on obtient un sérum actif contre les mononucléaires et les polynucléaires du lapin. On n'a donc pas réalisé jusqu'ici de sérum toxique vis-à-vis des seuls macrophages.

5° *Lysines des cellules épithéliales.*

Le sérum des cobayes, auxquels on inocule, par la voie abdominale, les cellules vibratiles de la trachée du bœuf, devient cellulicide à l'égard de ces éléments. Si l'on introduit les épithéliums dans le péritoine d'un cobaye traité, la destruction est encore plus brutale qu'in vitro (von Dungern).

Pourra-t-on agir pareillement sur les éléments des néoplasmes ?

6° *Toxines artificielles des spermatozoïdes.*

Nous savons que les spermatozoïdes de l'homme et du taureau sont englobés par les macrophages péritonéaux des cobayes. A la suite de cette « infection artificielle » le sérum des cobayes acquiert le pouvoir d'immobiliser les zoospermes correspondants, in vivo et in vitro (Landsteiner, Metchnikoff).

Le sérum des cobayes, auxquels on injecte, sous la peau, une macération des organes mâles du lapin, devient agglutinant et immobilisant pour les spermatozoïdes du lapin. Il s'est donc développé dans ce sérum une « spermotoxine artificielle ». Son action se montre spécifique.

Le sérum des lapins, auxquels on injecte la spermotoxine, jouit de la faculté antispermotoxique. On fait ainsi naître expérimentalement l'anticorps d'une toxine expérimentale (Metchnikoff, Moxter).

7° *Coagulines*.

Nous en connaissons déjà un exemple intéressant, celui du « précipité de Krauss ». La signification de ce précipité est bien simple : lorsqu'on inocule aux animaux des liquides de culture (ou des substances identiques à celles qui diffusent dans les cultures), le sérum de ces animaux devient coagulant pour les liquides de même espèce. Voici d'autres exemples. Le sérum du lapin, traité par le sang de poule, coagule le sérum de la poule (et celui du pigeon), — le S. du lapin, traité par le sang d'anguille, coagule le S. d'anguille, — le S. de lapin traité par le sang de cheval, coagule le S. du cheval, — le S. de la poule, traité par le sang de lapin, coagule le S. du lapin. — Toutefois le fait n'est pas constant : le S. du cobaye, traité par le sang de lapin, ne coagule pas le S. du lapin (Bordet).

Il n'existe aucun rapport entre les coagulines du sérum et celles des éléments figurés (agglutinines). Nous savons que le S. de lapin, traité par le sang de poule, coagule le S. de la poule et agglutine ses H. ; il coagule aussi le S. du pigeon, mais n'agglutine pas ses H. Inversement, le S. du cobaye, traité par le sang de lapin, ne coagule pas le S. du lapin, mais agglutine ses H. (Bordet).

Autre type de coaguline. Les lapins, qui ont reçu, à plusieurs reprises, du lait pasteurisé dans le péritoine, possèdent un sérum caillant le lait (Bordet).

8° *Anticoagulines.*

Immunisons — si l'on peut ainsi parler — des animaux contre une diastase coagulante, leur sérum pourra devenir anticoagulant. L'expérience a été réalisée par **M.** Morgenroth et **M.** Briot pour la présure. L'antiprésure existe normalement dans le sérum de diverses espèces (le cheval notamment), dans l'albumine d'œuf...

9° *Conclusion.*

Nous voyons que l'étude du phénomène de Pfeiffer marque bien le point de départ d'importantes découvertes : elle a permis la distinction définitive entre l'immunité et les actions bactéricide, agglutinante et coagulante, qui n'ont rien à voir avec elle. Elle a ouvert des voies nouvelles au diagnostic (sérodiagnostic) et peut-être à la thérapeutique anticellulaire et antihumorale. Enfin, loin d'ébranler la théorie phagocytaire, elle lui a apporté de précieuses contributions.

V. — *Immunité acquise spécifique conférée par la maladie.*

L'immunité, conférée par les maladies, se montre tantôt solide (fièvres éruptives), tantôt assez fragile (pneumonie, choléra, diphtérie). Et même, parmi les fièvres éruptives, on en voit qui récidivent moins rarement que les autres (rougeole). L'état réfractaire n'a aucun rapport avec les qualités bactéricide, antitoxique ou agglutinante des humeurs ; ils se trouve lié à la réaction phagocytaire, comme on l'a maintes fois observé (érysipèle, fièvre récurrente).

Le sérum des convalescents de choléra se montre parfois préventif ; mais le fait n'a rien de constant, et, d'autre part, certains sérums normaux dépassent, comme activité, celui des convalescents.

Le sérum des convalescents de fièvre typhoïde donne lieu aux mêmes réflexions. L'immunité, si solide, conférée par la dothiénentérie, survit des années et des années à l'inconstante propriété des humeurs. Nous avons vu que le pouvoir agglutinant doit être tenu par un signe d'infection et non d'état réfractaire (Widal).

Enfin, le sérum des convalescents de diphtérie peut être antitoxique, mais il ne l'est pas forcément, et le sérum des individus sains se révèle parfois très supérieur.

VI. — *Immunité acquise spécifique conférée par l'hérédité.*

Il ne faut pas confondre la vaccination simultanée du fœtus et de la mère avec l'hérédité vraie (nous avons fait pareille remarque au sujet de l'infection héréditaire). Dans le premier cas, le fœtus ayant été infecté en même temps que la mère, pendant la gestation, possède sa résistance acquise propre. Dans le second, il la tient uniquement de la mère, réfractaire avant la conception.

Théories de l'immunité héréditaire. — Plusieurs auteurs ont voulu faire de cette immunité un phénomène cellulaire, obéissant aux lois générales de la descendance. Ces auteurs admettaient, conséquemment, la participation paternelle et la participation maternelle — MM. Ehrlich, Hubner et Wernicke y voient une résistance « passive » d'origine humorale. Pour eux, le fœtus reçoit, de l'organisme maternel, sa provision de substances bactéricides ou antitoxiques. Celles-ci s'épuisent plus ou moins vite (mais toujours assez rapidement) après la naissance. Les savants allemands nient, avec juste raison, l'influence paternelle : rien ne la prouve en effet, et on ne conçoit point comment elle pourrait s'exercer. — M. Vaillard rattache l'immunité héréditaire à la théorie des phagocytes. Ses expériences ont porté sur le tétanos (vaccination par la toxine), le charbon (vacc. pastorienne), le choléra (vacc. par les vibrions morts), la septicémie metchnikovienne (vacc. par les vibrions vivants). Selon lui, la résistance des nouveau-nés trouve son origine dans les modifications que les anticorps maternels ont imprimées aux leucocytes fœtaux. Cette résistance, qui dure de 3 à 4 mois, se traduirait donc par une insensibilité des globules blancs vis-à-vis de toxines et une plus grande activité vis-à-vis des microbes.

VII. — *Immunité acquise spécifique conférée par la lactation.*

M. Ehrlich a établi que les jeunes souris, issues de

mères neuves, mais nourries par des femelles immunisées (contre l'abrine, la ricine, la tétanine), acquéraient l'immunité, du fait seul de la lactation.

M. Vaillard a confirmé cette découverte, et montré qu'il s'agit là d'une question d'espèce. Avec le lapin et le cobaye on n'observe rien de semblable.

CHAPITRE IV

FORMATION DES ANTICORPS

Les anticorps (sérums antimicrobiens et antitoxiques ; lysines et agglutinines des microbes et des
cellules ; antilysines et anti-agglutinines des cellules ;
coagulines et anticoagulines) ne naissent que dans
l'organisme animal ; du moins n'a-t-on jamais réussi
à les réaliser artificiellement. M. Ehrlich pense que
les anticorps préventifs (substances actives des sérums
antimicrobiens) et les antitoxines sont engendrés
par les cellules sensibles à l'action des microbes ou
des toxines. Ainsi, pour lui, ce sont les éléments
nerveux, sur lesquels se fixe électivement la toxine
tétanique, qui sécréteraient l'antitétanine. Cette opinion a été admise assez généralement : les organes
lymphoïdes produiraient les anticorps cholériques
(Pfeiffer et Marx), les anticorps pneumococciques et
typhiques (Wassermann), ceux du b. aérogènes
(van Emden) — en conformité, précisément, avec la
théorie de M. Ehrlich.

M. Metchnikoff et ses élèves admettent, au contraire, que les anticorps, quels qu'ils soient, sont

vraisemblablement fabriqués par les seules cellules phagocytaires.

Indiquons les principaux travaux parus jusqu'ici.

1° **Formation de l'antitoxine tétanique.** — L'antitétanine prédomine dans le sang ; on la rencontre, en moindre proportion il est vrai, dans les transsudats et le lait (Ehrlich) ; elle est peu abondante dans l'humeur aqueuse, l'urine et la salive.

On a d'abord pensé qu'elle se formait aux dépens de la toxine. MM. Roux et Vaillard, après avoir partagé cette opinion, l'ont abandonnée définitivement à la suite de diverses expériences, les suivantes notamment. Lorsque, par des saignées ménagées, on enlève, chez les animaux vaccinés, une quantité de sang égale au volume total de ce liquide, on ne diminue pas le pouvoir antitoxique du sérum. — On immunise deux lapins avec la même dose de toxine : le premier reçoit chaque jour un peu du poison, le second en reçoit bien davantage, mais à intervalles éloignés. Le sérum du premier se montre très supérieur, comme activité, au sérum du second.

M. Ehrlich admet que la tétanine se combine à la cellule nerveuse. Il en résulte une altération partielle de cette cellule et les portions modifiées se dissolvent dans le plasma sanguin. Ainsi naîtrait l'antitoxine, formée aux dépens des cellules sensibles, et résorbée par le sang lors de la fonte limitée de celles-ci. MM. Wassermann et Takaki concluent de leur expérience (déjà citée et interprétée plus haut) que la substance nerveuse est capable de détruire la tétanine. Nous savons qu'il s'agit d'une fixation pure et simple, d'une teinture, somme toute médiocrement solide.

Les travaux entrepris à l'Institut Pasteur (Roux et Borrel, Metchnikoff, Marie, Morax), ont permis de mieux comprendre la formation de l'antitoxine. Ils ont établi tout d'abord que le cerveau ne saurait jouer aucun rôle. Voici quelques faits caractéristiques : chez la poule, inoculée avec la toxine, le sang est toujours beaucoup plus actif que le cerveau — après ablation du cerveau, le pouvoir antitoxique du sang augmente (il se manifeste, parallèlement, de la leucocytose) — chez le cobaye immunisé, le cerveau est moins actif que le sang (moins actif même que le foie, le rein...) — les animaux immunisés, possédant un sérum antitoxique, meurent sans exception quand on leur injecte la tétanine dans le cerveau. — Conclusion : la cellule nerveuse ne s'accoutume pas au poison ; elle n'est évidemment jamais en contact avec celui-ci pendant la vaccination. Comment admettre alors qu'elle fabrique l'anticorps ? Comment l'admettre à plus forte raison, quand on constate le peu d'antitoxicité du cerveau ?

Nous avons démontré que les leucocytes fixent les toxines. Nous venons de voir que, si l'on enlève le cerveau chez une poule traitée par la tétanine, la leucocytose accompagne l'exaltation du pouvoir antitoxique. M. Metchnikoff, examinant comparativement l'activité du sérum et des exsudats (provoqués artificiellement) chez les animaux immunisés, trouve que ces derniers l'emportent notablement sous le rapport de l'antitoxicité. Il est difficile, en présence de semblables preuves, de ne point considérer les phagocytes comme les agents formateurs de l'anticorps.

M. Metchnikoff, après avoir reconnu que les végétaux (supérieurs et inférieurs) ne produisent pas d'antitétanine, s'est proposé d'étudier la genèse de celle-ci dans la série animale. Il a tiré de ses recherches les conclusions suivantes : les invertébrés sont incapables de former de l'antitoxine — la formation débute chez les crocodiliens — la propriété antitoxique a, dans le règne animal, une évolution beaucoup moins ancienne que la réaction phagocytaire — les animaux naturellement immuns (crocodile, poule) sont parfaitement susceptibles de fournir l'anticorps tétanique — enfin, l'apparition de celui-ci n'est nullement liée à l'hyperthermie. Le crocodile adulte offre un sérum actif 24 heures après l'injection de toxine tétanique (et — disons-le en passant — 6 jours après injection de toxine cholérique) ; la poule, dont le sérum devient également antitoxique, réagit à chaque inoculation de tétanine par de l'hypothermie (et de l'hyperleucocytose).

Notons que le crocodile ne donne d'antitoxines (tétanique et cholérique) que si on le maintient à une température d'au moins 32°. Il est curieux de voir que chez cet animal la fonction antitoxique est plus développée que chez les mammifères eux-mêmes.

2° **Formation de l'anti-arsénine** (Besredka). — Pendant l'immunisation contre l'acide arsénieux, c'est le foie qui emmagasine surtout le poison. Ce sont donc les phagocytes hépatiques qui doivent présider surtout à la formation du contrepoison. Celui-ci, fait intéressant, n'est nullement arsénical. Sans vouloir comparer l'anti-arsénine aux antitoxines, nous avons pensé qu'il était utile de ne point passer son histoire sous silence.

NICOLLE.19

3° **Formation des anticorps pneumococciques.** — D'après M. Wassermann, les corps préventifs naîtraient dans la moelle osseuse et seraient emmagasinés par les organes lymphoïdes. Les leucocytes (et, partant, le sérum sanguin) ne les contiendraient que secondairement.

.4° **Formation des anticorps cholériques.** — Pour MM. Pfeiffer et Marx, la substance préventive serait produite par les organes lymphoïdes. Elle existerait en grande quantité dans le sérum, la rate (parfois plus active que le sérum), la moelle des os et les ganglions — en faible quantité dans les leucocytes — à l'état de traces partout ailleurs.

La substance agglutinante se comporterait pareillement.

5° **Formation des agglutinines du b. aerogenes** (van Emden). — Ces agglutinines se formeraient dans la rate (principalement) la moelle osseuse (capable de suppléer la rate, après splénectomie), les ganglions (quelquefois plus riches en anticorps que la rate), et même le foie. De la rate, les agglutinines gagneraient le sang, où elles prédomineraient à un moment donné.

6° **Formation des anticorps typhiques.** — M. Wassermann les fait prendre naissance, comme les anticorps pneumococciques, au sein de la moelle osseuse. M. Deutsch a consacré un important travail à cette question. Voici le résumé de ses recherches.

Anticorps préventifs. — Quand on immunise les cobayes, en leur injectant, dans le péritoine, une culture sur gélose chauffée (1 heure à 60°), le sérum de ces animaux devient préventif dès le 4e-5e jour. Son activité augmente jusqu'au 11°-12° jour, puis diminue lentement, après être restée momentanément stationnaire. Comparons, chez le cobaye vacciné, le pouvoir immunisant des organes à celui du sérum. Nous verrons que le foie, l'épiploon et les capsules surrénales ne contiennent guère d'anticorps — que l'exsudat péritonéal peut être presque aussi actif que le sérum : il ne l'est jamais davantage — et que la moelle osseuse l'emporte sur le sérum dans 1/4-1/5 des cas, la rate dans la 1/2. Par conséquent, les organes lymphoïdes prennent part à la sécrétion, mais cette participation n'a rien de fatal. Dératons les animaux avant la vaccination : les anticorps se formeront aussi bien que chez les cobayes neufs. Dératons les animaux pendant les premiers jours de l'immunisation : le pouvoir préventif se montrera habituellement très amoindri ; pas constamment cependant. En résumé, les anticorps sont sans doute fabriqués par ceux des macrophages qui ont englobé les bacilles injectés dans le péritoine (la phagocytose est exclusivement monucléaire) et vont les digérer un peu partout, excrétant la substance préventive lorsque la digestion a pris fin.

AGGLUTININES. — M. Deutsch a prouvé que les cobayes immunisés offrent aussi un sérum agglutinant. L'évolution des agglutinines est parallèle à celle des corps préventifs, mais non superposable. Tandis que les sérums très agglomérants sont toujours très préventifs, certains sérums, médiocrement agglutinants, vaccinent assez bien. Les anticorps (agglutinants) ne se trouvent dans le foie, les reins, les capsules surrénales, l'exsudat péritonéal, que sous forme de traces. Les organes lymphoïdes n'en renferment jamais autant que le sérum. La splénectomie préalable est sans influence sur leur production ; la splénectomie, pratiquée au début de la vaccination, diminue leur concentration. On peut conclure de ces recherches que les anticorps naissent soit dans le sang, soit en divers points, d'où ils passent rapidement dans le sang. Le suc pulmonaire normal des cobayes contient une agglutinine non spécifique. Chez les cobayes immunisés, on ne s'étonnera donc point de voir les poumons surpasser le sérum comme activité, les deux agglutinines (naturelle et acquise) s'ajoutant l'une à l'autre. Inutile de dire que le suc pulmonaire normal ne jouit d'aucune propriété préventive.

M. Widal a établi que la réaction agglomérante n'est pas absolument spéciale aux animaux à sang chaud. Elle apparaît le 18ᵉ jour chez le crocodile — du 10ᵉ au 12ᵉ jour chez la grenouille chauffée (il suffit que la température soit supérieure à 12°, mais la chaleur de l'étuve est préférable) — le 15ᵉ jour chez la tortue (maintenue à l'étuve). On voit qu'il est, en général, utile de changer les conditions thermiques des animaux à sang froid (comme dans le cas de l'antitoxine tétanique).

7° **Formation des anticorps chez les cobayes traités par les hématies de l'oie (Metchnikoff). — Nous savons déjà comment les globules rouges de l'oie sont détruits chez les cobayes. — Le sérum normal du cochon d'Inde agglutine modérément les H. des oies ; le sérum des animaux traités les agglutine fortement, et, de plus, les dissout.

La propriété agglomérante apparaît la première,

d'abord dans l'exsudat péritonéal, puis, plusieurs jours après, dans le sang. Ultérieurement, la lymphe abdominale devient moins active que le sérum sanguin.

La propriété dissolvante ne se montre qu'une fois l'exsudat résorbé et disparaît avant le pouvoir agglutinant. Ici la lymphe abdominale demeure toujours inférieure au sérum.

Le liquide d'œdème agglomère les H. aviaires, mais ne les dissout point.

Comparons la puissance hémolytique des organes de deux cobayes : l'un normal, l'autre traité. *Cobaye neuf*. L'épiploon, les ganglions mésentériques et la rate (foyers principaux de production des mononucléaires) sont très actifs ; la moelle osseuse (foyer principal de production des polynucléaires) et le foie ne le sont point du tout. *Cobaye traité*. Mêmes résultats. Pourquoi l'épiploon n'est-il pas plus hémolytique que chez les animaux normaux ? Parce que les substances dissolvantes restent fixées aux débris des globules rouges, grâce à leur affinité pour l'hémoglobine et ses dérivés (Ehrlich et Morgenroth). Une fois les hématies complètement digérées, la lysine spécifique est excrétée dans le plasma sanguin. Malgré l'impossibilité de suivre pas à pas ses vicissitudes, on peut affirmer, de par le rôle des mononucléaires pendant la résorption des globules, et de par la constatation de leur pouvoir hémolytique normal, que ce sont eux qui fabriquent l'anticorps dissolvant.

8° **Formation de l'antispermotoxine** (Metchnikoff). — Les lapins châtrés fournissent une antispermotoxine aussi active que les lapins normaux. Cette expérience, véritablement schématique, démontre avec la dernière évidence que ce ne sont pas les cellules sensibles à la toxine qui engendrent l'antitoxine.

9° **Conclusion.** — Elle tiendra dans une seule phrase : les divers anticorps représentent des produits d'élaboration phagocytaire ; les macrophages semblent avoir un rôle prépondérant.

CHAPITRE V

APERÇU SUR LES MALADIES INFECTIEUSES DES PLANTES

Ce court chapitre est surtout destiné à montrer les différences essentielles qui séparent les plantes des animaux, sur le terrain de l'infection. Les premières, privées de cellules mobiles, ne sauraient lutter activement contre les microbes. Il n'y a donc pas de réaction inflammatoire. Si, parallèlement aux lésions nécrotiques, on peut observer des phénomènes de multiplication cellulaire, ceux-ci n'ont pour but que la réparation du dommage causé. Les éléments végétaux sont des éléments « fixes » et se comportent en conséquence. Les seules affections animales qui rappellent celles des plantes sont ces teignes torpides, où les mucédinées envahissent le système pilaire, comme elles attaquent l'épiderme des végétaux. L'immunité des poils des adultes vis-à-vis de la tricophitie du cuir chevelu ne diffère peut-être pas beaucoup de l'immunité des tissus adultes de bien des plantes vis-à-vis des parasites microbiens. Nous voici loin de l'immunité naturelle, au sens où nous l'avons comprise. Nous parlerons bientôt, avec M. Laurent,

d'une « immunité artificielle » sur la signification
de laquelle il ne faudrait pas non plus se méprendre.

Nature des agents infectieux. — Les plus fréquemment mentionnés sont les moisissures (phytophtora
infestans des pommes de terre, — peziza sclerotiorum
de plusieurs végétaux). Les blastomycètes ont été
assez souvent rencontrés (oïdium de la vigne, — saccharomyces de certaines exsudatious muqueuses).
Quant aux bactéries, elles semblaient récemment encore jouer un rôle fort secondaire ; mais on commence à les signaler dans de nombreuses maladies
(brûlure du sorgho, — exsudations muqueuses de
divers arbres, — gommoses de la canne à sucre et
d'autres plantes, — « rouilles » et « pourritures »
variées, — tumeurs de l'olivier, du pin d'Alep...).
L'affection du tabac, fréquente en Hollande et appelée
par les auteurs allemands « Mosaïkkrankheit »,
reconnaîtrait pour cause, d'après M. Beyerinck, un
« contagium vivum fluidum ». Il est certain qu'il
s'agit là d'une « bactérie invisible ».

Les protozoaires semblent étrangers aux maladies
des plantes. Certains myxomycètes (plasmodiophora
brassicæ) peuvent produire des tumeurs radiculaires
chez les crucifères (Woronin — Nawachine). Leur
inoculation aux animaux détermine des granulomes
(Podwyszowski).

Rappelons les noms des savants auxquels on doit
les principales recherches sur la pathologie infectieuse
des végétaux. Ce sont MM. de Bary, Arthur et Bol-
ley, Frank, Burrill, Kramer, Migula, Ludwig, Russell,
Laurent, Prillieux, Vuillemin, Sorauer...

Mode de pénétration et évolution ultérieure. — Les

mucédinées peuvent végéter superficiellement ; ainsi l'oïdium Tuckeri entoure les parties malades d'un réseau mycélien serré. Elles peuvent pénétrer plus ou moins profondément, grâce à leur énergie de croissance. Parfois il en résulte une symbiose utile. Tel est le cas des mycorrhizes, moisissures dont le mycélium s'échevêtre avec les cellules radicales des arbres forestiers. Dans l'humus des forêts, la nitrification ne se produit point. Il faut donc admettre que les moisissures transforment la matière morte, et cèdent une partie de leur azote aux racines (Frank).

Les bactéries et les levures pénètrent plus difficilement que les mucédinées. Aussi sont-elles très souvent des agents d'infection secondaire. Cependant il n'est pas rare de les voir s'introduire dans les parenchymes. Nous connaissons déjà l'exemple des microbes radicoles des légumineuses, et l'importance de leur curieux parasitisme.

Il est des maladies qu'on transmet aisément en infectant la terre, d'autres qui ne succèdent qu'à l'inoculation directe. Parmi ces dernières, les unes évoluent in situ, les autres au loin. Le « contagium vivum fluidum » de M. Beyerinck, qu'il soit versé sur le sol ou porté en un point quelconque de la plante, va toujours se localiser dans les jeunes feuilles.

Conditions et mécanisme de l'infection. — Les cellules végétales sont défendues par l'épaisseur de leurs parois et la réaction de leur suc. Les microbes susceptibles de les infecter possèdent deux puissants moyens d'attaque : la sécrétion de toxines qui tuent le protoplasma, et la sécrétion d'enzymes qui solubi-

lisent les lamelles interstitielles et les parois cellulo-
siques. Ceci posé, nous comprendrons sans peine les
conditions et le mécanisme de l'infection.

CONDITIONS DÉPENDANT DU MICROBE. — Nous retrouvons ici la virulence avec ses deux termes : pouvoir pathogène et pouvoir toxigène (auquel il faut
joindre la faculté de produire des diastases dissolvantes). M. Laurent a étudié spécialement un colibacille, capable de déterminer la pourriture des pommes de terre lorsqu'on l'habitue à se développer sur
celles-ci. Il a vu que cet organisme perd son aptitude
parasitaire après passage par les milieux artificiels,
ou par d'autres tubercules, et après avoir subi l'action
de la chaleur ou de la lumière. Le colibacille sécrète
une toxine qui contracte le protoplasma cellulaire, et
une cytase qui fluidifie les lamelles mitoyennes en
milieu alcalin. Toxine et cytase diffusent assez loin,
puisque les lésions caractéristiques dépassent de beaucoup les amas bacillaires. On peut, du reste, extraire
le poison et l'enzyme de la pomme de terre malade
et des cultures artificielles.

M. de Bary, étudiant la sclerotinia libertiana, avait
déjà signalé, chez cette mucédinée, une sécrétion
toxique et une sécrétion diastasique. Il avait constaté
que la digestion se produit en milieu acide (acide
oxalique).

M. Laurent a pu rendre divers colibacilles, et même
le bacille typhique, pathogènes pour la pomme de
terre.

CONDITIONS DÉPENDANT DE LA PLANTE. — Repre-
nons l'exemple du colibacille. Certaines variétés de
pommes de terre possèdent l'immunité. On diminue

cet état réfractaire en rendant le suc cellulaire alcalin ;
on le diminue également en faisant agir sur le suc
cellulaire les filtrats cités tout à l'heure (toxine et
cytase). Inversement, le suc des variétés réfractaires
augmente la résistance des variétés sensibles.

M. Laurent, et bien d'autres auteurs, ont indiqué
quel rôle important joue l'alimentation des plantes
dans la prédisposition aux maladies infectieuses.
L'excès d'engrais azoté favorise le développement de
la rouille des céréales et du phytophtora infestans de
la pomme de terre. — Les sels de potasse diminuent
la sensibilité de la vigne à diverses affections, notamment à l'oïdiose. — La chaux, les engrais azotés et
la potasse favorisent la pourriture de la pomme de
terre, les phosphates manifestent une influence inverse, etc..., etc... L'alimentation agit en modifiant
la réaction du suc cellulaire. Quand celui-ci devient
acide (ou plus acide) la plante se trouve exposée (ou
plus exposée) aux microbes dont les cytases récla-
ment un milieu acide ; et inversement.

Nous avons vu que les tissus adultes se montrent
généralement bien moins sensibles aux infections que
les tissus jeunes. C'est qu'ils sont bien plus difficilement attaquables par les enzymes microbiens, comme
l'expérience directe le démontre (de Bary).

Conséquences de l'infection. — Les microbes déterminent des lésions fort variées, les unes dégénéra-
tives : nécroses, exsudations muqueuses d'aspect divers, fontes gommeuses des tissus, pourritures..., les
autres hyperplasiques : nodules, tumeurs (parfois
considérables). Dans ce dernier cas la prolifération
cellulaire s'est exagérée au point d'engendrer un néo-

plasme véritable, qui peut atteindre le végétal entier, exemple : l'euphorbia cyparissias, infectée par l'uromyces pisi. Nous retrouvons bien là la façon dont se comportent les éléments fixes : tantôt ils sont détruits plus ou moins brutalement, tantôt ils se multiplient et réparent plus ou moins complètement les pertes éprouvées par les parenchymes, tantôt enfin ils se reproduisent avec une exubérance qu'il est bien difficile d'expliquer.

TABLE DES MATIÈRES

PREMIÈRE PARTIE

ANATOMIE ET PHYSIOLOGIE DES MICROBES

Chapitre premier. — Anatomie.

Chapitre II. — Physiologie.

SECONDE PARTIE

PHAGOCYTES. INFECTION. IMMUNITÉ

Chapitre premier. — Phagocytes.

CHAPITRE II. — **Infection. Inflammation.**

Chapitre III. — **Immunité.**

CHAPITRE IV. — **Formation des anticorps.**

CHAPITRE V. — **Aperçu sur les maladies infectieuses des plantes.**